高职高专计算机类专业教材·网络开发系列

高级交换与路由技术

（第2版）

孙丽萍　主　编

张国清　崔升广　副主编

电子工业出版社
Publishing House of Electronics Industry
北京·BEIJING

内 容 简 介

本教材以网络设备配置及调试高级技术为主要内容，共包括 14 个教学项目：PVLAN 技术与应用、多生成树协议 MSTP、虚拟路由冗余协议 VRRP、RIP 与高级配置、OSPF 协议与高级配置、路由选择控制与过滤、路由重发布、策略路由、胖 AP 无线网络配置、瘦 AP 无线网络配置、AAA 机制与 RADIUS 应用、IEEE 802.1X 安全访问控制、GRE 协议、IPSec。每个项目都以问题为导向对相关知识及配置命令进行介绍，并通过案例演示及训练任务帮助学生了解操作过程、提升操作技能。同时，为满足相关读者的需求，各项目还提供了扩展知识。

本教材既可以作为高职院校及应用型本科院校计算机网络技术专业理论与实训一体化教材，也可以作为相关培训机构的培训用书，还可以作为网络技术实训指导用书。本教材配套有电子课件、习题答案及两个补充参考的网络工程案例，有需要的读者可以登录华信教育资源网（http://www.hxedu.com.cn）注册后免费下载。

未经许可，不得以任何方式复制或抄袭本书之部分或全部内容。
版权所有，侵权必究。

图书在版编目（CIP）数据

高级交换与路由技术 / 孙丽萍主编. —2 版. —北京：电子工业出版社，2020.7
ISBN 978-7-121-39192-7

Ⅰ. ①高… Ⅱ. ①孙… Ⅲ. ①计算机网络－信息交换机－高等学校－教材②计算机网络－路由选择－高等学校－教材 Ⅳ. ①TN915.05

中国版本图书馆 CIP 数据核字（2020）第 114533 号

责任编辑：左　雅　　　　　特约编辑：田学清
印　　刷：固安县铭成印刷有限公司
装　　订：固安县铭成印刷有限公司
出版发行：电子工业出版社
　　　　　北京市海淀区万寿路 173 信箱　　　邮编：100036
开　　本：787×1092　　1/16　　印张：18.25　　字数：496.4 千字
版　　次：2016 年 7 月第 1 版
　　　　　2020 年 7 月第 2 版
印　　次：2024 年 12 月第 9 次印刷
定　　价：59.00 元

凡所购买电子工业出版社图书有缺损问题，请向购买书店调换。若书店售缺，请与本社发行部联系，联系及邮购电话：(010) 88254888，88258888。

质量投诉请发邮件至 zlts@phei.com.cn，盗版侵权举报请发邮件至 dbqq@phei.com.cn。
本书咨询联系方式：(010) 88254580，zuoya@phei.com.cn。

前 言

高级交换与路由技术是计算机网络技术的核心，涉及内容深、范围广，既是重点又是难点。为了使学生能够真正掌握高级交换与路由技术，本教材采用了面向问题的工作导向、面向过程的工作流程、面向职业的技能考核。利用图、表、文字将高深、复杂、难懂的技术问题简单化，并利用教师讲述、操作演示、技能训练等环节将理论与实践相结合，循序渐进地使学生掌握操作技能。

本教材在电子工业出版社于 2016 年出版发行的《高级交换与路由技术》的基础上，总结近年来该教材在使用过程中存在的问题，并结合当前网络技术发展需求，对原教材进行了修订，删除了"BGP 路由协议及基本配置"内容，将"动态主机配置协议 DHCP"内容移至《网络设备配置与调试项目实训》（第 4 版）中，同时增加了"无线局域网 AP 及 AC、Super VLAN"等内容。

本教材主要用于在完成"计算机网络原理"及"网络互联技术"等专业基础课程学习后，提升网络设备配置与调试高级技术能力，内容包括 PVLAN 技术与应用、多生成树协议 MSTP、虚拟路由冗余协议 VRRP、RIP 与高级配置、OSPF 协议与高级配置、路由选择控制与过滤、路由重发布、策略路由、胖 AP 无线网络配置、瘦 AP 无线网络配置、AAA 机制与 RADIUS 应用、IEEE 802.1X 安全访问控制、GRE 协议、IPSec，共 14 个教学项目。每个项目都以问题为导向对相关知识及配置命令进行介绍，并通过案例演示及训练任务帮助学生了解操作过程、提升操作技能。同时，为满足相关读者的需求，各项目还提供了扩展知识。

在本教材的编写过程中，编者总结了多年计算机网络工程实践及高职教学经验，对网络设备配置与调试涉及的知识和技能进行了科学、合理的划分，优化了《网络设备配置与调试项目实训》及《高级交换与路由技术》两部教材内容，并根据实际工作所需的知识和技能抽象出 14 个教学项目，最终形成适合高职院校及应用型本科院校学生使用的计算机网络技术专业高级项目课程教材。

本教材以知识"必需、够用"为原则，从职业岗位分析入手，对学生进行技能强化训练，使其在训练过程中巩固所学知识。全书以问题为导向，引出为完成工作任务需要学习的相关知识及需要掌握的相关技能，以任务训练效果检验学生对知识及技能的掌握情况。

本教材既可以作为高职院校及应用型本科院校计算机网络技术专业理论与实训一体化教材，也可以作为相关培训机构的培训用书，还可以作为网络技术实训指导用书。本教材以星网锐捷网络有限公司（简称锐捷公司）的网络设备搭建的网络环境为主要实训平台，在实际教学过程中，教师可以根据本校的网络实训环境进行适当调整。

本教材由孙丽萍任主编，张国清、崔升广任副主编，其中，项目 1~6 由孙丽萍编写，项目 7~8 由崔升广编写，项目 9~14 由张国清编写。全书由张国清统稿。

由于编者水平有限，书中难免存在不当之处，敬请广大读者批评指正，联系邮箱为 Zgq8163@163.com。

编　者

目 录

项目 1　PVLAN 技术与应用 1
 1.1　问题提出 1
 1.2　相关知识 1
 1.3　扩展知识 7
 1.4　演示实例 11
 1.5　训练任务 14
 练习题 15

项目 2　多生成树协议 MSTP 16
 2.1　问题提出 16
 2.2　相关知识 16
 2.3　扩展知识 23
 2.4　演示实例 24
 2.5　训练任务 32
 练习题 33

项目 3　虚拟路由冗余协议 VRRP 34
 3.1　问题提出 34
 3.2　相关知识 35
 3.3　扩展知识 43
 3.4　演示实例 46
 3.5　训练任务 48
 练习题 50

项目 4　RIP 与高级配置 51
 4.1　问题提出 51
 4.2　相关知识 51
 4.3　扩展知识 61
 4.4　演示实例 62
 4.5　训练任务 64
 练习题 65

项目 5　OSPF 协议与高级配置 66
 5.1　问题提出 66
 5.2　相关知识 66
  5.2.1　回顾 OSPF 协议的基本
     特性及应用 66
  5.2.2　OSPF 协议特性及高级
     配置 80

 5.3　扩展知识 85
 5.4　演示实例 96
 5.5　训练任务 98
 练习题 99

项目 6　路由选择控制与过滤 101
 6.1　问题提出 101
 6.2　相关知识 101
  6.2.1　被动接口 101
  6.2.2　分发列表 107
 6.3　扩展知识 114
 6.4　演示实例 118
 6.5　训练任务 122
 练习题 125

项目 7　路由重发布 127
 7.1　问题提出 127
 7.2　相关知识 127
 7.3　扩展知识 134
 7.4　演示实例 140
 7.5　训练任务 146
 练习题 151

项目 8　策略路由 152
 8.1　问题提出 152
 8.2　相关知识 152
 8.3　扩展知识 159
 8.4　演示实例 161
 8.5　训练任务 166
 练习题 167

项目 9　胖 AP 无线网络配置 169
 9.1　问题提出 169
 9.2　相关知识 169
 9.3　扩展知识 172
 9.4　演示实例 184
 9.5　训练任务 188

练习题 193
项目10　瘦AP无线网络配置 194
 10.1　问题提出 194
 10.2　相关知识 194
 10.3　扩展知识 200
 10.4　演示实例 200
 10.5　训练任务 206
 练习题 211
项目11　AAA机制与RADIUS应用 212
 11.1　问题提出 212
 11.2　相关知识 212
  11.2.1　AAA概述 212
  11.2.2　配置AAA的验证功能 .. 213
  11.2.3　RADIUS服务 219
 11.3　扩展知识 226
  11.3.1　配置AAA的授权
   功能 226
  11.3.2　配置AAA的记账
   功能 226
 11.4　演示实例 226
 11.5　训练任务 227
 练习题 228

项目12　IEEE 802.1X安全访问控制 230
 12.1　问题提出 230
 12.2　相关知识 230
 12.3　扩展知识 237
 12.4　演示实例 240
 12.5　训练任务 242
 练习题 244
项目13　GRE协议 245
 13.1　问题提出 245
 13.2　相关知识 245
 13.3　扩展知识 249
 13.4　演示实例 250
 13.5　训练任务 254
 练习题 254
项目14　IPSec 255
 14.1　问题提出 255
 14.2　相关知识 255
 14.3　扩展知识 276
 14.4　演示实例 282
 14.5　训练任务 285
 练习题 285
参考文献 286

项目 1 PVLAN 技术与应用

划分 VLAN 可以隔离广播包，一个 VLAN 就是一个广播域，一台交换机最多可以划分为 4094 个 VLAN。每个 VLAN 都需要一个子网地址范围，如果该 VLAN 只使用其中少数几个子网地址，那么其余子网地址将被浪费，使用 PVLAN 技术可以解决这种浪费问题。

通过学习本项目应能够对 PVLAN 特性有所了解，并掌握 PVLAN 的配置技能。

> 知识点、技能点

1. 了解 PVLAN 概念。
2. 掌握 PVLAN 特性及其配置技能。
3. 掌握小型局域网一般调试技能及故障排除方法。

1.1 问题提出

通常，在互联网服务提供商（ISP）网络中，为了隔离不同客户之间的通信，需要为每个用户分配一个 VLAN。但是当用户的数量超过 VLAN 的最大个数（4094）时，互联网服务提供商提供的服务将会受到限制。此外，互联网服务提供商需要为每个用户分配一个不同的子网地址，这样会导致 IP 地址的浪费。而这些问题都可以使用 PVLAN 技术来解决。

1.2 相关知识

1. PVLAN 概述

PVLAN 是 Private VLAN 的缩写，即私有 VLAN。PVLAN 是能够为相同 VLAN 中的不同端口提供隔离的 VLAN。利用 PVLAN 技术可以隔离相同 VLAN 中的不同网络设备的流量，使位于相同子网的所有设备都只能与网关进行通信，从而实现网络中设备的相互隔离。

PVLAN 将每一个 VLAN 的二层广播域划分成多个子域，每个子域都由一对 VLAN 组成：主 VLAN（Primary VLAN）和辅助 VLAN（Secondary VLAN）。在整个 PVLAN 域中，只有一个主 VLAN，而每个子域中有多个不同的辅助 VLAN，利用辅助 VLAN 可以实现二层网络的隔离。

主 VLAN：PVLAN 的高级 VLAN，每个 PVLAN 中只有一个主 VLAN。

辅助 VLAN：PVLAN 中的子 VLAN，定义相关辅助属性（端口之间相互隔离或访问），并且映射到一个主 VLAN。每台接入设备都连接至辅助 VLAN。

辅助 VLAN 包含以下 2 种类型。

- 隔离 VLAN（Isolated VLAN）：同一个隔离 VLAN 中的端口之间不能进行二层通信，一个 PVLAN 域中只有一个隔离 VLAN。
- 团体 VLAN（Community VLAN）：同一个团体 VLAN 中的端口之间可以进行二层通信，但是不能与其他团体 VLAN 中的端口进行二层通信，一个 PVLAN 域中可以有多个团体 VLAN。

PVLAN 中的端口有如下 3 种类型。
- 混杂端口（Promiscuous Port）：主 VLAN 中的端口，可以与任意端口通信，包括同一个 PVLAN 中的隔离端口和团体端口。
- 隔离端口（Isolated Port）：隔离 VLAN 中的端口，只能与混杂端口进行通信。
- 团体端口（Community Port）：团体 VLAN 中的端口。同一个团体 VLAN 中的团体端口之间可以互相通信，并且团体端口可以与混杂端口通信，但是不能与其他团体 VLAN 的团体端口进行通信。

PVLAN 功能特性及应用如图 1.1 所示。

在 PVLAN 中，不同的部门可以配置不同类型的 VLAN，以实现部门之间的隔离或部门内部主机的隔离。

某公司共有 3 个部门，其中，行政部配置为团体 VLAN10，商务部配置为团体 VLAN20，财务部配置为隔离 VLAN30，如图 1.2 所示。由于 3 个辅助 VLAN 从属于同一个主 VLAN，因此 3 个部门主机的 IP 地址都属于同一个子网。行政部、商务部属于团体 VLAN，其部门内的设备之间能互相通信；而财务部属于隔离 VLAN，其部门内的设备之间不能相互通信。3 个部门内的所有设备都能与主 VLAN 中的混杂端口进行通信从而实现对其他网络的访问。

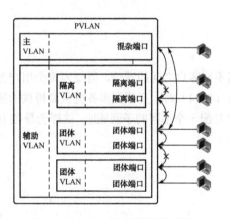

图 1.1　PVLAN 功能特性及应用

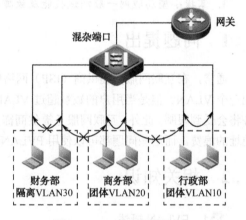

图 1.2　PVLAN 应用示例

2. 配置 PVLAN

在默认情况下，交换机没有配置 PVLAN，若要配置 PVLAN 则需要以下 6 个步骤。

第 1 步：创建 VLAN 并设置 VLAN 类型（主 VlAN、辅助 VLAN）。

第 2 步：将辅助 VLAN 关联到主 VLAN。

第 3 步：将辅助 VLAN 映射到主 VLAN 的三层端口（可选）。

第 4 步：配置主机端口（Host Port）。

第 5 步：配置混杂端口。

第 6 步：显示 PVLAN 配置信息。

（1）创建主 VLAN 与辅助 VLAN。

在默认情况下，交换机只有一个 VLAN1，交换机的全部端口都属于该 VLAN1 中的端口。若要配置 PVLAN，必须先创建 VLAN，并将 VLAN 类型设置为主 VLAN、团体 VLAN 及隔离 VLAN。

设置 VLAN 类型的命令如下：

```
                    设置PVLAN类型            隔离VLAN
ruijie(config-VLAN)# private-VLAN {community | isolated | primary}
    交换机名称为ruijie           团体VLAN              主VLAN
    处于VLAN配置模式
```

其中，community 表示将 VLAN 类型设置为团体 VLAN；isolated 表示将 VLAN 类型设置为隔离 VLAN；primary 表示将 VLAN 类型设置为主 VLAN。

使用 no private-VLAN {community | isolated | primary}命令取消相应的 PVLAN 配置，比如，使用 ruijie(config-VLAN)#no private-VLAN community 命令取消团体 VLAN 配置。在 IEEE 802.1Q VLAN 中，有些成员端口的 VLAN 不能配置为 PVLAN。VLAN1 不能配置为 PVLAN。

示例：将 VLAN99 设置为主 VLAN、VLAN100 设置为团体 VLAN、VLAN101 设置为隔离 VLAN，具体代码如下。

```
ruijie(config)#VLAN 99
ruijie(config-VLAN)#private-VLAN primary
ruijie(config-VLAN)#exit
ruijie(config)#VLAN 100
ruijie(config-VLAN)#private-VLAN community
ruijie(config-VLAN)#exit
ruijie(config)#VLAN 101
ruijie(config-VLAN)#private-VLAN isolated
ruijie(config-VLAN)#
```

示例：取消上面示例对 VLAN101 类型的设置，代码如下。

```
ruijie(config)#VLAN 101
ruijie(config-VLAN)#no private-VLAN isolated
ruijie(config-VLAN)#
```

使用 **show VLAN private-VLAN** [community | primary | isolated]命令查看当前 PVLAN 配置情况，代码如下。

```
ruijie#show VLAN private-VLAN
VLAN  Type       Status    Routed    Interface    Associated VLANs
----  ---------  --------  --------  ---------    ----------------
99    primary    inactive  Disabled
100   community  inactive  Disabled               No Association
101   isolated   inactive  Disabled               No Association
```

从上述显示结果可以看出，虽然设置了 PVLAN 类型，但还没有建立关联关系。

（2）将辅助 VLAN 关联到主 VLAN。

在设置完 VLAN 类型后，还需要进入主 VLAN 配置模式，将辅助 VLAN 关联到主 VLAN。将辅助 VLAN 关联到主 VLAN 的命令如下：

```
                       设置主VLAN关联辅助VLAN        添加辅助VLAN列表
ruijie(config-VLAN)#private-VLAN association {svlist | add svlist | remove svlist}
  交换机名称为ruijie                    关联辅助VLAN列表           删除辅助VLAN列表
  处于VLAN配置模式
```

其中，svlist 为辅助 VLAN 列表。

使用 no private-VLAN association 命令可以清除主 VLAN 与所有辅助 VLAN 的关联。

示例：将辅助 VLAN 中的 VLAN100（团体 VLAN）、VLAN101（隔离 VLAN）关联到 VLAN99（主 VLAN），具体代码如下。

```
ruijie(config)#VLAN 99
ruijie(config-VLAN)#private-VLAN association 100,101
ruijie(config-VLAN)#
```

使用 **show VLAN private-VLAN** *[community | primary | isolated]* 命令查看当前 PVLAN 配置情况，代码如下。

```
ruijie#show VLAN private-VLAN
VLAN    Type         Status      Routed      Ports       Associated VLANs
----    ---------    --------    --------    ------      -----------------
99      primary      active      Disabled                100-101
100     community    active      Disabled                99
101     isolated     active      Disabled                99
```

从上述显示结果可以看出，VLAN99 与 VLAN100、VLAN101 建立了关联。

示例：清除主 VLAN 与所有辅助 VLAN 的关联，代码如下。

```
ruijie(config)#VLAN 99
ruijie(config-VLAN)#no private-VLAN association
ruijie(config-VLAN)#
```

使用 **show VLAN private-VLAN** *[community | primary | isolated]* 命令查看当前 PVLAN 配置情况，代码如下。

```
ruijie#show VLAN private-VLAN
VLAN    Type         Status      Routed      Interface     Associated VLANs
----    ---------    --------    --------    ---------     -----------------
99      primary      inactive    Disabled
100     community    inactive    Disabled                  No Association
101     isolated     inactive    Disabled                  No Association
```

从上述显示结果可以看出，主 VLAN 与辅助 VLAN 的关联都已取消了。

（3）将辅助 VLAN 映射到主 VLAN 的三层端口。

为了使辅助 VLAN 中的流量可以通过交换机的 SVI 进行三层路由，需要为主 VLAN 配置 SVI，并将辅助 VLAN 映射到主 VLAN 的 SVI。为了将辅助 VLAN 映射到主 VLAN 的三层端口，必须先进入主 VLAN 端口，然后在主 VLAN 端口使用如下命令：

```
                          将辅助VLAN映射到主VLAN的SVI      添加辅助VLAN列表
ruijie(config-If)#private-VLAN mapping {svlist | add svlist | remove svlist}
   交换机名称为ruijie                        关联辅助VLAN列表    删除辅助VLAN列表
   处于端口配置模式
```

其中，*svlist* 为辅助 VLAN 列表。

使用 no private-VLAN mapping 命令可以清除主 VLAN 与所有辅助 VLAN 的映射关系。

示例：VLAN99 为主 VLAN 且其 SVI 的 IP 地址为 192.168.1.1，VLAN100 为团体 VLAN，VLAN101 为隔离 VLAN。现将辅助 VLAN（VLAN100、VLAN101）映射到主 VLAN 的三层端口，

具体代码如下。

```
ruijie(config)#interface VLAN 99
ruijie(config-if)#ip address 192.168.1.1 255.255.255.0
ruijie(config-if)#private-VLAN mapping 100-101
ruijie(config-if)#
```

示例：取消已建立的辅助 VLAN 到主 VLAN 的 SVI 的映射，代码如下。

```
ruijie(config)#interface VLAN 99
ruijie(config-if)#no private-VLAN mapping
ruijie(config-if)#
```

（4）配置主机端口。

在 PVLAN 中，交换机端口分为两大类：混杂端口和主机端口。其中，主机端口又分为隔离端口和团体端口。主机端口主要用作主机设备的接入端口。配置主机端口需要 2 个步骤：设置主机端口类型；将主机端口关联到主 VLAN 和辅助 VLAN。配置主机端口的具体步骤如下。

第 1 步：设置主机端口类型。

设置主机端口类型的命令如下：

> 设置PVLAN的端口类型　　　　　　　　　混杂端口类型

ruijie(config-If)#switchport mode private-VLAN{*host* | *promiscuous*}

> 交换机名称为 ruijie　　　　　　　　　　　主机端口类型
> 处于端口配置模式

其中，host 为 PVLAN 的主机端口类型；promiscuous 为 PVLAN 的混杂端口类型。

使用 no switchport mode 命令可以删除端口 PVLAN 配置。

示例：将端口 Fa0/10 的类型设置为主机端口，代码如下。

```
ruijie(config)#interface FastEthernet0/10
ruijie(config-if)#switchport mode private-VLAN host
```

示例：删除端口 Fa0/10 的 PVLAN 配置，代码如下。

```
ruijie(config)#interface FastEthernet 0/10
ruijie(config-if)#no switchport mode
```

正文及图中的 Fa 端口/接口指 FastEthernet 端口/接口，S 端口/接口指 Serial 端口/接口，下同。

第 2 步：将主机端口关联到主 VLAN 和辅助 VLAN。

在完成主机端口类型的设置后，需要将该端口关联到主 VLAN 和辅助 VLAN，实现该关联任务的命令如下：

> 设置PVLAN的主机端口所关联的主VLAN及辅助VLAN　　　辅助VLAN编号

ruijie(config-If)#switchport private-VLAN host-association *p_vid s_vid*

> 交换机名称为 ruijie　　　　　　　　　　　　　　主VLAN编号
> 处于端口配置模式

其中，p_vid 为已经创建的主 VID；s_vid 为已经创建的辅助 VID。

使用 no switchport private-VLAN host-association 命令可以将 PVLAN 中的主机端口删除。

示例：将主机端口 Fa0/10 关联到作为主 VLAN 的 VLAN99 和作为辅助 VLAN 的 VLAN100，代码如下。

```
ruijie(config)#interface FastEthernet 0/10
```

```
ruijie(config-if)#switchport mode private-VLAN host
ruijie(config-if)#switchport private-VLAN host-association 99 100
ruijie(config-if)#
```

示例：将 PVLAN 中的主机端口 Fa0/10 删除，代码如下。

```
ruijie(config)#interface FastEthernet 0/10
ruijie(config-if)#no switchport private-VLAN host-association
ruijie(config-if)#
```

（5）配置混杂端口。

配置混杂端口与配置主机端口的步骤一样：设置混杂端口类型；将混杂端口关联到主 VLAN 和辅助 VLAN。配置混杂端口的具体步骤如下。

第 1 步：设置混杂端口类型。

设置混杂端口类型的命令如下：

```
ruijie(config-If)#switchport mode private-VLAN{host | promiscuous}
```

（交换机名称为 *ruijie*，处于端口配置模式；设置PVLAN的端口类型；主机端口类型；混杂端口类型）

其中，*host* 为 PVLAN 的主机端口类型；*promiscuous* 为 PVLAN 的混杂端口类型。

使用 no switchport mode 命令删除端口私有 VLAN 配置。

示例：将端口 Fa0/1 的类型设置为混杂端口，代码如下。

```
ruijie(config)#interface FastEthernet 0/1
ruijie(config-if)#switchport mode private-VLAN promiscuous
ruijie(config-if)#
```

第 2 步：将混杂端口关联到主 VLAN 和辅助 VLAN。

将混杂端口关联到主 VLAN 和辅助 VLAN 的命令如下：

```
ruijie(config-If)#switchport private-VLAN mapping p_vid{svlist | add svlist | remove svlist}
```

（交换机名称为 *ruijie*，处于端口配置模式；设置PVLAN的混杂端口所关联的主VLAN及辅助VLAN；辅助VLAN编号；主VLAN编号）

其中，*p_vid* 为已经创建的主 VID；*svlist* 为已经创建的辅助 VLAN list。

使用 no switchport private-VLAN mapping 命令可以将 PVLAN 中的混杂端口删除。

示例：将端口 Fa0/1 的类型设置为混杂端口，并关联到主 VLAN（VLAN99）、团体 VLAN（VLAN100）和隔离 VLAN（VLAN101），具体代码如下。

```
ruijie(config)#interface FastEthernet 0/1
ruijie(config-if)#switchport mode private-VLAN   promiscuous
ruijie(config-if)#switchport private-VLAN mapping 99 add 100-101
ruijie(config-if)#
```

示例：将 PVLAN 中的混杂端口 Fa0/1 删除，代码如下。

```
ruijie(config)#interface FastEthernet 0/1
ruijie(config-if)#no switchport private-VLAN mapping
ruijie(config-if)#
```

（6）显示 PVLAN 配置信息。

显示 PVLAN 配置信息的命令如下：

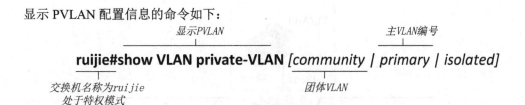

其中，*primary* 为显示主 VLAN 信息；*community* 为显示团体 VLAN 信息；*isolated* 为显示隔离 VLAN 信息。

1.3 扩展知识

1. Super VLAN

（1）Super VLAN 概述。

Super VLAN 是一种划分 VLAN 的方式。Super VLAN 又称 VLAN 聚合，是一种专门优化 IP 地址管理的技术。Super VLAN 的原理是将一个网段的 IP 分配给不同的子 VLAN（Sub VLAN），这些子 VLAN 同属于一个 Super VLAN。每个子 VLAN 都是一个独立的广播域，不同子 VLAN 之间的二层相互隔离。当不同子 VLAN 的用户之间需要进行三层通信时，将使用 Super VLAN 的 VLAN 接口的 IP 地址作为网关地址，这样多个子 VLAN 共享一个 IP 子网，可以节省 IP 地址资源。同时，为了实现不同子 VLAN 间的三层互通及子 VLAN 与其他网络的互通，需要利用 ARP 代理（Proxy ARP）。通过 ARP 代理可以进行 ARP 请求和响应报文的转发与处理，从而实现二层隔离端口间的三层互通。在默认状态下，Super VLAN 和子 VLAN 的 ARP 代理功能是打开的。

采用 Super VLAN 可以极大地节省 IP 地址资源，我们只需要为包含多个子 VLAN 的 Super VLAN 分配一个 IP 子网即可。

Super VLAN 适用于中小型网络，以及客户需要进行二层/三层隔离的场景。与 PVLAN 的隔离功能相比，Super VLAN 属于三层功能，需要三层交换机支持，PVLAN 属于二层交换机支持的功能；Super VLAN 的配置较为简单，PVLAN 配置较为复杂，但前者对用户间的访问控制灵活性不如后者。当需要在 Super VLAN 中查询部分暂时离线的用户时，网关需要在每个子 VLAN 内广播报文，可能会消耗较大的设备 CPU 资源。

Super VLAN 通信示例如图 1.3 所示。一个 Super VLAN 中有两个子 VLAN，即子 VLAN20 和子 VLAN 30，这两个子 VLAN 聚合成 Super VLAN 10。其中，PC1、PC2 在子 VLAN20 中，PC3、PC4 在子 VLAN30 中。当子 VLAN20 中的 PC1 与子 VLAN20 中的 PC2 进行通信时，由于两者的目的 IP 地址处于同一个网段，因此 PC1 可以直接向目的地址发送 ARP 请求，当交换机接收到 ARP 请求后对 ARP 请求的目的地址进行分析，发现目的地址属于子 VLAN20 的地址范围，交换机会将此报文在子 VLAN20 的范围内广播，由 PC2 直接对 PC1 进行 ARP 应答。

当 PC1 与 PC3 进行通信时，交换机发现 ARP 请求的目的地址不属于子 VLAN20 的地址范围，这时交换机会进行 ARP 代理，由交换机对目的 IP 地址进行 ARP 请求并将解析出来的 MAC 地址发送给 PC1，从而实现不同子 VLAN 之间的通信。

若 PC1 需要与外部网络中的主机 PC5 进行通信，则需要在交换机中配置 VLAN10 和 VLAN80 的 SVI 地址及相关路由信息，实现数据包转发。其中，VLAN10 的 SVI 地址作为所有子 VLAN 中的主机的网关地址。

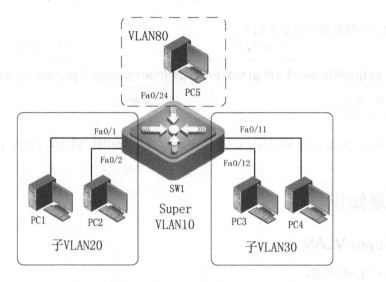

图 1.3 Super VLAN 通信示例

在部署子 VLAN 时，需要注意如下事项。
- Super VLAN 不能包含任何成员端口，只能包含子 VLAN。子 VLAN 包含实际的物理端口。
- Super VLAN 不能作为其他 Super VLAN 的子 VLAN。
- Super VLAN 不能作为正常的 IEEE 802.1Q VLAN 使用。
- VLAN 1 不能作为 Super VLAN。
- 针对子 VLAN 不能创建 VLAN 接口并分配 IP 地址。
- Super VLAN 不能使用 VRRP，不支持多播。
- 基于 Super VLAN 接口的 ACL 和 QoS 配置不对子 VLAN 生效。

Super VLAN 与前面介绍的 PVLAN 有相同之处，但它们主要的应用场景不同。PVLAN 主要用于解决 VLAN 数量受限问题，而 Super VLAN 则主要用于节省 IP 地址。

（2）配置 Super VLAN。

配置 Super VLAN 需要如下步骤。

第 1 步：设置 Super VLAN 类型。

进入 VLAN 配置模式，将 VLAN 类型设置为 Super VLAN，实现该配置的命令如下：

设置 SuperVLAN

ruijie(config-vlan)#supervlan

交换机名称为 ruijie
处于 VLAN 配置模式

使用 no supervlan 命令可以取消将 VLAN 类型配置为 Super VALN 类型的设置。

示例：将 VLAN10 设置为 Super VLAN，代码如下。

Ruijie(config)# vlan 10
Ruijie(config-vlan)# supervlan

第 2 步：配置 Super VLAN 包含的子 VLAN。

进入 VLAN 配置模式，指定 Super VLAN 包含的若干个子 VLAN，将其加入 Super VLAN 中。实现该配置的命令如下：

设置子VLAN
```
ruijie(config-vlan)#subvlan vlan-id-list
```
交换机名称为ruijie　　　　　　　子VLAN的VLAN ID列表
处于VLAN配置模式

其中，*vlan-id-list* 为子 VLAN 的 VLAN ID 列表，可以同时设置多个 VLAN。使用 **no subvlan** *[vlan-id-list]* 命令可以取消对 Super VLAN 包含的子 VLAN 的设置。

示例：将 VLAN10 类型设置为 Super VLAN，其包含 VLAN50 和 VLAN100 两个子 VLAN，具体代码如下。

```
Ruijie(config)#vlan 10
Ruijie(config-vlan)#supervlan
Ruijie(config-vlan)#subvlan 50,100
```

第 3 步：设置子 VLAN 使用的地址范围。

为每个子 VLAN 分配其使用的地址范围，以便交换机区分特定的 IP 地址属于哪个子 VLAN，同一个 Super VLAN 中的各子 VLAN 分配的地址范围不可以有交叉重叠或互相包含的关系。分配子 VLAN 地址范围的命令如下：

设置子VLAN地址范围　　　　　　IP结束地址
```
ruijie(config-vlan)#subvlan-address-range start-ip end-ip
```
交换机名称为ruijie　　　　　　　　　　　　IP起始地址
处于VLAN配置模式

其中，*star-ip* 为该子 VLAN 分配的 IP 起始地址，*end-ip* 为该子 VLAN 分配的 IP 结束地址。使用 no subvlan-address-range 命令可以取消对子 VLAN 地址范围的设置。

示例：VLAN 类型为子 VLAN 的 VLAN50 地址范围为 192.168.1.50～192.168.1.99，具体代码如下。

```
Ruijie(config)#vlan 50
Ruijie(config-vlan)#subvlan-address-range 192.168.1.50 192.168.1.99
```

第 4 步：设置 Super VLAN 的 SVI 地址。

设置 Super VLAN 的 SVI 地址的步骤与前面介绍的设置三层交换机 SVI 的步骤相同，此处不再赘述。

第 5 步：划分端口到子 VLAN。

划分端口到子 VLAN 的步骤与前面介绍的分配交换机端口到 VLAN 的步骤相同，此处不再赘述。

第 6 步：设置 VLAN 的代理 ARP 功能。

为了实现不同子 VLAN 之间的三层互通及子 VLAN 与其他网络的互通，需要利用 ARP 代理功能。通过 ARP 代理可以进行 ARP 请求和响应报文的转发与处理，从而实现二层隔离端口间的三层互通。设置 ARP 代理功能命令如下：

设置ARP代理功能
```
ruijie(config-vlan)#proxy-arp
```
交换机名称为ruijie
处于VLAN配置模式

在默认状态下，Super VLAN 和子 VLAN 的 ARP 代理功能是开启的。使用 no proxy-arp 命令可以取消设置的 ARP 代理功能。

示例：由于在默认情况下，交换机的 Super VLAN 代理 ARP 功能是开启的，因此子 VLAN 之间是可以互访的，如果要阻止子 VLAN 之间的互访，需要关闭 Super VLAN 的代理 ARP 功能。VLAN10 的类型为 Super VLAN。

```
Ruijie(config)#vlan 10
Ruijie(config-vlan)#no proxy-arp
```

第 7 步：显示 Super VLAN。

显示 Super VLAN 的命令如下：

<u>ruijie</u>#<u>show supervlan</u>
　　↑　　　　↑
交换机名称为ruijie　显示Super VLAN
处于特权模式

对如图 1.3 所示的网络中的交换机的 Super VLAN 配置代码如下。

```
Switch(config)#vlan 20
Switch(config-vlan)#exit
Switch(config)#vlan 30
Switch(config-vlan)#exit
Switch(config)#vlan 80
Switch(config-vlan)#exit
Switch(config)#vlan 10
Switch(config-vlan)supervlan
Switch(config-vlan)#subvlan 20,30
Switch(config-vlan)#exit
Switch(config)#vlan 20
Switch(config-vlan)#subvlan-address-range 192.168.10.2 192.168.10.99
Switch(config-vlan)#exit
Switch(config)#vlan 30
Switch(config-vlan)#subvlan-addresss-range 192.168.10.100 192.168.10.200
Switch(config)#interface range fastethernet 0/1-2
Switch(config-subif)#switch access vlan 20
Switch(config-subif)#exit
Switch(config)#interface range fastethernet 0/11-12
Switch(config-subif)#switch access vlan 30
Switch(config-subif)#exit
Switch(config)#interface range fastethernet 0/24
Switch(config-if)#switch access vlan 80
Switch(config-if)#exit
Switch(config)#interface vlan 10
Switch(config-if)#ip address 192.168.10.1 255.255.255.0
Switch(config-if)#exit
Switch(config)#interface vlan 80
Switch(config-if)#ip address 192.168.80.1 255.255.255.0
Switch(config-if)#exit
```

对其他设备的配置如下：

PC1 的 IP 地址为 192.168.10.2/24，网关地址为 192.168.10.1。
PC2 的 IP 地址为 192.168.10.3/24，网关地址为 192.168.10.1。
PC3 的 IP 地址为 192.168.10.100/24，网关地址为 192.168.10.1。

PC4 的 IP 地址为 192.168.10.101/24，网关地址为 192.168.10.1。
PC5 的 IP 地址为 192.168.80.100/24，网关地址为 192.168.80.1。

2. 保护端口（Protected Port）

（1）保护端口概述。

在某些应用环境下，有时要求一台交换机的某些端口之间不能互相通信，这时，可以通过设置保护端口实现这些端口之间只能通过三层设备进行通信而无法通过链路层进行通信（包括单播帧、多播帧、广播帧）。保护端口之间无法进行通信，保护端口与非保护端口之间可以进行通信，如图 1.4 所示。

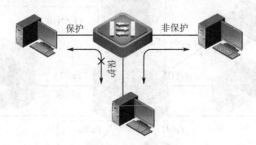

图 1.4 保护端口功能

保护端口只能实现对同一台交换机的相同 VLAN 中的端口链路层通信进行隔离，而无法对位于不同交换机或不同 VLAN 的保护端口之间的通信进行隔离。同一台交换机的相同 VLAN 中的保护端口之间可以通过路由端口进行通信。

若使用前面介绍的 PVLAN 技术隔离 VLAN 中的端口，不仅 VLAN 中的端口之间不能进行通信，而且不同 VLAN 的端口之间也不能进行通信，只能与混杂端口进行通信。

（2）配置保护端口。

为了配置交换机保护端口，需要先进入端口配置模式，然后在该模式下设置保护端口。设置保护端口的命令如下：

设置保护端口
ruijie(config-If)#switchport protected
交换机名称为 ruijie
处于端口配置模式

使用 no switchport protected 命令可以取消将某端口配置为保护端口的设置，如 ruijie(config-if)no switchport protected。

示例： 将交换机端口 Fa0/1～12 设置为保护端口，代码如下：

ruijie(config)#interface range fa 0/1-12
ruijie(config-range-if)#switchport protected
ruijie(config-range-if)#

1.4 演示实例

1. 背景描述

PVLAN 环境下的 SVI 的应用如图 1.5 所示。在交换机上创建 VLAN10，将其设置为主 VLAN，并将其 SVI 的 IP 地址设置为 192.168.10.1/24；创建 VLAN20，并将其设置为隔离 VLAN；创建 VLAN30，并将其设置为团体 VLAN；创建 VLAN40，并将其 SVI 的 IP 地址设置为 192.168.40.1/24。实现 VLAN30、VLAN20 中的 PC1 或 PC2 能够与混杂端口 Fa0/1 端的服务器进行通信，也能够与 VLAN40 中的 PC5 进行通信；VLAN20 中的 PC1 与 PC2 不能相互通信，它们也不能与 VLAN30 中的 PC3 或 PC4 进行通信；VLAN30 中的 PC3 与 PC4 能够相互通信，不能与 VLAN20 中的 PC1 或 PC2 进行通信。

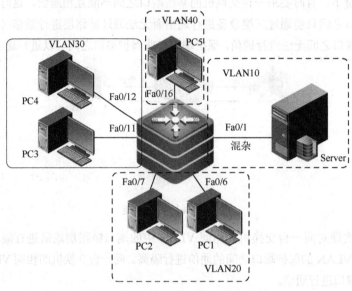

图 1.5 PVLAN 环境下的 SVI 的应用

2. 操作步骤

第 1 步：创建 VLAN，并设置 VLAN 类型，具体代码如下。

```
ruijie(config)#VLAN 10
ruijie(config-VLAN)#private-VLAN primary
ruijie(config-VLAN)#exit
ruijie(config)#VLAN 20
ruijie(config-VLAN)#private-VLAN isolated
ruijie(config-VLAN)#exit
ruijie(config)#VLAN 30
ruijie(config-VLAN)#private-VLAN community
ruijie(config-VLAN)#exit
ruijie(config)#VLAN 40
ruijie(config-VLAN)#end
ruijie#show VLAN private-VLAN
```

VLAN	Type	Status	Routed	Ports	Associated VLANs
10	primary	inactive	Disabled		
20	isolated	inactive	Disabled		No Association
30	community	inactive	Disabled		No Association

第 2 步：将辅助 VLAN 与主 VLAN 进行关联，代码如下。

```
ruijie(config)#VLAN 10
```

```
ruijie(config-VLAN)#private-VLAN association 20,30
ruijie(config-VLAN)#end
ruijie#show VLAN private-VLAN
VLAN   Type         Status    Routed     Ports       Associated VLANs
-----  ----------   --------  --------   ---------   ----------------
10     primary      active    Disabled               20,30
20     isolated     active    Disabled               10
30     community    active    Disabled               10
```

第 3 步：将辅助 VLAN 映射到 SVI，代码如下。

```
ruijie(config)#interface VLAN 10
ruijie(config-if)#ip address 192.168.10.1 255.255.255.0
ruijie(config-if)#no shutdown
ruijie(config-if)#private-VLAN mapping 20,30
ruijie(config-if)#end
ruijie#show VLAN private-VLAN
VLAN   Type         Status    Routed     Ports       Associated VLANs
-----  ----------   --------  --------   ---------   ----------------
10     primary      active    Enabled                20,30
20     isolated     active    Enabled                10
30     community    active    Enabled                10
```

第 4 步：配置隔离端口及团体端口，代码如下。

```
ruijie(config)#interface range fa 0/6-7
ruijie(config-range-if)#switchport mode private-VLAN host
ruijie(config-range-if)#switchport private-VLAN host-association 10 20
ruijie(config-range-if)#exit
ruijie(config)#interface range fa 0/11-12
ruijie(config-range-if)#switchport mode private-VLAN host
ruijie(config-range-if)#switchport private-VLAN host-association 10 30
ruijie(config-range-if)#exit
ruijie#show VLAN private-VLAN
VLAN   Type         Status    Routed     Ports            Associated VLANs
-----  ----------   --------  --------   --------------   ----------------
10     primary      active    Enabled                     20,30
20     isolated     active    Enabled    Fa0/6, Fa0/7     10
30     community    active    Enabled    Fa0/11, Fa0/12   10
```

第 5 步：配置混杂端口，代码如下。

```
ruijie(config)#interface fa 0/1
ruijie(config-if)#switchport mode private-VLAN  promiscuous
ruijie(config-if)#switchport private-VLAN mapping 10 add 20,30
ruijie(config-if)#end
ruijie#show VLAN private-VLAN
VLAN   Type         Status    Routed     Ports       Associated VLANs
-----  ----------   --------  --------   ---------   ----------------
10     primary      active    Enabled    Fa0/1       20,30
```

| 20 | isolated | active | Enabled | Fa0/6, Fa0/7 | 10 |
| 30 | community | active | Enabled | Fa0/11, Fa0/12 | 10 |

第 6 步：创建 VLAN40 的 SVI，代码如下。

```
ruijie(config)#interface fa 0/16
ruijie(config-if)#switchport access VLAN 40
ruijie(config-if)#exit
ruijie(config)#interface VLAN 40
ruijie(config-if)#ip address 192.168.40.1 255.255.255.0
ruijie(config-if)#no shutdown
ruijie(config-if)#end
ruijie#show ip route
Codes:   C - connected, S - static, R - RIP, B - BGP
         O - OSPF, IA - OSPF inter area
         N1 - OSPF NSSA external type 1, N2 - OSPF NSSA external type 2
         E1 - OSPF external type 1, E2 - OSPF external type 2
         i - IS-IS, su - IS-IS summary, L1 - IS-IS level-1, L2 - IS-IS level-2
         ia - IS-IS inter area, * - candidate default
Gateway of last resort is no set
C    192.168.10.0/24 is directly connected, VLAN 10
C    192.168.10.1/32 is local host.
C    192.168.40.0/24 is directly connected, VLAN 40
C    192.168.40.1/32 is local host.
```

第 7 步：测试。

Server 的 IP 地址为 192.168.10.10/24、PC1 的 IP 地址为 192.168.10.11/24、PC2 的 IP 地址为 192.168.10.12/24、PC3 的 IP 地址为 192.168.10.13/24、PC4 的 IP 地址为 192.168.10.14/24，它们的网关地址为 192.168.10.1。PC5 的 IP 地址为 192.168.40.10/24，网关地址为 192.168.40.1。

PC1（PC2）能够与 Server、PC5 进行通信，但 PC1 与 PC2 不能相互通信。PC3（PC4）能够与 Server、PC5 进行通信，PC3 与 PC4 也能相互通信。

1.5 训练任务

▶ 1. 背景描述

在如图 1.6 所示的网络中，VLAN10 为主 VLAN；VLAN20 既是辅助 VLAN 又是团体 VLAN；VLAN30 既是辅助 VLAN 又是隔离 VLAN。端口 Fa0/1 和端口 Fa0/2 为 VLAN20 的端口，端口 Fa0/11 和端口 Fa0/12 为 VLAN30 的端口。端口 Fa0/24 为 VLAN10 的混杂端口，与 VLAN20 和 VLAN30 关联。

▶ 2. 操作提示

在此项目中，VLAN10 只需要将 Fa0/24 端口设置为混杂端口，不需要建立 VLAN10 的 SVI，也不需要为 VLAN10 配置相应的 IP 地址。路由器 R1 的 Fa0/0 端口 IP 地址作为 VLAN20、VLAN30 中主机的默认网关地址。PVLAN 的其他参数正常配置即可，具体代码如下。

```
switch(config)#interface fa 0/24
```

```
switch(config-if)#switchport mode private-VLAN   promiscuous
switch(config-if)#switchport private-VLAN mapping 10 add 20,30
```

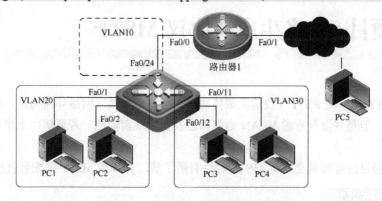

图 1.6　PVLAN 环境连接路由器应用

练习题

1. 选择题

（1）下面关于 PVLAN 描述错误的是（　　）。
   A. 主 VLAN 是 PVLAN 的高级 VLAN，每个 PVLAN 中只有一个主 VLAN。辅助 VLAN 是 PVLAN 中的子 VLAN，并且映射到一个主 VLAN
   B. PVLAN 中的端口类型有三种：混杂端口、隔离端口和团体端口。混杂端口为主 VLAN 中的端口，隔离端口为隔离 VLAN 中的端口，团体端口为团体 VLAN 中的端口
   C. 辅助 VLAN 有两种类型：隔离 VLAN 和团体 VLAN。同一个团体 VLAN 中的端口可以进行二层通信，但是不能与其他团体 VLAN 中的端口进行二层通信
   D. 混杂端口可以与任意端口通信，包括同一个 PVLAN 中的隔离端口和团体端口，隔离端口只能与团体端口进行通信

（2）一个 PVLAN 处于开启状态必须满足的条件为（　　）。
   A. 具有主 VLAN
   B. 具有辅助 VLAN
   C. 辅助 VLAN 和主 VLAN 可以进行关联
   D. 主 VLAN 必须设置 IP 地址
   E. 主 VLAN 内有混杂端口

2. 简答题

（1）简述 PVLAN 的功能及应用场合。
（2）简述 PVLAN 的配置命令及配置步骤。
（3）PVLAN 中各子 VLAN 中的 IP 地址是如何分配的？
（4）PVLAN 是如何实现与其他网段的路由功能的？试举例说明。

项目 2　多生成树协议 MSTP

STP（生成树协议）及 RSTP（快速生成树协议）很好地解决了网络环路问题，使得网络链路可以实现冗余备份，但是并没有考虑 VLAN 通信问题及负载均衡问题。若要解决上述问题，则需要采用 MSTP。

通过学习本项目应能够对交换机 MSTP 特性有所了解，并掌握 MSTP 的配置技能。

知识点、技能点

1. 了解 MSTP 概念。
2. 掌握 MSTP 特性及其配置技能。
3. 掌握小型网络一般调试技能及故障排除方法。

2.1　问题提出

公司网络在采用了 RSTP 后，交换机端口状态切换时间明显缩短了。经过认真维护，公司网络一直稳定运行。但经过一段时间后，公司的网络流量都集中在两台核心交换机中的根交换机，所有链路都以该交换机为中心向外拓展，另一台非根交换机工作量较少，负载明显不平衡。

2.2　相关知识

1. MSTP 概述

MSTP（Multiple Spanning Tree Protocol，多生成树协议）是在传统生成树协议（STP、RSTP）的基础上发展而来的，遵循的标准是 IEEE 802.1S。由于传统的生成树协议与 VLAN 没有任何联系，因此在特定网络拓扑中使用传统的生成树协议会产生一些问题。

MSTP（环路）如图 2.1 所示。交换机 SW1、SW3 在 VLAN10 内，交换机 SW2、SW4 在 VLAN20 内，这 4 个交换机连成环路。

假设 SW2 的优先级为 4096，SW4 的优先级为 8192，SW1 及 SW3 的优先级为默认值 32768，那么 SW2 成为根交换机，SW1 和 SW3 之间的链路状态为 Discarding，如图 2.2 所示。由于 SW1 与 SW2 不在同一个 VLAN 内，故两者无法进行通信；而交换机 SW3 与 SW4 也不在同一个 VLAN 内，因此两者也无法进行通信。虽然 SW1 与 SW3 在同一个 VLAN 内，但由于它们之间的链路处于 Discarding 状态，因此两者也无法进行通信。

使用 MSTP 则可以很好地解决上面的问题。MSTP 可以将一台交换机的一个或多个 VLAN 配置为一个实例（Instance）。配置相同实例的交换机组成一个 MST 区域（MST Region），在该区域内运行独立的生成树。MST 区域内产生的生成树称为区域内生成树（Internal Spanning Tree，IST）。每个 MST 区域相当于一台大型交换机，可以与其他 MST 区域进行生成树算法运算，得出一个主干生成树,该主干生成树称为区域间生成树(Common Spanning Tree,CST)。区域内生成树与区域间生成树共同构成了全网树形结构,这样就可以解决 VLAN 通信问题及网络环路问题。

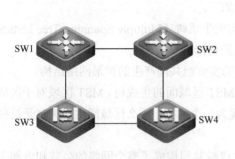

图 2.1 MSTP(环路)

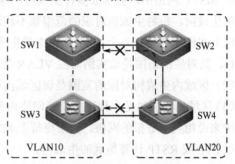

图 2.2 MSTP(链路故障)

2. MSTP 的区域与实例

为了在一个或多个 VLAN 中产生一个区域内生成树,需要对交换机 VLAN 与实例进行映射,使一个具体实例关联一个或多个 VLAN。具有相同 MST 名称、MST 修正号、VLAN 与 MST 实例映射的交换机构成一个 MST 区域,在这个区域内产生一个区域内生成树。对 MST 的名称、修正号、VLAN 与实例映射要求如下。

- 用 32 字节长的字符串标志 MST 的名称。
- 用 16bit 长的修正值标志 MST 的修正号。
- 在每台交换机中,最多可以创建 64 个 MST 实例,编号从 1 到 64,实例 0 是强制存在的。在默认情况下,所有的 VLAN 都映射到实例 0。

在如图 2.2 所示的网络中,SW1 和 SW3 在一个区域中,SW2 和 SW4 在另一个区域中,如图 2.3 所示。

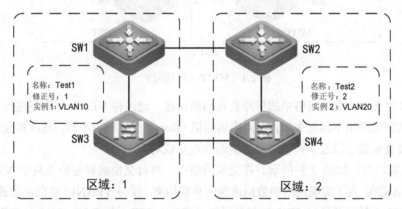

图 2.3 MSTP(区域划分)

在图 2.3 中,由于 SW1 和 SW3 配置了相同的 MST 名称(Test1)及修正号(1),并遵守相同的实例映射规则,因此在 MSTP 运算中,SW1 和 SW3 被认为在同一个区域中。同样,由于 SW2 和 SW4 也配置了相同的 MST 名称(Test2)和修正号(2),并遵守相同的实例映射规则,因此两者也被视为处于同一个区域中。

3. MSTP 的多种生成树

在 MSTP 网络中，会形成多种生成树，包括实例生成树、区域内生成树、区域间生成树、公共和内部生成树。每种生成树对应的范围都不相同，具体如下。

（1）实例生成树：每个 MST 实例中的生成树称为实例生成树（Multiple Spanning-Tree Instance, MSTI），其对应的范围是该实例对应 VLAN 范围内产生的树形网络结构。

（2）区域内生成树对应的范围是该区域内相同配置的实例组共同产生的树形网络结构。

（3）区域间生成树是一种连接交换网络内部的所有 MST 区域间的生成树。MST 区域对于区域间生成树来说相当于虚拟的网桥。如果将每个 MST 区域视为一个网桥，那么区域间生成树就是这些网桥通过 STP 或 RSTP 计算得到的生成树。

（4）公共和内部生成树：区域内生成树和区域间生成树共同构成了整个网络的公共和内部生成树（Common and Internal Spanning Tree，CIST），它相当于 MST 区域中的区域内生成树、区域间生成树及 IEEE 802.1d 网桥的集合。STP 和 RSTP 会为公共和内部生成树选举出它的根。

以上种类的生成树可以在 MSTP 算法下形成如图 2.4 所示的拓扑结构。由于 SW1 和 SW3 都在区域 1 内，而区域没有环路产生，所以没有链路 Discarding，同理，区域 2 也没有链路 Discarding。区域 1 和区域 2 分别相当于一台大型交换机，这两台交换机间存在环路，根据相关配置选择一条链路 Discarding。这样，既避免了环路的产生，也能让相同 VLAN 之间的通信不受影响。

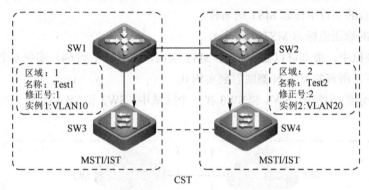

图 2.4 MSTP（区域间）

MSTP 主要用于解决交换网络中的链路负载均衡问题。通过将 VLAN 与实例进行关联，同一台交换机对不同实例呈现出不同优先级，不同实例的根（Root）交换机也不同，这样就会形成不同的树形结构，不同流量也就会通过不同的路径，进而实现负载均衡。

MSTP（负载均衡）如图 2.5 所示。在交换网络中，每台交换机都划分成两个 VLAN，分别为 VLAN10 及 VLAN20。为了实现网络中数据流量的负载均衡，使得 VLAN10 中的流量通过 SW1 访问互联网，VLAN20 中的流量通过 SW2 访问互联网，启动 MSTP，并将 VLAN10 与实例 1 进行关联，将 VLAN20 与实例 2 进行关联。配置 SW1 对实例 1 的优先级为 4096，对实例 2 的优先级为默认值 32768；配置 SW2 对实例 2 的优先级为 4096，对实例 1 的优先级为默认值 32768，实现 SW1 为实例 1 的根交换机，SW2 为实例 2 的根交换机。

实例 1 的网络拓扑结构如图 2.6 所示，流量通过 SW3→SW1 访问互联网。实例 2 的网络拓扑结构如图 2.7 所示，流量通过 SW3→SW2 访问互联网。

项目 2 多生成树协议 MSTP

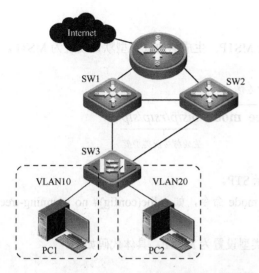

图 2.5 MSTP（负载均衡）

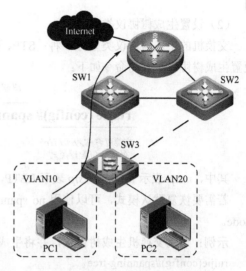

图 2.6 实例 1 的网络拓扑结构

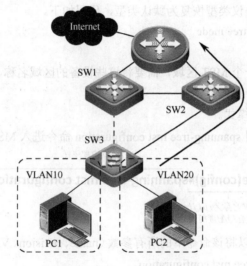

图 2.7 实例 2 的网络拓扑结构

4. MSTP 的配置步骤

（1）启动生成树协议。

启动生成树协议的命令如下：

              启动生成树协议
       ruijie (config)# spanning-tree
        交换机名称为 *ruijie*
        处于全局配置模式

使用启动生成树协议命令的 no 选项可以关闭生成树协议，如 ruijie(config)#no spanning-tree。

示例：启动生成树协议，代码如下。

ruijie(config)#spanning-tree

示例：关闭生成树协议，代码如下。

ruijie(config)#no spanning-tree

(2）设置生成树协议类型。

交换机的生成树协议类型有 3 种：STP、RSTP 及 MSTP。生成树协议类型默认设置为 MSTP。设置生成树协议类型的命令如下：

ruijie (config)# spanning-tree mode mstp/rstp/stp

（交换机名称为 ruijie，处于全局配置模式；设置生成树协议类型；生成树协议类型值）

其中，*mstp* 表示 MSTP，*rstp* 表示 RSTP，*stp* 表示 STP。

若需要恢复默认模式，可以使用 no spanning-tree mode 命令，如 ruijie(config)# no spanning-tree mode。

示例：启动交换机生成树协议，并将生成树协议类型设置为 MSTP，具体代码如下。

ruijie(config)#spanning-tree
ruijie(config)#spanning-tree mode mstp

示例：将交换机生成树协议类型恢复为默认类型，代码如下。

ruijie(config)#no spanning-tree mode

（3）配置区域属性。

为了使多台设备处于同一个 MST 区域，需要将这些设备的区域名称、修正号、实例映射关系等配置为相同参数，具体配置步骤如下。

第 1 步：进入 MST 配置模式。

在全局配置模式下，使用 spanning-tree mst configuration 命令进入 MST 配置模式，命令如下：

ruijie(config)#spanning-tree mst configuration

（交换机名称为 ruijie，处于全局配置模式；进入 MST 配置模式）

使用该命令的 no 选项可以将该命令下的所有参数（name、revision、VLAN map）恢复为默认值，如 ruijie(config)#no spanning-tree mst configuration。

示例：进入 MST 配置模式，代码如下。

ruijie(config)#spanning-tree mst configuration
ruijie(config-mst)#

示例：恢复 MST 的默认值，代码如下。

ruijie(config)#no spanning-tree mst configuration
ruijie(config-mst)#

第 2 步：将 VLAN 与 MST 实例进行关联。

进入 MST 配置模式后，需要进行将 VLAN 与 MST 实例关联的设置，命令如下：

ruijie(config-mst)#Instance *InstancE-id* VLAN *VLAN-range*

（交换机名称为 ruijie，处于 MST 配置模式；指定关联的实例；指定关联的 VLAN）

其中，*instance-id* 为实例标志，范围为 0～64；*VLAN-range* 为 VLAN 范围，如 10～13 表示 VLAN10～VLAN13，15、18、19 分别表示 VLAN15、VLAN18、VLAN19。

使用该命令的 no 选项可以恢复默认值，如 ruijie(config-mst)#no instance 1。在默认情况下，所有的 VLAN 均在实例 0 中。

示例：将 VLAN10、VLAN20 关联到实例 1，代码如下。

```
ruijie(config)#spanning-tree mst configuration
ruijie(config-mst)#instance 1 VLAN 10,20
ruijie(config-mst)#
```

示例：将 VLAN20 从实例 1 中删除，代码如下。

```
ruijie(config)#spanning-tree mst configuration
ruijie(config-mst)#no instance 1 VLAN 20
ruijie(config-mst)#
```

第 3 步：配置 MST 名称。

配置 MST 名称的命令如下：

ruijie(config-mst)#name *name*

（交换机名称为ruijie，处于MST配置模式，MST名称）

其中，*name* 为配置的 MST 名称，该字符串最多可以包含 32 字节，默认值为空。可以使用 no name 命令恢复其默认值，如 ruijie(config-mst)#no name。

示例：将 MST 名称设置为区域 1，代码如下。

```
ruijie(config)#spanning-tree mst configuration
ruijie(config-mst)#instance 1 VLAN 20
ruijie(config-mst)#name region1
ruijie(config-mst)#
```

第 4 步：配置 MST 修正号。

配置 MST 修正号的命令如下：

ruijie(config-mst)# revision *version*

（交换机名称为ruijie，处于MST配置模式，MST修正号）

其中，*version* 为指定的修正版本号，范围为 0～65535，默认值为 0。可以使用 no revision 命令恢复其默认值。

示例：将 VLAN20 关联到实例 1，MST 名称为区域 1，修正号为 1，具体代码如下。

```
ruijie(config)#spanning-tree mst configuration
ruijie(config-mst)#instance 1 VLAN 20
ruijie(config-mst)#name region1
ruijie(config-mst)#revision 1
ruijie(config-mst)#
```

（4）设置实例的交换机优先级。

对于不同的 MST 实例，可以将其交换机设置为不同的优先级。在区域内针对不同的实例，需要分别计算该实例的根交换机、指定交换机、根端口、指定端口等参数。不同实例的根交换机不一定是同一台交换机。为了实现负载均衡，需要将不同实例的根交换机分布在不同的交换机上。设置特定实例的交换机优先级的命令如下：

```
ruijie(config)# spanning-tree [mst instance-id] priority priority
```

  设置MSTP交换机优先级：`spanning-tree [mst instance-id] priority`
  指定交换机优先级：`priority`
  交换机名称为 ruijie 处于全局配置模式
  指定具体实例

其中，*instance-id* 为实例标志，范围为 0~64；*priority* 为交换机优先级，取值范围为 0~61440，按 4096 的倍数递增，默认值为 32768。

如果要恢复特定实例的交换机优先级为默认值，可在全局配置模式下使用 **no spanning-tree mst** *instance-id* **priority** 命令进行配置。

示例：设置实例 1 的交换机优先级为 4096，代码如下。

```
ruijie(config)#spanning-tree mst 1 priority 4096
ruijie(config)#
```

示例：恢复实例 1 的交换机优先级为默认值，代码如下。

```
ruijie(config)#no spanning-tree mst 1 priority
ruijie(config)#
```

（5）配置实例的端口优先级。

配置特定实例端口优先级的命令如下：

```
ruijie(config-if)# spanning-tree mst instance-id port-priority priority
```

  设置MSTP端口优先级
  指定端口优先级
  交换机名称为 ruijie 处于端口配置模式
  指定具体实例

其中，*instance-id* 为实例标志，范围为 0~64；*priority* 为端口优先级，用于配置该端口的优先级，取值范围为 0~240，按 16 的倍数递增，默认值为 128。

如果要恢复特定实例的端口优先级为默认值，可在端口配置模式下使用 **no spanning-tree mst** *instance-id* **port-priority** 命令进行设置。

示例：设置交换机 Fa0/24 端口针对实例 1 的端口优先级为 16，代码如下。

```
ruijie(config)#interface fastethernet 0/24
ruijie(config-if)#spanning-tree mst 1 port-priority 16
```

示例：将交换机 Fa0/24 端口针对实例 1 的端口优先级恢复为默认值，代码如下。

```
ruijie(config)#interface fastethernet 0/24
ruijie(config-if)#no spanning-tree mst 1 port-priority
```

（6）显示 MSTP 配置信息。

显示 MST 配置、实例及实例端口信息的命令如下：

```
                     显示MST相关信息                        实例编号
    ruijie#show spanning-tree mst { configuration | instance-id [ interface interface-id ] }
交换机名称为ruijie                    MST配置信息                                端口编号
处于特权模式
```

其中，**configuration** 为设备的 MST 配置；*instance-id* 为实例编号；*interface-id* 为端口编号。

示例：显示 MST 配置信息，代码如下。

ruijie#show spanning-tree   mst configuration

在默认情况下，显示所有实例的 MST 配置信息。

示例：显示实例 1 的 MST 配置信息，代码如下。

ruijie#show spanning-tree   mst   1

示例：显示实例 1 的 Fa0/24 端口的 MST 配置信息，代码如下。

ruijie#show spanning-tree   mst   1   interface   Fa 0/24

2.3 扩展知识

1. BPDU 概述

BPDU（Bridge Protocol Data Units）是桥协议数据单元的简写。BPDU 的主要构成要素包括 Root Bridge ID（本网桥所认为的根桥 ID）、Root Path Cost（本网桥的根路径花费）、Bridge ID（本网桥的桥 ID）、Message Age（报文已存活的时间）及 Port ID（发送该报文端口的 ID）等。

当网桥的一个端口收到比该网桥优先级高的 BPDU（更小的 Bridge ID、Root Path Cost 等）时，该网桥就会保存这些信息，同时向其所有端口更新并传播这些信息；如果网桥收到比其优先级低的 BPDU，那么该网桥就会丢弃该信息。这种机制使得高优先级的信息在整个网络中传播，经过交流 BPDU，最终获得如下结果。

（1）网络选择了一个网桥为 Root Bridge（根桥）。

（2）除 Root Bridge 外的每个网桥都有一个 Root Port（根口），即提供到 Root Bridge 端口的最短路径。

（3）每个网桥都计算得出了到 Root Bridge 的最短路径。

（4）每个 LAN 都有了 Designated Bridge（指派网桥），Designated Bridge 位于该 LAN 与 Root Bridge 之间的最短路径中。Designated Bridge 和 LAN 相连的端口称为 Designated Port（指派端口）。

（5）Root Port 和 Designated Port 进入 Forwarding 状态。

（6）其他不在生成树中的端口处于 Discarding 状态。

2. Bridge ID 概述

按照 IEEE 802.1W 标准的规定，每个网桥都要有单一的网桥标志，即 Bridge ID，MSTP 算法就是以该标志为标准选出 Root Bridge 的。Bridge ID 构成如表 2.1 所示。

表 2.1 Bridge ID 构成

	优先级				System ID										
比特位	16	15	14	13	12	11	10	9	8	7	6	5	4	3	2	1
值	32768	16384	8192	4096	0	0	0	0	0	0	0	0	0	0	0	0

Bridge ID 由 8 字节组成，后 6 字节为该网桥的 MAC 地址，前 4bit 表示优先级（Priority），后

12bit 表示 System ID。为了方便扩展协议，在 RSTP 中，System ID 的值为 0，因而为网桥配置的优先级应为 4096 的倍数。

2.4 演示实例

1. 背景描述

某公司网络如图 2.8 所示，该网络划分为两个 VLAN，分别为 VLAN10 及 VLAN20。为了使访问互联网的网络流量较均衡地通过 SW1 及 SW2，需要对网络中的交换机进行必要配置。

为了达到网络中流量负载均衡的目的，并实现网络链路冗余备份且不产生广播风暴，需要将三台交换机的 MSTP 分别启动。创建两个实例：实例 1 和实例 2。将实例 1 与 VLAN10 关联，将实例 2 与 VLAN20 关联。对于实例 1，将 SW1 的优先级设置为 4096，将其他交换机优先级设置为默认值 32786。对于实例 2，将 SW2 的优先级设置为 4096，将其他交换机优先级设置为默认值 32786。使得 SW1 成为实例 1 的根交换机，SW2 成为实例 2 的根交换机，SW3 的端口在不同实例中呈现不同状态。

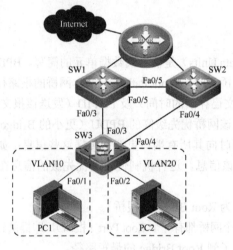

图 2.8 某公司网络

2. 操作步骤

（1）配置 SW1。

第 1 步：交换机基本配置，代码如下。

```
SW1(config)#VLAN 10
SW1(config-VLAN)#exit
SW1(config)#VLAN 20
SW1(config-VLAN)#exit
SW1(config)#interface FastEthernet 0/3
SW1(config-if)#Switchport mode trunk
SW1(config-if)#exit
SW1(config)#interface FastEthernet 0/5
SW1(config-if)#Switchport mode trunk
SW1(config-if)#
```

第2步：启动生成树协议，代码如下。

SW1(config)#Spanning-tree

第3步：设置交换机生成树模式为IEEE 802.1S，即MSTP模式（默认状态为MSTP），具体代码如下。

SW1(config)#Spanning-tree　mode　mstp

第4步：设置MST参数，具体代码如下。

SW1(config)#spanning-tree mst configuration
SW1(config-mst)#revision 1
SW1(config-mst)#name test1
SW1(config-mst)#instance 1 VLAN 10
SW1(config-mst)#instance 2 VLAN 20

第5步：设置SW1为实例1的根交换机，在实例1中，此交换机优先级为4096，其他交换机优先级为默认值32768，具体代码如下。

SW1(config)#Spanning-tree mst 1 Priority 4096

（2）配置SW2。

第1步：交换机基本配置，具体代码如下。

SW2(config)#VLAN 10
SW2(config-VLAN)#exit
SW2(config)#VLAN 20
SW2(config-VLAN)#exit
SW2(config)#interface FastEthernet 0/4
SW2(config-if)#Switchport mode trunk
SW2(config-if)#exit
SW2(config)#interface FastEthernet 0/5
SW2(config-if)#Switchport mode trunk
SW2(config-if)#

第2步：启动生成树协议，代码如下。

SW2(config)#Spanning-tree

第3步：设置交换机生成树模式为IEEE 802.1S，即MSTP模式，具体代码如下。

SW2(config)#Spanning-tree　mode　mstp

第4步：设置MST参数，代码如下。

SW2(config)#spanning-tree mst configuration
SW2(config-mst)#revision 1
SW2(config-mst)#name test1
SW2(config-mst)#instance 1 VLAN 10
SW2(config-mst)#instance 2 VLAN 20

第5步：设置SW2为实例2的根交换机，在实例实例2中，此交换机优先级为4096，其他交换机优先级为默认值32768，具体代码如下。

SW2(config)#Spanning-tree mst　2　Priority 4096

（3）配置SW3。

第1步：交换机基本配置，代码如下。

SW3(config)#VLAN 10
SW3(config-VLAN)#exit
SW3(config)#VLAN 20

SW3(config-VLAN)#exit
SW3(config)#interface   FastEthernet 0/1
SW3(config-if)#Switch access VLAN 10
SW3(config-if)#exit
SW3(config)#interface   FastEthernet 0/2
SW3(config-if)#Switch access VLAN 20
SW3(config-if)#exit
SW3(config)#interface FastEthernet 0/3
SW3(config-if)#Switchport mode trunk
SW3(config-if)#exit
SW3(config)#interface FastEthernet 0/4
SW3(config-if)#Switchport mode trunk
SW3(config-if)#

第2步：启动生成树协议，代码如下。

SW3(config)#Spanning-tree

第3步：设置交换机生成树模式为 IEEE 802.1S，即 MSTP 模式，具体代码如下。

SW3 (config)#Spanning-tree   mode   mstp

第4步：设置 MST 参数，代码如下。

SW3(config)#spanning-tree mst configuration
SW3(config-mst)#revision 1
SW3(config-mst)#name test1
SW3(config-mst)#instance 1 VLAN 10
SW3(config-mst)#instance 2 VLAN 20

（4）显示 MST 配置与端口状态信息。

显示 SW1 相关信息如下。

第1步：显示交换机 MST 配置信息，代码如下。

```
SW1#show spanning-tree mst configuration
Multi spanning tree protocol : Enable
Name         : test1
Revision     : 1
Instance      VLANs Mapped
--------------------------------------------
0            : 1-9, 11-19, 21-4094
1            : 10
2            : 20
--------------------------------------------
```

从上述显示结果可知，SW1 已启动 MSTP，MST 的名称为 test1，修正号为 1，实例 1 关联 VLAN10，实例 2 关联 VLAN20。

第2步：显示实例 1 的 MST 配置信息，代码如下。

```
SW1#show spanning-tree mst 1
MST 1 VLANs mapped : 10
BridgeAddr : 00d0.f827.8b82
Priority: 4096
TimeSinceTopologyChange : 0d:0h:8m:23s
```

TopologyChanges : 2
DesignatedRoot : 1001.00d0.f827.8b82
RootCost : 0
RootPort : 0

从上述显示结果可知，SW1 对应实例 1 的优先级为 4096，SW1 为实例 1 的根交换机。

第 3 步：显示针对实例 1 的 Fa0/3 端口状态信息，代码如下。

SW1#show spanning-tree mst 1 interface fa 0/3
MST 1 VLANs mapped :10
PortState : **forwarding**
PortPriority : 128
PortDesignatedRoot : 1001.00d0.f827.8b82
PortDesignatedCost : 0
PortDesignatedBridge : 1001.00d0.f827.8b82
PortDesignatedPort : 8003
PortForwardTransitions : 2
PortAdminPathCost : 0
PortoperPathCost : 200000
PortRole : **designatedPort**

从上述显示结果可知，Fa0/3 端口为实例 1 的指定端口，处于 Forwarding 状态。

第 4 步：显示针对实例 1 的 Fa0/5 端口状态，代码如下。

SW1#sh spanning-tree mst 1 interface fa 0/5
MST 1 VLANs mapped :10
PortState : **forwarding**
PortPriority : 128
PortDesignatedRoot : 1001.00d0.f827.8b82
PortDesignatedCost : 0
PortDesignatedBridge : 1001.00d0.f827.8b82
PortDesignatedPort : 8005
PortForwardTransitions : 1
PortAdminPathCost : 0
PortoperPathCost : 200000
PortRole : **designatedPort**

从上述显示结果可知，Fa0/5 端口为实例 1 的指定端口，处于 Forwarding 状态。

第 5 步：显示实例 2 的 MST 配置信息，代码如下。

SW1#show spanning-tree mst 2
MST 2 VLANs mapped : 20
BridgeAddr : 00d0.f827.8b82
Priority: **32768**
TimeSinceTopologyChange : 0d:0h:8m:28s
TopologyChanges : 3
DesignatedRoot : 1002.00d0.f827.b202
RootCost : 200000
RootPort : 5

从上述显示结果可知，SW1 对应实例 2 的优先级为 32768，SW1 为实例 2 的指定交换机，SW1 的 Fa0/5 端口为实例 2 的根端口。

第 6 步：显示针对实例 2 的 Fa0/3 端口状态信息，代码如下。

SW1#show spanning-tree mst 2 interface fa 0/3
MST 2 VLANs mapped :20
PortState : **forwarding**
PortPriority : 128
PortDesignatedRoot : 1002.00d0.f827.b202
PortDesignatedCost : 0
PortDesignatedBridge : 8002.00d0.f827.8b82
PortDesignatedPort : 8003
PortForwardTransitions : 2
PortAdminPathCost : 0
PortoperPathCost : 200000
PortRole : **designatedPort**

从上述显示结果可知，Fa0/3 端口为实例 2 的指定端口，处于 Forwarding 状态。

第 7 步：显示针对实例 2 的 Fa0/5 端口状态信息，代码如下。

SW1#show spanning-tree mst 2 interface fa 0/5
MST 2 VLANs mapped :20
PortState : **forwarding**
PortPriority : 128
PortDesignatedRoot : 1002.00d0.f827.b202
PortDesignatedCost : 0
PortDesignatedBridge : 1002.00d0.f827.b202
PortDesignatedPort : 8005
PortForwardTransitions : 1
PortAdminPathCost : 0
PortoperPathCost : 200000
PortRole : **rootPort**

从上述显示结果可知，Fa0/5 端口为实例 2 的根端口，处于 Forwarding 状态。

显示 SW2 相关信息如下。

第 1 步：显示交换机 MST 配置信息，代码如下。

SW2#show spanning-tree mst configuration
Multi spanning tree protocol : Enable
Name   : **test1**
Revision : **1**
Instance   VLANs Mapped
-------- ----------------------------------
0   : 1-9, 11-19, 21-4094
1   : **10**
2   : **20**

从上述显示结果可知，SW2 已启动 MSTP，MST 的名称为 test1，修正号为 1，实例 1 关联 VLAN10，实例 2 关联 VLAN20。

第 2 步：显示实例 1 的 MST 配置信息，代码如下。

SW2#show spanning-tree mst 1

MST 1 VLANs mapped : 10
BridgeAddr : 00d0.f827.b202
Priority: **32768**
TimeSinceTopologyChange : 0d:0h:9m:55s
TopologyChanges : 3
DesignatedRoot : 1001.00d0.f827.8b82
RootCost : 200000
RootPort : 5

从上述显示结果可知，SW2 对应实例 1 的优先级为 32768，SW2 为实例 1 的指定交换机。

第 3 步：显示针对实例 1 的 Fa0/4 端口状态信息，代码如下。

SW2#show spanning-tree mst 1 interface fastEthernet 0/4
MST 1 VLANs mapped :10
PortState : **forwarding**
PortPriority : 128
PortDesignatedRoot : 1001.00d0.f827.8b82
PortDesignatedCost : 0
PortDesignatedBridge : 8001.00d0.f827.b202
PortDesignatedPort : 8004
PortForwardTransitions : 3
PortAdminPathCost : 0
PortoperPathCost : 200000
PortRole : **designatedPort**

从上述显示结果可知，Fa0/4 端口为实例 1 的指定端口，处于 Forwarding 状态。

第 4 步：显示针对实例 1 的 Fa0/5 端口状态信息，代码如下。

SW2#show spanning-tree mst 1 interface fastEthernet 0/5
MST 1 VLANs mapped :10
PortState : **forwarding**
PortPriority : 128
PortDesignatedRoot : 1001.00d0.f827.8b82
PortDesignatedCost : 0
PortDesignatedBridge : 1001.00d0.f827.8b82
PortDesignatedPort : 8005
PortForwardTransitions : 1
PortAdminPathCost : 0
PortoperPathCost : 200000
PortRole : **rootPort**

从上述显示结果可知，Fa0/5 端口为实例 1 的根端口，处于 Forwarding 状态。

第 5 步：显示实例 2 的 MST 配置信息，代码如下。

SW2#show spanning-tree mst 2
MST 2 VLANs mapped : 20
BridgeAddr : 00d0.f827.b202
Priority: **4096**
TimeSinceTopologyChange : 0d:0h:9m:58s
TopologyChanges : 2
DesignatedRoot : 1002.00d0.f827.b202

RootCost : 0
RootPort : 0

从上述显示结果可知，SW2 对应实例 2 的优先级为 4096，SW2 为实例 2 的根交换机。

第 6 步：显示针对实例 2 的 Fa0/4 端口状态信息，代码如下。

```
SW2#show spanning-tree mst 2 interface fastEthernet 0/4
MST 2 VLANs mapped :20
PortState : forwarding
PortPriority : 128
PortDesignatedRoot : 1002.00d0.f827.b202
PortDesignatedCost : 0
PortDesignatedBridge : 1002.00d0.f827.b202
PortDesignatedPort : 8004
PortForwardTransitions : 2
PortAdminPathCost : 0
PortoperPathCost : 200000
PortRole : designatedPort
```

从上述显示结果可知，Fa0/4 端口为实例 2 的指定端口，处于 Forwarding 状态。

第 7 步：显示针对实例 2 的 Fa0/5 端口状态信息，代码如下。

```
SW2#show spanning-tree mst 2 interface fastEthernet 0/5
MST 2 VLANs mapped :20
PortState : forwarding
PortPriority : 128
PortDesignatedRoot : 1002.00d0.f827.b202
PortDesignatedCost : 0
PortDesignatedBridge : 1002.00d0.f827.b202
PortDesignatedPort : 8005
PortForwardTransitions : 1
PortAdminPathCost : 0
PortoperPathCost : 200000
PortRole : designatedPort
```

从上述显示结果可知，Fa0/5 端口为实例 2 的指定端口，处于 Forwarding 状态。

显示 SW3 相关信息如下。

第 1 步：显示交换机 MST 配置信息，代码如下。

```
SW3#show spanning-tree mst configuration
Multi spanning tree protocol : Enabled
Name        : test1
Revision    : 1
Instance      VLANs Mapped
--------   -----------------------------------
0          1-9,11-19,21-4094
1          10
2          20
--------   -----------------------------------
```

从上述显示结果可知，SW3 已启动 MSTP，MST 的名称为 test1，修正号为 1，实例 1 关联 VLAN10，实例 2 关联 VLAN20。

第 2 步：显示实例 1 的 MST 配置信息，代码如下。

SW3#show spanning-tree mst 1
MST 1 VLANs mapped : 10
BridgeAddr : 00d0.f8ef.b043
Priority : **32768**
TimeSinceTopologyChange : 0d:1h:41m:35s
TopologyChanges : 0
DesignatedRoot : 100100D0F8278B82
RootCost : 200000
RootPort : **Fa0/3**

从上述显示结果可知，SW3 对应实例 1 的优先级为 32768，SW3 为实例 1 的指定交换机，Fa0/3 端口为实例 1 的根端口。

第 3 步：显示针对实例 1 的 Fa0/3 端口状态，代码如下。

SW3#show spanning-tree mst 1 interface fastEthernet 0/3
MST 1 VLANs mapped : 10
PortState : **forwarding**
PortPriority : 128
PortDesignatedRoot : 100100D0F8278B82
PortDesignatedCost : 0
PortDesignatedBridge : 100100D0F8278B82
PortDesignatedPort : 8003
PortForwardTransitions : 2
PortAdminPathCost : 0
PortOperPathCost : 200000
PortRole : **rootPort**

从上述显示结果可知，Fa0/3 端口为实例 1 的根端口，处于 Forwarding 状态。

第 4 步：显示针对实例 1 的 Fa0/4 端口状态，代码如下。

SW3#show spanning-tree mst 1 interface fastEthernet 0/4
MST 1 VLANs mapped : 10
PortState : **discarding**
PortPriority : 128
PortDesignatedRoot : 100100D0F8278B82
PortDesignatedCost : 200000
PortDesignatedBridge : 800100D0F827B202
PortDesignatedPort : 8004
PortForwardTransitions : 1
PortAdminPathCost : 0
PortOperPathCost : 200000
PortRole : **alternatePort**

从上述显示结果可知，Fa0/4 端口为实例 1 的替换端口，作为根端口的备份端口，处于 Discarding 状态。

第 5 步：显示实例 2 的 MST 配置信息，代码如下。

SW3#show spanning-tree mst 2
MST 2 VLANs mapped : 20

BridgeAddr : 00d0.f8ef.b043
Priority : **32768**
TimeSinceTopologyChange : 0d:1h:41m:38s
TopologyChanges : 0
DesignatedRoot : 100200D0F827B202
RootCost : 200000
RootPort : **Fa0/4**

从上述显示结果可知，交换机 SW3 对应实例 2 的优先级为 32768，SW3 为实例 2 的指定交换机，Fa0/4 端口为实例 2 的根端口。

第 6 步：显示针对实例 2 的 Fa0/3 端口状态，代码如下。

SW3#show spanning-tree mst 2 interface fastEthernet 0/3
MST 2 VLANs mapped : 20
PortState : **discarding**
PortPriority : 128
PortDesignatedRoot : 100200D0F827B202
PortDesignatedCost : 200000
PortDesignatedBridge : 800200D0F8278B82
PortDesignatedPort : 8003
PortForwardTransitions : 2
PortAdminPathCost : 0
PortOperPathCost : 200000
PortRole : **alternatePort**

从上述显示结果可知，Fa0/3 端口为实例 2 的替换端口，作为根端口的备份端口，处于 Discarding 状态。

第 7 步：显示针对实例 2 的 Fa0/4 端口状态，代码如下。

SW3#show spanning-tree mst 2 interface fastEthernet 0/4
MST 2 VLANs mapped : 20
PortState : **forwarding**
PortPriority : 128
PortDesignatedRoot : 100200D0F827B202
PortDesignatedCost : 0
PortDesignatedBridge : 100200D0F827B202
PortDesignatedPort : 8004
PortForwardTransitions : 1
PortAdminPathCost : 0
PortOperPathCost : 200000
PortRole : **rootPort**

从上述显示结果可知，Fa0/4 端口为实例 2 的根端口，处于 Forwarding 状态。

当网络链路状态发生变化后，交换机生成树协议会进行调整，需要稍等待几秒钟才能观察到调整后的结果。

2.5 训练任务

▶ 1. 背景描述

某小型办公区域网络中有 4 台计算机，汇聚层有 2 台 S3760 交换机、接入层有 2 台 S2126G 交换机。现在需要将办公区域内的计算机划分成 2 个区域，分别是 VLAN10、VLAN20、VLAN30 及 VLAN40，接入层交换机的每个 VLAN 连接一台计算机，通过配置交换机参数，实现 SW1 成为 VLAN10、VLAN20 的根交换机，SW2 成为 VLAN30、VLAN40 的根交换机，进而实现网络链路负载均衡。MSTP 训练网络拓扑图如图 2.9 所示。

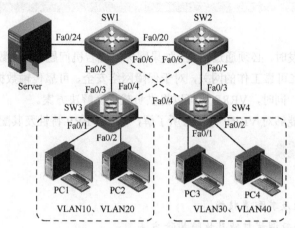

图 2.9　MSTP 训练网络拓扑图

▶ 2. 操作提示

在配置 MSTP 时需要注意以下两点。

（1）SW1、SW2、SW3 及 SW4 都要分别启动 MSTP，并进行相应配置。

（2）对于 SW1，将 VLAN10、VLAN20 关联到实例 1，并且实例 1 的优先级为最高，SW1 为实例 1 的根交换机。对于 SW2，将 VLAN30、VLAN40 关联到实例 2，实例 2 的优先级为最高，SW2 为实例 2 的根交换机。

练习题

1. 选择题

（1）定义 MSTP 的是（　　）。

  A. IEEE 802.1d   B. IEEE 802.1Q   C. IEEE 802.1W   D. IEEE 802.1S

（2）MSTP 要处理（　　）MST 实例。

  A. CIST   B. IST   C. MST   D. MSTI

（3）具有（　　）MST 实例映射规则的交换机组成一个 MST 区域。

  A. MST 名称   B. MST 修正号

  C. 优先级   D. VLAN 到 MST 实例的映射

2. 简答题

（1）相比传统的生成树协议，MSTP 做了哪些改进？可以实现哪些功能？

（2）试说明 STP、RSTP、MSTP 的异同点。

项目 3 虚拟路由冗余协议 VRRP

当数据包跨网段转发时,必须通过网关,如果网关出现宕机问题,那么数据包将无法通过网关到达其他网络。网络中存在可靠工作的网关,对于保障网络安全、可靠传输数据十分必要。使用 VRRP 可以解决网关宕机问题,同时,VRRP 还可以提供负载均衡解决方案。

通过学习本项目应能够对 VRRP 协议有所了解,掌握 VRRP 特性及其配置技能。

知识点、技能点

1. 了解 VRRP。
2. 掌握 VRRP 特性及其配置技能。
3. 掌握小型网络一般调试技能及故障排除方法。

3.1 问题提出

在 TCP/IP 网络结构中,为了实现 IP 数据包跨网段访问,需要为设备设置默认网关地址,在查询路由表未果的情况下通过默认网关设备转发数据包。配置默认网关示意图如图 3.1 所示。在以太网中,所有 PC 的默认网关地址都被设置为路由器 Fa0/0 接口的 IP 地址(192.168.1.1)。PC 如果要访问外部网络,需要将数据包转发给路由器,通过路由器访问其他网络。

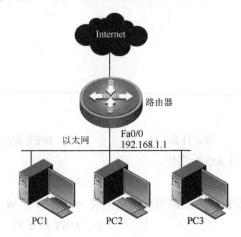

图 3.1 配置默认网关示意图

但是,如果作为提供默认网关地址的路由器出现故障,那么所有使用该路由器作为默认网关的主机都将因网关故障而中断通信,即便配置了多个默认网关,如果不重新启动终端设备,也无法切换到新的网关。那么,采取什么措施才能有效解决这样的问题呢?

一种解决方案是在网络中部署多台路由器,为主机配置多个默认网关,如果第 1 个默认网关失效，那么就通过第 2 个默认网关转发数据，以此类推。但是，在实际运行时，这种解决方案并不能真正实现网关冗余。配置多个默认网关示意图如图 3.2 所示。PC1 设置双网关（192.168.1.1 及 192.168.1.2）访问互联网，如果路由器 1 正常工作，那么 PC1 就会将数据包发送给网关地址 192.168.1.1，然后由路由器 1 路由至互联网。如果路由器 1 因某种原因宕机，由于 PC1 是无法感知该故障的，所以 PC1 还是会继续将报文发送给网关地址 192.168.1.1，也就是说，在这种情况下，没有什么机制使 PC1 将网关地址从 192.168.1.1 切换到另一个网关地址 192.168.1.2。

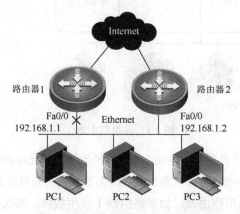

图 3.2　配置多个默认网关示意图

另一种解决方案是分别启动两台路由器的 VRRP，当路由器 1 工作正常时，由其转发数据；当路由器 1 发生故障时，系统自动切换至路由器 2，由其代替路由器 1 实现无间断转发。

3.2　相关知识

1. VRRP 概述

VRRP（Virtual Router Redundancy Protocol，虚拟路由冗余协议）是一种网关备份冗余解决方案，能够对计算机等主机的默认网关进行冗余备份，实现当其中一台网关设备宕机时，备份网关设备能够自动切换并接管转发工作，防止因网关设备发生故障导致转发数据失败，从而提高网络服务质量。

VRRP 通过使用虚拟路由技术实现主机默认网关的备份。VRRP 还可以实现网关的负载均衡。

VRRP 将路由器分成若干组，并为每组分配一个编号，用于标识这些组。每个组包含两台或两台以上的路由器，每台路由器可以属于一个或多个组。每个组分配有一个 IP 地址。这个路由器组通常称为虚拟路由器（Virtual Router），如图 3.3 所示。

路由器组中的路由器分为主路由器和备份路由器。主路由器负责 ARP 响应和转发 IP 数据包，组中的其他路由器作为备份路由器处于待命状态。VRRP 使用选举机制从一个 VRRP 组中选出一台路由器作为主路由器，一个 VRRP 组中有且只有一台主路由器，但可以有一台或多台备份路由器。当主路由器由于某种原因发生故障时，备份路由器能在几秒内升级为主路由器。由于切换非常迅速并且主机不用改变默认网关地址，故对主机使用者来说，系统是透明的。

在图 3.3 中，路由器 1、路由器 2 共同构成一台虚拟路由器，这台虚拟路由器的 IP 地址被设置为路由器 1 的 IP 地址 192.168.1.1（也可以设置为与路由器 1 的 IP 地址不同的 IP 地址），网络中所有主机的默认网关地址都配置为该虚拟路由器的 IP 地址。

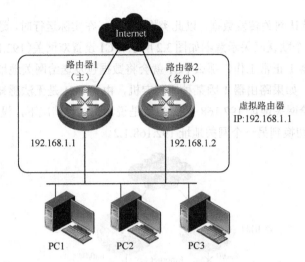

图 3.3　虚拟路由器

由于虚拟路由器的 IP 地址设置成了路由器 1 的 IP 地址，因此路由器 1 就担当了主路由器的角色，路由器 1 称为 IP 地址拥有者。作为主路由器，路由器 1 负责对发送到该虚拟路由器 IP 地址的数据包进行转发。路由器 2 为备份路由器，如果路由器 1 发生故障，那么路由器 2 作为备份路由器将替代路由器 1。当路由器 1 恢复正常后，将再次成为主路由器。

一个 VRRP 组中的每个路由器都有唯一的标志——VRID，范围为 1~255，它决定了运行 VRRP 的路由器属于哪一个 VRRP 组。VRRP 组中的虚拟路由器对外表现为唯一的虚拟 MAC 地址，该地址的书写格式为 00-00-5E-00-01-[VRID]。主路由器负责对发送到虚拟路由器 IP 地址的 ARP 请求做出响应并以该虚拟 MAC 地址进行应答。这样，无论如何切换，都能保证提供给终端设备的是唯一且一致的 IP 地址和 MAC 地址，避免了切换对终端设备的影响。

2. VRRP 状态

VRRP 路由器在运行过程中会有三种状态，分别是 Initialize 状态、Master 状态和 Backup 状态。

（1）Initialize 状态。路由器启动后进入 Initialize 状态，在此状态下，路由器不会对 VRRP 报文做任何处理。当收到接口 up 的消息后，路由器将进入 Backup 状态或 Master 状态。

（2）Master 状态。当路由器处于 Master 状态时，将执行以下任务。

- 发送 ARP 报文，以使网络内各主机知道虚拟 IP 地址所对应的虚拟 MAC 地址。
- 响应对虚拟 IP 地址的 ARP 请求，并且响应的是虚拟 MAC 地址，而不是接口的真实 MAC 地址。
- 转发目的 MAC 地址为虚拟 MAC 地址的 IP 报文。
- 如果路由器是这个虚拟 IP 地址的拥有者，则接收目的 IP 地址为该虚拟 IP 地址的 IP 报文，否则丢弃这个 IP 报文。

在 Master 状态中，只有当接收到接口的 shutdown 事件时，路由器才会转为 Initialize 状态。

（3）Backup 状态。当路由器处于 Backup 状态时，将执行以下任务。

- 接收主机发送的 VRRP 报文，从中了解主机的状态。
- 对虚拟 IP 地址的 ARP 请求不做响应。
- 丢弃目的 MAC 地址为虚拟 MAC 地址的 IP 报文。

- 丢弃目的 IP 地址为虚拟 IP 地址的 IP 报文。

同样，在 Backup 状态中，只有当接收到接口的 shutdown 事件时，路由器才会转为 Initialize 状态。

▶ 3．VRRP 选举机制

VRRP 通过选举机制来确定路由器的状态（Master 状态或 Backup 状态）。VRRP 路由器通过交换 VRRP 通告消息，获知其他路由器的 VRRP 优先级信息，通过比较路由器的优先级进行选举，优先级高的路由器将成为主路由器，其他路由器都为备份路由器。

如果 VRRP 组中存在 IP 地址拥有者，即虚拟 IP 地址与某台 VRRP 路由器的地址相同，IP 地址拥有者将成为主路由器，并且 IP 地址拥有者将具有最高的优先级 255。如果 VRRP 组中不存在 IP 地址拥有者，VRRP 路由器将通过比较优先级来确定主路由器。在默认情况下，VRRP 路由器的优先级为 100。当优先级相同时，VRRP 将比较路由器的 IP 地址，IP 地址最大的路由器将成为主路由器。

VRRP 选举示意图如图 3.4 所示。路由器 1 的 VRRP 优先级为 120，路由器 2 的 VRRP 优先级为默认值 100，路由器 1 将成为该组的主路由器（Master），路由器 2 将成为该组的备份路由器。

如果路由器 1 和路由器 2 的优先级相同，将比较接口的 IP 地址，接口 IP 地址大者优先成为主路由器。假设在图 3.4 中，两台路由器都没有设置优先级，即优先级都是默认值 100，此时若比较接口 IP 地址，路由器 2 将成为主路由器，路由器 1 将成为备份路由器。

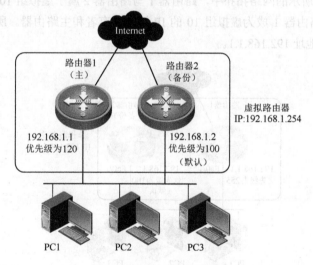

图 3.4　VRRP 选举示意图

▶ 4．VRRP 定时器

VRRP 在运行过程中使用两个定时器来进行状态检测。

（1）通告定时器（Adver-Timer）：该定时器用于主路由器，用来定义通告间隔（Adver-Interval）。主路由器以该定时器的时间间隔定期发送 VRRP 通告报文，用来告知其他备份路由器自己仍在线。通告间隔默认值为 1s，可以通过配置进行修改。

（2）主路由器失效定时器（Master-down-Timer）：该定时器用于备份路由器，用来定义主路由器失效间隔（Master-down-Interval）。主路由器失效间隔是指从备份路由器没有收到主路由器的通告报文开始，至选举出新的主路由器，在此期间原主路由器失效。主路由器失效间隔是通告间隔的 3 倍，默认值为 3s。

5. VRRP 基本配置

（1）创建 VRRP 组，并为其配置虚拟 IP 地址。若要使 VRRP 能够正常工作，最基本的配置是创建 VRRP 组，并为 VRRP 组配置虚拟 IP 地址。

在接口配置模式下，使用如下命令创建 VRRP 组，并为其配置虚拟 IP 地址：

```
                         创建的VRRP组          设置虚拟组次IP地址
ruijie(config-if)# vrrp group ip ip-address [secondary]
交换机名称为ruijie              虚拟组IP地址
处于接口配置模式
```

其中，*group* 为 VRRP 组的编号，即 VRID，取值范围为 1～255。属于同一个 VRRP 组的路由器必须配置相同的编号。若路由器 1 将 VRRP 组号设置为 1，路由器 2 也想加入相同的虚拟组，则路由器 2 的 VRRP 组号也要设置为 1。*ip-address* 为 VRRP 组的虚拟 IP 地址。虚拟 IP 地址可以是该子网中未使用的任何 IP 地址，也可以是某台 VRRP 路由器的接口 IP 地址，但它必须与接口地址位于同一个子网中。*secondary* 为该 VRRP 组次 IP 地址。

在默认情况下，接口没有启用 VRRP 功能，即没有创建 VRRP 组。使用该命令的 no 选项可以取消在该接口上已经创建的 VRRP 组及其虚拟 IP 地址，如 ruijie(config-if)#no vrrp 10 ip 192.168.10.1。

示例：在如图 3.5 所示的网络拓扑中，路由器 1 与路由器 2 属于虚拟组 10，虚拟 IP 地址为路由器 1 接口的地址，故路由器 1 成为虚拟组 10 的 IP 地址拥有者和主路由器。所有主机的默认网关地址都设置为虚拟组 IP 地址 192.168.1.1。

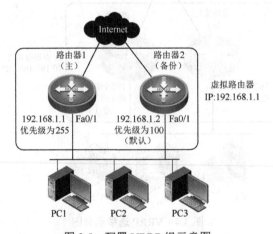

图 3.5 配置 VRRP 组示意图

配置步骤如下。

第 1 步：路由器 1 的 VRRP 组配置，具体代码如下。

```
Router1(config)#interface FastEthernet 0/1
Router1(config-if)#ip address 192.168.1.1   255.255.255.0
Router1(config-if)#vrrp 10   ip 192.168.1.1
Router1(config-if)#end
```

第 2 步：路由器 2 的 VRRP 组配置，具体代码如下。

```
Router2(config)#interface FastEthernet 0/1
Router2(config-if)#ip address 192.168.1.2   255.255.255.0
```

```
Router2(config-if)#vrrp 10   ip 192.168.1.1
Router2(config-if)#end
```

配置完成后，可以使用 show vrrp brief 命令查看 VRRP 组的状态。

第 3 步：查看路由器 1 的 VRRP 状态，具体代码如下。

```
Router1#show vrrp brief
Interface          Grp   Pri   Time   Own   Pre   State    Master addr    Group addr
FastEthernet 1/0   10    255   3      O     P     Master   192.168.1.1    192.168.1.1
```

从路由器 1 的显示信息中可以看出，路由器 1 的优先级为 255，作为 VRRP 组 10 的 IP 地址拥有者，并且状态为 Master（主路由器）。

第 4 步：查看路由器 2 的 VRRP 状态，具体代码如下。

```
Router2#show vrrp brief
Interface          Grp   Pri   Time   Own   Pre   State    Master addr    Group addr
FastEthernet 1/0   10    100   3      -     P     Backup   192.168.1.2    192.168.1.1
```

从路由器 2 的显示信息中可以看出，路由器 2 的优先级为默认值 100，状态为 Backup（备份路由器）。

（2）配置 VRRP 优先级。VRRP 通过比较优先级来选举主路由器和备份路由器。如果 VRRP 组中存在 IP 地址拥有者，那么其优先级为最高值 255，并成为主路由器。如果 VRRP 组中不存在 IP 地址拥有者，即虚拟 IP 地址与任何路由器接口地址都不相同，那就需要通过比较优先级来选举主路由器，优先级高的成为主路由器。在默认情况下，VRRP 路由器的优先级为 100。

在优先级相同的情况下，IP 地址大的路由器将成为主路由器。如果我们希望某台路由器成为主路由器，将其优先级设置为最高即可。

配置 VRRP 优先级示意图如图 3.6 所示。路由器 1 及路由器 2 作为 LAN1 双出口连接到外部网络。若需要将高带宽的链路作为主链路，低带宽链路作为备份链路，那么可以将主链路的路由器 1 配置为更高优先级，使其成为主路由器。此外，还可以根据路由器的性能来调整优先级，将性能好的路由器配置为更高优先级。

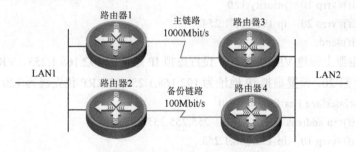

图 3.6 配置 VRRP 优先级示意图

配置优先级是基于接口和 VRRP 组的，也就是说，对于不同的接口和不同的 VRRP 组，可以为其分配不同的优先级。基于接口配置 VRRP 优先级如图 3.7 所示。在虚拟组 10 中，路由器 1 的 Fa0/0 接口的优先级为 120，路由器 2 的 Fa0/0 接口的优先级为默认值 100，路由器 1 成为主路由器，路由器 2 成为备份路由器。在虚拟组 20 中，路由器 1 的 Fa0/0 接口的优先级为默认值 100，路由器 2 的 Fa0/0 接口的优先级为 120，路由器 1 成为备份路由器，路由器 2 成为主路由器。

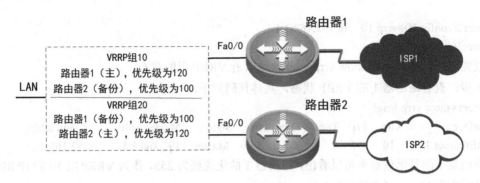

图 3.7 基于接口配置 VRRP 优先级

在接口配置模式下,使用如下命令配置 VRRP 优先级:

ruijie(config-if)# **vrrp** *group* **priority** *level*

交换机名称为 *ruijie* 处于接口配置模式;创建的 *VRRP组*;设置优先级

其中,*group* 表示 VRRP 组号;*level* 表示优先级,取值范围为 1~254,默认为 100。实际上,VRRP 的优先级的范围为 0~255,0 被保留(特殊用途),255 表示 IP 地址拥有者。使用该命令的 no 选项可以恢复系统的默认值,如 ruijie(config-if)#no vrrp 10 priority。

示例:对如图 3.7 所示的网络进行设备 VRRP 配置,实现负载均衡,配置步骤如下。

第 1 步:在路由器 1 上创建 VRRP 组 10,设置虚拟 IP 地址为 192.168.1.253,VRRP 优先级为 120;创建 VRRP 组 20,设置虚拟 IP 地址为 192.168.1.254,VRRP 优先级为默认值 100,具体代码如下。

```
Router1(config)#interface FastEthernet 0/0
Router1(config-if)#ip address 192.168.1.1   255.255.255.0
Router1(config-if)#vrrp 10   ip 192.168.1.253
Router1(config-if)#vrrp 10   priority 120
Router1(config-if)#vrrp 20   ip 192.168.1.254
Router1(config-if)#end
```

第 2 步:在路由器上创建 VRRP 组 10,设置虚拟 IP 地址为 192.168.1.253、VRRP 优先级为默认值 100;创建 VRRP 组 20,设置虚拟 IP 地址为 192.168.1.254,VRRP 优先级为 120,具体代码如下。

```
Router2(config)#interface FastEthernet 0/0
Router2(config-if)#ip address 192.168.1.2   255.255.255.0
Router2(config-if)#vrrp 10   ip 192.168.1.253
Router2(config-if)#vrrp 20   ip 192.168.1.254
Router2(config-if)#vrrp 20   priority 120
Router2(config-if)#end
```

配置完成后,可以使用 show vrrp brief 命令查看 VRRP 组的状态。

第 3 步:查看路由器 1 的 VRRP 状态,代码如下。

```
Router1#show vrrp brief
Interface         Grp  Pri  Time  Own  Pre  State   Master addr   Group addr
FastEthernet 0/0  10   120  3     -    P    Master  192.168.1.1   192.168.1.253
FastEthernet 0/0  20   100  3     -    P    Backup  192.168.1.2   192.168.1.254
```

路由器 1 在 VRRP 组 10 中优先级为 120，状态为 Master（主路由器）；在 VRRP 组 20 中优先级为默认值 100，状态为 Backup（备份路由器）。

第 4 步：查看路由器 2 的 VRRP 状态，代码如下。

```
router2#show vrrp brief
Interface          Grp   Pri   Time   Own   Pre   State    Master addr     Group addr
FastEthernet 0/0   10    100   3      -     P     Backup   192.168.1.1     192.168.1.253
FastEthernet 0/0   20    120   3      -     P     Master   192.168.1.2     192.168.1.25
```

路由器 2 在 VRRP 组 10 中优先级为默认值 100，状态为 Backup（备份路由器）；在 VRRP 组 20 中优先级为默认值 120，状态为 Master（主路由器）。

6. VRRP 负载均衡配置

在 VRRP 中，主路由器负责转发到达虚拟 IP 地址的数据包，备份路由器不负责数据包的转发，它只负责侦听主路由器的状态，在必要时进行路由器切换。主路由器承担数据转发任务的同时，备份路由器的链路处于空闲状态，这会造成带宽资源的浪费。例如，在如图 3.8 所示的网络拓扑中，路由器 2 的 100Mbit/s 链路带宽将被浪费。

为了在提高冗余性的同时，避免带宽资源的浪费，可以在 VRRP 中使用负载均衡技术。VRRP 负载均衡是通过将路由器加入多个 VRRP 组中实现的，路由器在不同的 VRRP 组中担任不同的角色。

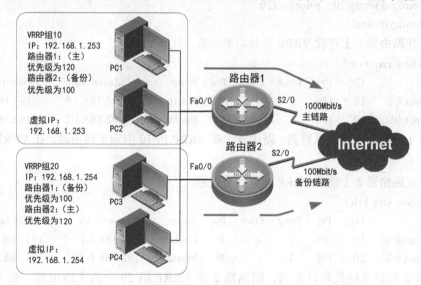

图 3.8 VRRP 负载均衡配置

在图 3.8 中，路由器 1 和路由器 2 分别加入 VRRP 组 10 和 VRRP 组 20 中。在 VRRP 组 10 中，路由器 1 的优先级为 120，路由器 2 的优先级为默认值 100，路由器 1 成为主路由器，路由器 2 成为备份路由器。在 VRRP 组 20 中，路由器 1 的优先级为默认值 100，路由器 2 的优先级为 120，路由器 2 成为主路由器，路由器 1 成为备份路由器。VRRP 组 10 的虚拟 IP 地址为 192.168.1.253，VRRP 组 20 的虚拟 IP 地址为 192.168.1.254。在主机的配置中，PC1 和 PC2 的默认网关为 VRRP 组 10 的虚拟 IP 地址 192.168.1.253，PC3 和 PC4 的默认网关为 VRRP 组 20 的虚拟 IP 地址 192.168.1.254。

从图 3.8 中可以看出，PC1 和 PC2 发送到外网的数据流由路由器 1 转发，PC3 和 PC4 发送到外网的数据流由路由器 2 转发。这样路由器 1 和路由器 2 的带宽都得到了合理利用，避免了某条链路由于作为备份链路而产生的空闲状态，不仅提高了冗余性，还实现了流量的负载均衡。

实际上，VRRP 并不具备对流量进行监控的机制，它的负载均衡是通过使用多个 VRRP 组来实现的，并且这种负载均衡还需要终端设备的配合，即让不同的终端设备将数据发送到不同的 VRRP 组的虚拟 IP 地址中。

路由器配置步骤如下。

第 1 步：路由器 1 的 VRRP 负载均衡配置，代码如下。

```
Router1(config)#interface FastEthernet 0/0
Router1(config-if)#ip address 192.168.1.1 255.255.255.0
Router1(config-if)#vrrp 10   ip 192.168.1.253
Router1(config-if)#vrrp 10   priority 120
Router1(config-if)#vrrp 20   ip 192.168.1.254
Router1(config-if)#end
```

第 2 步：路由器 2 的 VRRP 负载均衡配置，代码如下。

```
Router2(config)#interface FastEthernet 0/0
Router2(config-if)#ip address 192.168.1.2 255.255.255.0
Router2(config-if)#vrrp 10   ip 192.168.1.253
Router2(config-if)#vrrp 20   ip 192.168.1.254
Router1(config-if)#vrrp 20   priority 120
Router2(config-if)#end
```

第 3 步：在路由器 1 上查看 VRRP 负载均衡状态，代码如下。

```
Router1#show vrrp brief
Interface         Grp   Pri   Time   Own   Pre   State    Master addr    Group addr
FastEthernet 0/0  10    120   3      -     P     Master   192.168.1.1    192.168.1.253
FastEthernet 0/0  20    100   3      -     P     Backup   192.168.1.2    192.168.1.254
```

从路由器 1 的显示结果可以看到，路由器 1 在 VRRP 组 10 中为主路由器，在 VRRP 组 20 中为备份路由器。

第 4 步：在路由器 2 上查看 VRRP 负载均衡状态，代码如下。

```
Router2#show vrrp brief
Interface         Grp   Pri   Time   Own   Pre   State    Master addr    Group addr
FastEthernet 0/0  10    100   3      -     P     Backup   192.168.1.1    192.168.1.253
FastEthernet 0/0  20    120   3      -     P     Master   192.168.1.2    192.168.1.254
```

从路由器 2 的显示结果可以看到，路由器 2 在 VRRP 组 20 中为主路由器，在 VRRP 组 10 中为备份路由器。

7．VRRP 的监控与维护

（1）显示 VRRP 运行状态的命令如下：

ruijie#show vrrp [brief | group]

交换机名称为 ruijie 处于特权模式　　显示 VRRP 概况　　显示的 VRRP 组号

其中，brief 表示显示 VRRP 的概要信息，如果不指定参数，则显示所有 VRRP 组的状态信息；

group 表示显示的 VRRP 组号。

（2）显示指定接口的 VRRP 信息的命令如下：

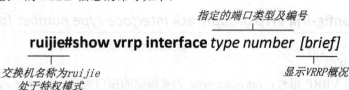

其中，*type* 为接口的类型；*number* 为接口的编号；*brief* 为可选参数，若使用将显示 VRRP 概况。

3.3 扩展知识

▶ 1. 配置 VRRP 接口跟踪

在如图 3.9 所示的网络拓扑中，在 LAN1 中通过路由器 1 和路由器 2 实现局域网双出口连接，路由器 1 连接的链路带宽为 1000Mbit/s，路由器 2 连接的链路带宽为 100Mbit/s；配置路由器 1 为主路由器，路由器 2 为备份路由器，在正常情况下，数据流量通过路由器 1 向外传输。

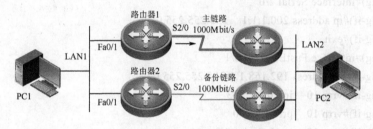

图 3.9　VRRP 接口跟踪

当路由器 1 的 S2/0 接口连接的链路出现故障时，路由器 1 仍作为主路由器从 Fa0/1 接口接收 LAN1 网络发送来的报文，但无法对报文进行转发，使得网络无法正常通信。

为了解决这种问题，可以使用 VRRP 的接口跟踪机制。接口跟踪能够使 VRRP 根据路由器接口状态自动调整 VRRP 优先级。当被跟踪接口不可用时，将 VRRP 优先级降低。接口跟踪能确保当主路由器的重要接口不可用时，该路由器不再是主路由器，从而使备份路由器成为新的主路由器。

在如图 3.10 所示的网络拓扑中，VRRP 对路由器 1 的 S2/0 接口进行跟踪。如果 S2/0 接口的链路出现故障，路由器自动降低 VRRP 的优先级。这时如果路由器 2 具有更高的优先级，那么路由器 2 将成为主路由器，承担转发数据包任务。

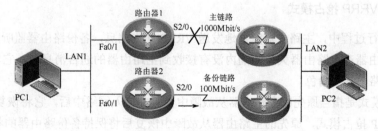

图 3.10　VRRP 路由器切换

在接口配置模式下，使用如下命令配置接口跟踪：

         创建的VRRP组   优先级减少值

ruijie(config-if)# **vrrp** *group* **track** *interface-type number [priority]*

交换机名称为*ruijie*   被跟踪的接口类型及接口号
处于接口配置模式

其中，*group* 为 VRRP 组号；*interface-type* 为被跟踪的接口类型；*number* 为被跟踪的接口号；*priority* 为在被跟踪的接口状态改变时，其 VRRP 优先级的降低数值，在默认情况下，降低数值为 10，当被跟踪接口恢复后，其 VRRP 优先级也将恢复至默认值。使用该命令的 no 选项可以关闭 VRRP 优先级随被监视接口状态改变而改变的功能，如 ruijie(config-if)#no vrrp 10 track S 2/0。

在配置优先级的减少值时，需要保证降低后的优先级小于现有备份路由器的优先级，以使备份路由器成为主路由器。

示例：配置图 3.8 中路由器 1 的接口跟踪功能，实现当 S2/0 接口链路失效时，VRRP 组 10 的优先级减少 30，切换到另一条链路工作。

路由器 1 的主要配置代码如下。

```
Router1(config)#interface Serial 2/0
Router1(config-if)#ip address 200.1.1.1    255.255.255.0
Router1(config-if)#exit
Router1(config)#interface FastEthernet 0/1
Router1(config-if)#ip address 192.168.1.1 255.255.255.0
Router1(config-if)#vrrp 10    ip 10.1.1.253
Router1(config-if)#vrrp 10    priority 120
Router1(config-if)#vrrp 10    track Serial 2/0    30
Router1(config-if)#
```

在路由器 1 的配置中，为其配置了比默认优先级（100）高的优先级 120，并且被跟踪接口为 S2/0，当 S2/0 接口不可用时，减少的优先级值为 30，即优先级降至 90，这样可以保证具有更高优先级的路由器 2（100）成为主路由器。使用 show vrrp brief 命令可以查看 VRRP 接口跟踪信息。

示例：显示被跟踪接口失效后的路由器 1 的状态的代码如下。

```
Router1#show vrrp brief
Interface      Grp   Pri   Time   Own   Pre   State    Master addr     Group addr
Ethernet 0/1   10    90    3      -     P     Backup   192.168.1.2     10.1.1.253
```

可以看到路由器 1 的优先级已降至 90，并且其状态为 Backup。

▶ 2. 配置 VRRP 抢占模式

在 VRRP 运行过程中，主路由器定期地发送 VRRP 通告信息，备份路由器监听主路由器的通告信息。当备份路由器在主路由器失效间隔内没有接收到主路由器的通告消息时，它将认为主路由器失效，并更换主路由器的角色。

VRRP 抢占模式是指当原先的主路由器从故障中恢复并接入网络中后，它将恢复主路由器角色。如果不使用 VRRP 抢占模式，原先的主路由器从故障中恢复后将保持备份路由器的状态。

在 VRRP 运行过程中，建议启用 VRRP 抢占模式，这样可以使主链路故障解除后，数据仍然通过主链路传输。在一条高带宽主链路和低带宽备份链路的应用场景中，使用 VRRP 接口跟踪功能，可以使高带宽链路故障解除后，仍然作为转发数据的主链路。

在接口配置模式下，使用如下命令配置 VRRP 抢占模式：

创建的VRRP组 *延时时间*

ruijie(config-if)# vrrp *group* **preempt [delay** *seconds***]**

交换机名称为ruijie *设置抢占模式*
处于接口配置模式

其中，*group* 为 VRRP 组号；*seconds* 为抢占的延迟时间，即发送通告报文前等待的时间，单位为 s，取值范围为 1～255。在默认情况下，VRRP 工作在 VRRP 抢占模式，并且如果不配置延迟时间，那么延迟时间默认为 0s，即当路由器从故障中恢复后，立即进行抢占操作。使用该命令的 no 选项可以取消设置 VRRP 抢占功能，如 ruijie(config-if)#no vrrp 10 preempt。

示例：在如图 3.10 所示的网络拓扑中，配置路由器 1 接口跟踪和 VRRP 抢占模式。当路由器 1 的 S2/0 接口链路失效后，路由器 1 的优先级将降至 90，并成为备份路由器，路由器 2 成为主路由器。当路由器 1 的 S2/0 接口链路恢复正常后，路由器 1 的优先级将重新恢复至 120，由于启用了 VRRP 抢占模式，它将重新成为主路由器。

路由器 1 主要配置代码如下。

```
Router1(config)#interface Serial 2/0
Router1(config-if)#ip address 200.1.1.1    255.255.255.0
Router1(config-if)#exit
Router1(config)#interface FastEthernet 0/1
Router1(config-if)#ip address 192.168.1.1 255.255.255.0
Router1(config-if)#vrrp 10    ip 10.1.1.253
Router1(config-if)#vrrp 10    priority 120
Router1(config-if)#vrrp 10    track Serial 2/0 30
Router1(config-if)#vrrp 10    preempt
Router1(config-if)#end
```

3. 配置 VRRP 定时器

在 VRRP 工作过程中，VRRP 路由器使用通告报文进行选举与状态监测。当选举结束后，主路由器将定期发送通告报文，备份路由器将进行监听。可以在接口配置模式下，使用如下命令修改 VRRP 通告报文的发送间隔（Adver-Interval）：

创建的VRRP组

ruijie(config-if)# vrrp *group* **timers advertise** *advertise-interval*

交换机名称为ruijie *设置通告定时器时间值*
处于接口配置模式

其中，*group* 为 VRRP 组号；*advertise-interval* 为通告报文的发送间隔，单位为 s，取值范围为 1～255，默认为 1s。使用该命令的 no 选项可以恢复系统默认设置，如 ruijie(config-if)#no vrrp 10 timers advertise。

在配置通告间隔时需要注意，较小的通告间隔将会造成一定的带宽和系统资源的消耗，尤其是当路由器加入了多个 VRRP 组时，但是较小的通告间隔将提供更快的故障检测和状态切换速度。较大的通告间隔会节省带宽和系统资源，但不能提供较快的故障检测和状态切换速度。在网络链路质量较差的环境中，为了使路由器在收到正常的通告报文前就进行状态切换，可以调高定时器的值，这有助于提高网络的稳定性。在正常的网络环境中，建议使用默认的定时器值。

对于 VRRP 中的另一种定时器，不能通过命令配置其主路由器失效间隔，主路由器失效间隔是通过通告间隔来进行计算的，它的值为通告间隔的 3 倍。

示例：配置通告间隔为 2s，代码如下。

```
Router1(config)#interface FastEthernet 0/1
Router1(config-if)#ip address 192.168.1.1 255.255.255.0
Router1(config-if)#vrrp 10    ip 192.168.1.1
Router1(config-if)#vrrp 10    timers advertise    2
Router1(config-if)#
```

3.4 演示实例

1. 背景描述

某集团的分公司与总公司之间的网络通过专线连接，为了确保分公司与总公司能够可靠通信，采用两条链路相互备份。分公司网络与总公司网络都遵守 OSPF 协议。在分公司网络中采用 VRRP 技术实现网关冗余备份及负载均衡，如图 3.11 所示。

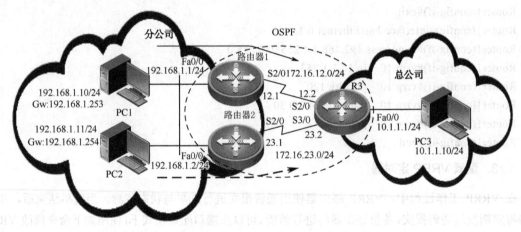

图 3.11　VRRP 操作演示

2. 操作步骤

第 1 步：在路由器上配置 IP 地址，代码如下。

```
R1(config)#interface serial 2/0
R1(config-if)#ip address 172.16.12.1 255.255.255.0
R1(config-if)#exit
R1(config)#interface FastEthernet 0/0
R1(config-if)#ip address 192.168.1.1 255.255.255.0
R1(config-if)#
```

```
R2(config)#interface serial 2/0
R2(config-if)#ip address 172.16.23.1 255.255.255.0
R2(config-if)#exit
R2(config)#interface FastEthernet 0/0
R2(config-if)#ip address 192.168.1.2 255.255.255.0
R2(config-if)#

R3(config)#interface serial 2/0
R3(config-if)#ip address 172.16.12.2 255.255.255.0
R3(config-if)#exit
R3(config)#interface serial 3/0
R3(config-if)#ip address 172.16.23.2 255.255.255.0
R3(config-if)#exit
R3(config)#interface FastEthernet 0/0
R3(config-if)#ip address 10.1.1.1 255.255.255.0
R3(config-if)#
```

第 2 步：配置 OSPF，代码如下。

```
R1(config)#router ospf 1
R1(config-router)#network 192.168.1.0 0.0.0.255 area 0
R1(config-router)#network 172.16.12.0 0.0.0.255 area 0
R1(config-router)#

R2(config)#router ospf 1
R2(config-router)#network 192.168.1.0 0.0.0.255 area 0
R2(config-router)#network 172.16.23.0 0.0.0.255 area 0
R2(config-router)#

R3(config)#router ospf 1
R3(config-router)#network 10.1.1.0 0.0.0.255 area 0
R3(config-router)#network 172.16.12.0 0.0.0.255 area 0
R3(config-router)#network 172.16.23.0 0.0.0.255 area 0
R3(config-router)#
```

第 3 步：配置 VRRP。

在路由器 1 上创建 VRRP 组 10，其 IP 地址为 192.168.1.253、优先级为 120（当路由器 1 的 S2/0 接口状态为 Down 时，路由器优先级降低 30）；创建 VRRP 组 20，其 IP 地址为 192.168.1.254、优先级为默认值 100，具体代码如下。

```
R1(config)#interface FastEthernet 0/0
R1(config-if)#vrrp 10 ip 192.168.1.253
R1(config-if)#vrrp 10 priority 120
R1(config-if)#vrrp 10 track serial 2/0 30
R1(config-if)#vrrp 20 ip 192.168.1.254
```

在路由器 2 上创建 VRRP 组 10，其 IP 地址为 192.168.1.253、优先级为默认值 100；创建 VRRP 组 20，其 IP 地址为 192.168.1.254、优先级为默认值 120。当路由器 2 的 S2/0 接口状态为 Down 时，路由器优先级降低 30，具体代码如下。

```
R2(config)#interface FastEthernet 0/0
R2(config-if)#vrrp 10 ip 192.168.1.253
R2(config-if)#vrrp 20 ip 192.168.1.254
R2(config-if)#vrrp 20 priority 120
R2(config-if)#vrrp 20 track serial 2/0 30
```

第 4 步：验证测试。

使用 show vrrp brief 命令验证配置是否正确，代码如下。

```
R1#show vrrp brief
Interface        Grp   Pri   Time   Own   Pre   State    Master addr    Group addr
FastEthernet 0/0 10    120   -      -     P     Master   192.168.1.1    192.168.1.253
FastEthernet 0/0 20    100   -      -     P     Backup   192.168.1.2    192.168.1.254
R2#show vrrp brief
Interface        Grp   Pri   Time   Own   Pre   State    Master addr    Group addr
FastEthernet 0/0 10    100   -      -     P     Backup   192.168.1.1    192.168.1.253
FastEthernet 0/0 20    120   -      -     P     Master   192.168.1.2    192.168.1.254
```

从上述显示结果可以看出，路由器 1 在 VRRP 组 10 中的优先级为 120、状态为 Master（主路由器），在 VRRP 组 20 中的优先级为 100、状态为 Backup（备份路由器）。路由器 2 在 VRRP 组 10 中的优先级为 100、状态为 Backup（备份路由器），在 VRRP 组 20 中的优先级为 120、状态为 Master（主路由器）。

在路由器 3 的 S2/0 接口上使用 shutdown 命令关闭该接口，具体代码如下。

```
R3(config)#interface serial 2/0
R3(config-if)#shutdown
R3(config-if)#
```

路由器 1 的 S2/0 接口的状态也变为 Down。此时再使用 show vrrp brief 命令查看该接口 VRRP 信息，代码如下。

```
R1#show vrrp brief
Interface        Grp   Pri   Time   Own   Pre   State    Master addr    Group addr
FastEthernet 0/0 10    90    -      -     P     Backup   192.168.1.2    192.168.1.253
FastEthernet 0/0 20    100   -      -     P     Backup   192.168.1.2    192.168.1.254
R2#show vrrp brief
Interface        Grp   Pri   Time   Own   Pre   State    Master addr    Group addr
FastEthernet 0/0 10    100   -      -     P     Master   192.168.1.2    192.168.1.253
FastEthernet 0/0 20    120   -      -     P     Master   192.168.1.2    192.168.1.254
```

从上述显示结果看出，当监控接口状态变为 Down 时，路由器 1 在 VRRP 组 10 中的优先级从 120 降至 90，状态由 Master 变为 Backup，在 VRRP 组 20 中的优先级仍为 100，状态仍为 Backup。路由器 2 的优先级仍为 100，但由于路由器 1 的优先级降为 90，使得路由器 2 在 VRRP 组 10 中的状态从 Backup 变为 Master，在 VRRP 组 20 中的状态不变。

3.5 训练任务

▶ 1. 背景描述

某公司局域网使用双核心三层交换机与路由器相连，实现局域网主机访问互联网。为了保证主机网关冗余备份及负载均衡,在两台核心三层交换机上启动 VRRP 功能,如图 3.12 所示。

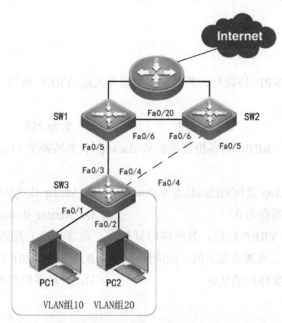

图 3.12　VRRP 操作演示

在 SW1 和 SW2 中配置 VRRP,实现 SW1 相对于 VLAN 组 10 的 VRRP 优先级为 255,相对于 VLAN 组 20 的 VRRP 优先级为 100,成为 VLAN 组 10 的主交换机;SW2 相对于 VLAN 组 10 的 VRRP 优先级为 100,相对于 VLAN 组 20 的 VRRP 优先级为 255,成为 VLAN 组 20 的主交换机。

2. 操作提示

第 1 步:在 SW1 中,创建 VRRP 组 10、VRRP 组 20。将 VRRP 组 10 的 IP 地址设置为 SW1 中 VLAN10 的 SVI 地址,优先级为 255;将 VRRP 组 20 的 IP 地址设置为 SW2 中 VLAN20 的 SVI 地址,优先级为默认值 100,参考配置代码如下。

```
SW1(config)#interface VLAN 10
SW1(config-if)#ip address 192.168.10.1 255.255.255.0
SW1(config-if)#vrrp 10 ip 192.168.10.1
SW1(config)#interface VLAN 20
SW1(config-if)#ip address 192.168.20.1 255.255.255.0
SW1(config-if)#vrrp 20 ip 192.168.20.1
```

第 2 步:在 SW2 中,同样创建 VRRP 组 10、VRRP 组 20。将 VRRP 组 10 的 IP 地址设置为 SW1 中 VLAN10 的 SVI 地址,优先级为默认值 100;将 VRRP 组 20 的 IP 地址设置为 SW2 中 VLAN20 的 SVI 地址,优先级为 255,参考配置代码如下。

```
SW2(config)#interface VLAN 10
SW2(config-if)#ip address 192.168.10.2 255.255.255.0
SW2(config-if)#vrrp 10 ip 192.168.10.1
SW2(config)#interface VLAN 20
SW2(config-if)#ip address 192.168.20.2 255.255.255.0
SW2(config-if)#vrrp 20 ip 192.168.20.1
```

练习题

1. 选择题

（1）当交换机启动 VRRP 协议后，若主交换机需要关闭 VRRP 协议，则其发布通告的优先级（　　）。

　　A．变为 0　　　　　　B．变为 1　　　　　　C．变为 255　　　　　　D．不变

（2）在交换机中开启 VRRP，若备份交换机从 Backup 状态转换至 Master 状态，则最不可能的原因是（　　）。

　　A．Master 与 Backup 之间的链路状态为 Down　　B．Master 优先级低于或等于 Backup 优先级
　　C．Master 优先级变为 0　　　　　　　　　　　　D．Master_down_time 计时器超时

（3）在交换机中开启 VRRP 功能，若网络时延较大，则（　　）能防止主备频繁倒换。

　　A．修改 VRRP 发送通告报文的时间间隔　　B．修改 VRRP 的 Track 值
　　C．设置 VRRP 实体间的认证　　　　　　　D．开启备份组抢占方式

2. 简答题

（1）描述 VRRP 的作用及应用场合。
（2）VRRP 报文的组播地址是多少？协议号是多少？
（3）说明如何实现 VRRP 负载均衡。
（4）说明如何跟踪链路状态，调整优先级。
（5）在 MSTP 网络与 VRRP 网络中，如何合理地设置根交换机及主交换机？

项目 4 RIP 与高级配置

本项目介绍了 RIP 的更多特性及配置技能，包括 RIP 路由汇总、RIP 验证功能、定时器调整等。

> **知识点、技能点**

1. 掌握 RIP 路由汇总功能及配置技能。
2. 掌握 RIP 验证功能及配置技能。
3. 掌握定时器配置技能。

4.1 问题提出

某公司网络配置了 RIP，一方面子网数量多，网络不够稳定，这导致公司三层设备路由表波动大，设备负担重；另一方面，公司出于安全考虑，希望能够配置 RIP 验证，实现仅合法设备才能学习到路由信息。试根据公司要求制订合适的网络实施方案，并完成相应配置工作。

4.2 相关知识

> **1. 回顾 RIP 的基本特性及应用**

RIP（Routing Information Protocol）是一种传统的、在小型网络中得到广泛应用的路由协议。RIP 采用距离向量算法，是一种距离向量协议。目前，RIP 有 RIPv1 和 RIPv2 两个版本。RIP 使用 UDP 报文交换路由信息，UDP 接口号为 520。在通常情况下，RIPv1 报文为广播报文；RIPv2 报文为组播报文，组播地址为 224.0.0.9。

RIP 每隔 30s 向外发送一次更新报文。如果设备经过 180s 没有收到来自对端的路由更新报文，那么就会将所有来自此设备的路由信息标志为不可达，当路由进入不可达状态后，若在 120s 内仍未收到更新报文，那么就会将这些路由信息从路由表中删除。

RIP 使用跳数来衡量到达目的地的距离。在 RIP 中，设备与它直接相连网络的跳数为 0，经过一个路由设备跳数加 1，其余依此类推。跳数为 16 表示网络不可达。

（1）创建 RIP 路由进程。设备要运行 RIP，首先需要创建 RIP 路由进程，并定义与 RIP 路由进程关联的网络。

若要创建 RIP 路由进程，则需要在全局配置模式下执行以下命令。

ruijie(config)#router rip
ruijie(config-router)#network *network-number wildcard*

其中，*network-number* 为直连网络的网络号，该网络号为自然分类网络号，IP 地址属于该自然分类网络的所有接口都可发送和接收 RIP 数据包；*wildcard* 为定义 IP 地址比较比特位，0 表示精确匹配，1 表示不做比较。

用户可以同时配置 network-number 和 wildcard，使落在该地址范围内的接口地址参与 RIP 运行。如果未配置 wildcard，将按照默认有类地址范围来处理，使落在该有类地址范围内的接口地址参与 RIP 运行。

只有接口地址落在 RIP 定义的网络列表中，该接口才可以对外发送 RIP 路由更新报文，并接收 RIP 路由更新报文。

在下面的配置代码中，定义了与 RIP 关联的两个网络号，允许落在 192.168.1.0 和 192.168.2.0 范围内的接口地址参与 RIP 运行。

```
ruijie(config)#router rip
ruijie(config-router)#network 192.168.1.0
ruijie(config-router)#network 192.168.2.0
```

（2）定义 RIP 版本。RIP 有 RIPv1 和 RIPv2 两个版本。RIPv1 为有类路由，不支持 VLSM、不连续子网、广播方式更新、自动汇总（不可关闭）、手动汇总、路由验证。RIPv2 为无类路由，支持 VLSM、不连续子网、组播方式更新（224.0.0.9）、自动汇总（可关闭）、手动汇总、路由验证。

在默认情况下，设备可以接收 RIPv1 和 RIPv2 的数据包，但是只发送 RIPv1 的数据包。可以配置为只接收和发送 RIPv1 的数据包，也可以配置为只接收和发送 RIPv2 的数据包。

若要配置设备只接收和发送指定版本的数据包，则需要在路由进程配置模式中执行以下命令。

```
ruijie(config-router)#version {1 | 2}
```

以上命令用于使设备只接收和发送指定版本的数据包，可以根据实际需求更改每个接口的默认操作行为。

若要配置接口只发送哪个版本的数据包，则可以在接口配置模式下执行以下命令。

指定只发送 RIPv1 数据包的命令如下。

```
ruijie(config-if)#ip rip send version 1
```

指定只发送 RIPv2 数据包的命令如下。

```
ruijie(config-if)#ip rip send version 2
```

指定只发送 RIPv1 和 RIPv2 数据包的命令如下。

```
ruijie(config-if)#ip rip send version 1 2
```

要配置接口只接收哪个版本的数据包，则可以在接口配置模式下执行以下命令。

指定只接收 RIPv1 数据包的命令如下。

```
ruijie(config-if)#ip rip receive version 1
```

指定只接收 RIPv2 数据包的命令如下。

```
ruijie(config-if)#ip rip receive version 2
```

指定只接收 RIPv1 和 RIPv2 数据包的命令如下。

```
ruijie(config-if)#ip rip receive version 1 2
```

RIPv1 和 RIPv2 的工作方式及报文格式不同，如果网络中路由器的 RIP 版本不同，就会出现兼容性问题，致使运行 RIPv1 的路由器和运行 RIPv2 的路由器不能学习到彼此的路由信息。此时就需要使用上述命令定义接口发送或接收的数据包版本。

RIPv1 和 RIPv2 兼容性示意图如图 4.1 所示，路由器 1 运行 RIPv1，路由器 2 运行 RIPv2，路由器 1 无法学习到路由器 2 的路由信息，路由器 2 也无法学习到路由器 1 的路由信息。为了解决 RIP 兼容性问题，在路由器 2 的 Fa0/0 接口配置接收、发送 RIPv1 和 RIPv2 的数据包，配置完成后，路由器 1 能够学习到路由器 2 的路由信息，路由器 2 也能够学习到路由器 1 的路由信息。

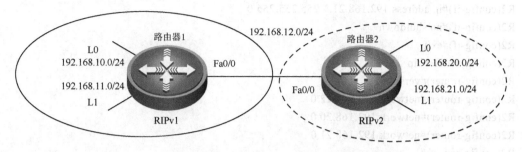

图 4.1　RIPv1 和 RIPv2 兼容性示意图

路由器 1 的配置代码如下。

```
ruijie#configure
ruijie(config)#hostname R1
R1(config)#interface fastethernet 0/0
R1(config-if)#ip address 192.168.12.1 255.255.255.0
R1(config-if)#no shutdown
R1(config-if)#exit
R1(config)#interface loopback 0
R1(config-if)#ip address 192.168.10.1 255.255.255.0
R1(config-if)#no shutdown
R1(config-if)#exit
R1(config)#interface loopback 1
R1(config-if)#ip address 192.168.11.1 255.255.255.0
R1(config-if)#no shutdown
R1(config-if)#exit
R1(config)#router rip
R1(config-router)#version 1
R1(config-router)#network 192.168.10.0
R1(config-router)#network 192.168.11.0
R1(config-router)#network 192.168.12.0
R1(config-router)#
```

路由器 2 的配置代码如下。

```
ruijie#configure
ruijie(config)#hostname R2
R2(config)#interface fastethernet 0/0
R2(config-if)#ip address 192.168.12.2 255.255.255.0
R2(config-if)#no shutdown
R2(config-if)#ip rip send version 1 2
R2(config-if)#ip rip receive version 1 2
R2(config-if)#exit
R2(config)#interface loopback 0
R2(config-if)#ip address 192.168.20.1 255.255.255.0
R2config-if)#no shutdown
R2(config-if)#exit
```

```
R2(config)#interface loopback 1
R2(config-if)#ip address 192.168.21.1 255.255.255.0
R2(config-if)#no shutdown
R2(config-if)#exit
R2(config)#router rip
R2(config-router)#version 2
R2(config-router)#network 192.168.12.0
R2(config-router)#network 192.168.20.0
R2(config-router)#network 192.168.21.0
R2(config-router)#
```

使用 show ip route 命令查看路由器 1、路由器 2 的路由表中是否学习到相应的路由信息。

（3）水平分割配置。当多台设备连接在 IP 广播类型网络中，又运行 RIP 时，就有必要采用水平分割的机制以避免形成路由环路。水平分割可以防止设备将某些路由信息从学习到这些路由信息的接口通告出去，这种机制优化了多台设备之间的路由信息交换。

对于非广播多路访问网络（如帧中继、X.25 网络），水平分割可能造成部分设备学习不到全部的路由信息。在这种情况下，可能需要关闭水平分割。

若要实现关闭或打开水平分割，可以在接口配置模式下执行以下命令。

关闭水平分割命令如下。

```
ruijie(config-if)#no ip split-horizon
```

打开水平分割命令如下。

```
ruijie(config-if)#ip split-horizon
```

所有接口默认设置为开启水平分割。

（4）RIP 路由自动汇总。RIP 路由自动汇总是指当子网路由穿越有类网络边界时，将自动汇总成有类网络路由。RIPv2 在默认情况下会进行路由自动汇总，RIPv1 不支持该功能。RIPv2 路由自动汇总的功能提高了网络的伸缩性和有效性。

若需要学到具体的子网路由，而不仅仅需要获得汇总后的网络路由，就需要关闭路由自动汇总功能。

若要配置路由自动汇总功能，可以在 RIP 路由进程模式下执行以下命令。

关闭路由自动汇总功能命令如下。

```
ruijie(config-router)#no auto-summary
```

打开路由自动汇总功能命令如下。

```
ruijie(config-router)#auto-summary
```

RIP 自动汇总示意图如图 4.2 所示。路由器 1 和路由器 2 均运行 RIPv2，通过关闭自动汇总功能获得子网路由信息。

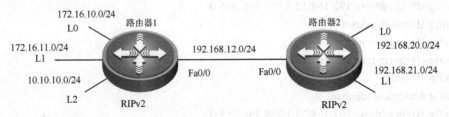

图 4.2 RIP 自动汇总示意图

路由器 1 的配置代码如下。

```
ruijie#configure
ruijie(config)#hostname R1
R1(config)#interface fastethernet 0/0
R1(config-if)#ip address 192.168.12.1 255.255.255.0
R1(config-if)#no shutdown
R1(config-if)#exit
R1(config)#interface loopback 0
R1(config-if)#ip address 172.16.10.1 255.255.255.0
R1(config-if)#no shutdown
R1(config-if)#exit
R1(config)#interface loopback 1
R1(config-if)#ip address 172.16.11.1 255.255.255.0
R1(config-if)#no shutdown
R1(config-if)#exit
R1(config)#interface loopback 2
R1(config-if)#ip address 10.10.10.1 255.255.255.0
R1(config-if)#no shutdown
R1(config-if)#exit
R1(config)#router rip
R1(config-router)#version 2
R1(config-router)#network 172.16.10.0
R1(config-router)#network 172.16.11.0
R1(config-router)#network 10.10.10.0
R1(config-router)#network 192.168.12.0
R1(config-router)#no auto-summary
R1(config-router)#
```

路由器 2 的配置代码如下。

```
ruijie#configure
ruijie(config)#hostname R2
R2(config)#interface fastethernet 0/0
R2(config-if)#ip address 192.168.12.2 255.255.255.0
R2(config-if)#no shutdown
R2(config-if)#exit
R2(config)#interface loopback 0
R2(config-if)#ip address 192.168.20.1 255.255.255.0
R2config-if)#no shutdown
R2(config-if)#exit
R2(config)#interface loopback 1
R2(config-if)#ip address 192.168.21.1 255.255.255.0
R2(config-if)#no shutdown
R2(config-if)#exit
R2(config)#router rip
```

```
R2(config-router)#version 2
R2(config-router)#network 192.168.12.0
R2(config-router)#network 192.168.20.0
R2(config-router)#network 192.168.21.0
R2(config-router)#no auto-summary
R2(config-router)#
```

使用 show ip route 命令查看路由器 1、路由器 2 的路由表中是否学习到了相应的路由信息。使用 auto-summaty 命令启用自动汇总功能，再次查看路由器 1、路由器 2 的路由表，并对比关闭与启用自动汇总功能对路由表的影响。

如果存在汇总路由，那么在路由表中将看不到包含在汇总路由内的子路由，这样可以大大缩小路由表的规模，但也容易造成路由黑洞。

路由黑洞（见图 4.3）一般是在网络边界做汇总回程路由时产生的一种网络现象。在进行汇总时，有时会有一些网段并不在内网中，但是又包含在汇总后的路由中，如果这个边界设备同时配置了默认路由，那么就可能出现路由黑洞。如果路由器在收到去往未知网段的数据包时，根据最长匹配原则，并没有找到对应的路由，则只能根据默认路由回到原来的路由器，就会形成路由环路，直到 TTL 值超时，丢弃该数据包。

在路由器 1 上有 192.168.1.0/24、192.168.2.0/24、192.168.3.0/24 三个网段，对它们进行路由汇总，形成汇总路由 192.168.0.0/22，路由器 1 将此汇总路由通告给路由器 2。路由器 1 还配置了一条指向路由器 2 的默认路由。当路由器 2 收到一个去往 192.168 4.0/24 网段的数据包时，路由器 2 根据汇总路由 192.168.0.0/22→路由器 1，将此数据包转发给路由器 1。路由器 1 收到数据包后查询路由表，发现并没有去往 192.168 4.0/24 网段的路由，根据默认路由由 0.0.0.0/0→路由器 2，将数据包又发送给路由器 2，形成了路由回路。如此循环下去，直到 TTL 为 0，才会将数据包丢弃，浪费了路由器 1、路由器 2 的系统资源。为了避免上述路由环路现象发生，在路由器 1 进行路由汇总时添加一条指向 NULL0 的路由（黑洞路由），即 192.168.0.0/22→NULL0，表示当路由器 1 收到目的地址指向自己的数据包时将其直接丢弃。

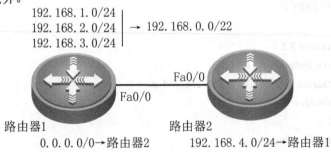

图 4.3 路由黑洞

2. RIP 的高级特性及应用配置

1）RIP 手动汇总

只有 RIPv2 支持手动汇总功能，即将本地的同一个主网的多个子网汇总为一条路由通告出去，这样可以大大减小对方路由表的"体积"，从而实现优化网络的目的。

为了启用 RIP 手动汇总功能，在接口配置模式下执行如下命令：

```
                        启用RIP手动汇总功能                        子网掩码
ruijie(config-if)#ip summary-address rip ip-address ip-network-mask
      设备名称为ruijie                              汇总网络地址
      处于接口配置模式
```

其中，*ip-address* 为汇总网络地址，即汇总后的网络地址；*ip-network-mask* 为指定 IP 地址进行路由汇总的子网掩码。在默认情况下，RIP 自动汇聚到有类网络边界。使用该命令的 no 选项可以关闭指定地址或子网的汇聚，如 ruijie(config-if)#no ip summary-address rip *ip-address ip-network-mask*。

示例：在某网络配置中，关闭了 RIPv2 的路由自动汇总功能。配置接口汇总，Fa1/0 接口将通告汇总后的路由 172.16.0.0/16，具体代码如下。

```
ruijie(config)#interface FastEthernet 1/0
ruijie(config-if)#ip summary-address rip 172.16.0.0 255.255.0.0
ruijie(config-if)#ip address   172.16.1.1 255.255.255.0
ruijie(config)#router rip
ruijie(config-router)#network 172.16.0.0
ruijie(config-router)#version 2
ruijie(config-router)#no auto-summary
```

示例：对如图 4.2 所示的网络中路由器 1 的 Fa0/0 接口进行手动路由汇总，实现将 172.16.10.0/24 及 172.16.11.0/24 汇总成一条 172.16.0.0/16 路由并通告路由器 2。

实现手动路由汇总的路由器 1 的配置代码如下。

```
ruijie#configure
ruijie(config)#hostname R1
R1(config)#interface fastethernet 0/0
R1(config-if)#ip address 192.168.12.1 255.255.255.0
R1(config-if)#ip summary-address rip 172.16.0.0 255.255.0.0
R1(config-if)#no shutdown
R1(config-if)#exit
R1(config)#interface loopback 0
R1(config-if)#ip address 172.16.10.1 255.255.255.0
R1(config-if)#no shutdown
R1(config-if)#exit
R1(config)#interface loopback 1
R1(config-if)#ip address 172.16.11.1 255.255.255.0
R1(config-if)#no shutdown
R1(config-if)#exit
R1(config)#interface loopback2
R1(config-if)#ip address 10.10.10.1 255.255.255.0
R1(config-if)#no shutdown
R1(config-if)#exit
R1(config)#router rip
R1(config-router)#version 2
R1(config-router)#network 172.16.10.0
```

R1(config-router)#network 172.16.11.0
R1(config-router)#network 10.10.10.0
R1(config-router)#network 192.168.12.0
R1(config-router)#no auto-summay
R1(config-router)#

通过查看路由器 2 的路由表，检查路由器 1 的手动汇总效果。

2）配置 RIP 验证

配置 RIP 验证可以大大增加 RIP 路由信息更新的安全性，只有在双方通过验证的情况下才可以相互通告 RIP 路由更新报文。RIPv1 不支持验证，如果设备配置 RIPv2，那么设备将可以在相应的接口配置验证。RIPv2 支持两种验证方式：明文验证和 MD5 验证。默认的验证方式为明文验证。

配置 RIP 验证的步骤如下。

第 1 步：定义 RIP 验证的模式。使用如下命令定义 RIP 验证的模式：

设置RIP验证方式命令　　　　　　　MD5验证

ruijie(config-if)#ip rip authentication mode *{text | md5}*

设备名称为ruijie　　　　　　　　明文验证
处于接口配置模式

其中，*text* 表示 RIP 验证模式为明文验证；*md5* 表示 RIP 验证模式为 MD5 验证。使用该命令的 no 选项可以恢复默认的 RIP 验证模式，如 ruijie(config-if)# no ip rip authentication mode。

在配置 RIP 验证时，所有需要直接交换 RIP 路由信息的设备所配置的 RIP 验证模式必须一致，否则 RIP 数据包交换将失败。

示例：将路由器 S0/0 接口的 RIP 验证模式配置为 MD5 验证。

ruijie(config)#interface serial 0/0
ruijie(config-if)#ip rip authentication mode md5

第 2 步：定义验证密码。

（1）明文验证方式。

明文验证就是双方在发起验证时验证密码以明文方式发送给对方。如果要使用明文验证，用户可以直接使用 ip rip authentication text-password 方式配置明文验证字符串，也可以通过关联密钥串获取明文验证字符串，后者优先级高于前者优先级。

方法一：直接配置明文验证密码。

设置 RIP 明文验证密码的命令如下：

设置RIP明文验证密码命令

ruijie(config-if)#ip rip authentication text-password *password-string*

设备名称为ruijie　　　　　　　　　文明验证字符串
处于接口配置模式

其中，*password-string* 为明文验证字符串，长度为 1～16 字节。在默认情况下，未设置明文验证字符串。使用该命令的 no 选项可以删除明文验证的字符串，如 ruijie(config-if)#no ip rip authentication text-password。

示例：在路由器 S0/0 接口上启用 RIP 明文验证，并设置明文验证字符串为 ruijie，具体代码如下。

ruijie(config)#interface serial 0/0

ruijie(config-if)#ip rip authentication text-password ruijie

方法二：通过关联密钥串获取明文验证字符串。

在使用关联密钥串之前，需要先定义密钥链、密钥及密钥字符串。下面分别对其进行介绍。

① 定义密钥链。在全局配置模式下使用 key chain 命令定义密钥链，并进入密钥链配置模式。若要使密钥链生效，必须配置至少一个密钥。

如果在接口配置中指定了密钥链，但是没有利用 key chain 命令对密钥串进行定义，那么将不进行 RIP 数据包验证。

定义密钥链的命令如下：

定义密钥链命令

ruijie(config)#key chain *key-chain-name*

设备名称为 ruijie
处于全局配置模式

密钥链名称

其中，*key-chain-name* 为密钥链名称。在默认情况下，没有定义任何密钥链。使用该命令的 no 选项可以删除指定密钥链的定义，如 ruijie(config)#no key chain *key123*（*key123* 为要删除的密钥链名称）。

示例：定义名称为 key123 的密钥链，并进入密钥链配置模式，具体代码如下。

ruijie(config)#key chain key123
ruijie(config-keychain)#

② 定义密钥。在密钥链配置模式下使用 key 命令定义一个密钥，并进入密钥配置模式。

定义密钥的命令如下：

定义密钥ID命令

ruijie(config-keychain)#key *key-id*

设备名称为 ruijie
处于密钥链配置模式

其中，*key-id* 为密钥链中验证密钥的 ID，取值范围为 0～2147483647。在默认情况下，密钥链中无密钥。使用该命令的 no 选项可以删除指定密钥，如 ruijie(config-keychain)#no key。

示例：配置密钥链 ripkeys，并进入密钥链配置模式；配置密钥 1，并进入密钥 1 配置模式，具体代码如下。

ruijie(config)#key chain ripkeys
ruijie(config-keychain)#key 1
ruijie(config-keychain-key)#

③ 定义密钥字符串。在密钥配置模式中使用 key-string 命令定义密钥字符串。定义密钥字符串命令如下：

定义密钥字符串命令

ruijie(config-keychain-key)# key-string [0|7] *text*

设备名称为 ruijie
处于密钥配置模式

0—密钥以明文显示
7—密钥以密文显示
text—密钥字符串

其中，"0"表示指定密钥以明文显示；"7"表示指定密钥以密文显示；*text* 表示指定的密钥验证字符串。在默认情况下，密钥链无验证字符串。使用该命令的 no 选项可以删除密钥验证字符串，如

ruijie(config-keychain-key)#no key-string。

示例：配置密钥链 ripkeys，进入密钥链配置模式；配置密钥 1，进入密钥 1 配置模式，定义密钥串为 abc，具体代码如下。

```
ruijie(config)#key chain ripkeys
ruijie(config-keychain)#key 1
ruijie(config-keychain-key)#key-string abc
```

④ 关联密钥链。在定义完密钥链后，需要将其应用到某接口才能生效，在接口配置模式下执行如下命令：

设置关联RIP明文验证密钥链命令

ruijie(config-if)#ip rip authentication key-chain *name-of-keychain*

设备名称为ruijie　　　　　　　　　　　　　　　　　　　密钥链名称
处于接口配置模式

其中，*name-of-keychain* 为密钥链名称，指定 RIP 验证所使用的密钥链。在默认情况下，未关联任何密钥链。使用该命令的 no 选项可以删除指定的密钥链，如 ruijie(config-if)#no ip rip authentication key-chain。

示例：配置密钥链名称为 ripkeys，并进入密钥链配置模式；配置密钥 1，进入密钥 1 配置模式，并定义密钥字符串为 abc。S0/0 接口启用了 RIP 明文验证，关联的密钥链为 ripkeys，具体代码如下。

```
ruijie(config)#key chain ripkeys
ruijie(config-keychain)#key 1
ruijie(config-keychain-key)#key-string abc
ruijie(config-keychain-key)#exit
ruijie(config-keychain)#exit
ruijie(config)#interface serial 0/0
ruijie(config-if)#ip rip authentication mode text
ruijie(config-if)#ip rip authentication key-chain ripkeys
```

（2）MD5 验证方式。

MD5 验证就是双方在发起验证时验证密码以密文方式发送给彼此。如果要使用 MD5 验证，则必须通过关联密钥链进行 MD5 验证。

MD5 验证与明文验证的过程一样，也是先定义密钥链，然后定义密钥及密钥字符串，最后在接口中关联该密钥链。关于定义密钥链、密钥及密钥字符串等命令，前面明文验证部分已详细介绍过，这里不再赘述。启动 MD5 验证与启动明文验证唯一不同的地方就是在定义验证方式时要选择 MD5。定义 MD5 验证方式的命令如下。

```
ruijie(config-if)#ip rip authentication mode   md5
```

示例：配置密钥链 ripkeys，进入密钥链配置模式；配置密钥 1，进入密钥 1 配置模式，并定义密钥串为 abc。S0/0 接口启用了 RIP 密文验证，关联的密钥链为 ripkeys，具体代码如下。

```
ruijie(config)#key chain ripkeys
ruijie(config-keychain)#key 1
ruijie(config-keychain-key)#key-string abc
ruijie(config-keychain-key)#exit
ruijie(config-keychain)#exit
```

ruijie(config)#interface serial 0/0
ruijie(config-if)#ip rip authentication mode MD5
ruijie(config-if)#ip rip authentication key-chain ripkeys

如果采用明文验证，但未配置明文验证字符串，或者未配置关联密钥链，或者关联了密钥链但实际未配置密钥串，这样并不会有验证行为发生。同样，如果采用 MD5 验证，但未配置关联密钥链，或者关联了密钥链但实际未配置密钥串，也不会有验证行为发生。

3) 配置 RIP 默认路由

通过 RIP 动态路由协议能够学习到本网络内部的有限路由信息，使用 RIP 无法将网络（尤其是互联网）中的全部路由学习到本路由器中。为了访问路由表之外的网络，需要配置默认路由，以便按照默认路由指向转发数据包。

在网络中配置默认路由有两种方法：使用静态方法配置，在每台设备上分别配置，比较麻烦，容易出错；在网关设备上使用默认路由命令发布默认路由。

如果路由设备的路由表中存在默认路由，在默认情况下，RIP 就不会向外通告默认路由。如果需要向外通告默认路由信息，则需要使用如下命令进行配置：

　　　　　　　　　　　　　配置默认路由命令　　　　　　　　　　　初始度量值
ruijie(config-router)#default-information originate *[always]* *[metric metric-value]* *[route-map map-name]*
设备名称为ruijie　　　　　　　　　　无条件发布默认路由　　　　　控制默认路由
处于路由配置模式

如果选择 always 参数，无论 RIP 路由进程是否存在默认路由，都会向邻居路由器通告一条默认路由，但该默认路由并不会在本地路由表中显示。*metric-value* 为设置默认路由的初始度量值，取值范围为 1～15，但优先级低于 route-map 的 set metric 规则；如果没有配置 metric 参数，则默认路由使用 RIP 配置的默认度量值。*map-name* 为定义的 route-map 名称。如果要对 RIP 通告默认路由进行更多的控制，可以使用 set metric 规则设置默认路由的度量值。

示例：通过配置命令向外发布一条默认路由，使得其他路由器获得一条默认路由，具体代码如下。
ruijie(config-router)#default-information originate always

4.3　扩展知识

▶ 设置 RIP 定时器

RIP 有三个定时器：更新定时器、无效定时器、清除定时器。这三个定时器对 RIP 路由的更新与管理有着不同影响，如图 4.4 所示。

图 4.4　RIP 定时器功能

（1）更新定时器：定义路由更新时间，以秒计。更新定时器定义了设备发送路由更新报文的周期，每次接收到更新报文，无效定时器和清除定时器就复位。默认每隔 30s 发送一次路由更新报文。

（2）无效定时器：定义路由无效时间，以秒计，从最近一次有效更新报文开始计时。无效定时器定义了路由表中路由因没有更新而变为无效的时间。路由无效时间至少应为路由更新时间的 3 倍，如果在路由无效时间内没有接收到任何更新报文，相应的路由将变为无效路由，进入无效状态。若在无效时间内接收到路由更新报文，无效定时器会复位。无效默认时间为 180s。

（3）清除定时器：定义路由清除时间，以秒计，从 RIP 路由进入无效状态开始计时。清除时间到期，处于无效状态的路由将被从路由表中删除。清除默认时间为 120s。

通过调整以上定时器，可能会缩短路由协议的收敛时间及故障恢复时间。连接在同一网络中的设备，其 RIP 定时器值一定要一致。一般不建议对 RIP 定时器进行调整，除非有明确的需求。

修改 RIP 定时器的命令如下：

其中，*update* 为路由更新时间，以秒计，默认 30s；*invalid* 为路由无效时间，以秒计，默认为 180s；*flush* 为路由清除时间，以秒计，默认为 120s。使用该命令的 no 选项可以恢复默认配置，如 ruijie(config-router)# no timers basic。

示例：设置路由器 RIP 更新报文每隔 10s 发送一次；如果 30s 内没有收到更新报文，相应的路由将变为无效路由，并进入无效状态；该路由处于无效状态超过 90s 将被清除，具体代码如下。

ruijie(config)#router rip
ruijie(config-router)#timers basic 10 30 90

示例：将路由器 RIP 定时器恢复为默认值，代码如下。

ruijie(config)#router rip
ruijie(config-router)#no timers basic

4.4 演示实例

▶1. 背景描述

某网络中的两台路由器通过以太网互联，运行 RIP，采用明文验证方式，验证密钥为 key123。RIP 明文验证网络拓扑如图 4.5 所示。

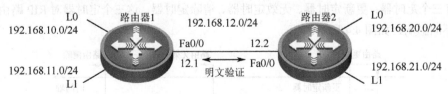

图 4.5　RIP 明文验证网络拓扑

▶2. 操作步骤

（1）路由器 1 的配置如下。

密钥链配置代码如下。

ruijie(config)#hostname R1

```
R1(config)#key chain ripkey
R1(config-keychain)#key 1
R1(config-keychain-key)#key-string key123
R1(config-keychain-key)#
```

以太网接口配置代码如下。

```
R1(config)#interface FastEthernet0/0
R1(config-if)#ip address 192.168.12.1 255.255.255.0
R1(config-if)#ip rip authentication mode text
R1(config-if)#ip rip authentication key-chain ripkey
R1(config-if)#exit
R1(config)#interface loopback 0
R1(config-if)#ip address 192.168.10.1 255.255.255.0
R1(config-if)#no shutdown
R1(config-if)#exit
R1(config)#interface loopback 1
R1(config-if)#ip address 192.168.11.1 255.255.255.0
R1(config-if)#no shutdown
R1(config-if)#
```

RIP 路由协议配置代码如下。

```
R1(config)#router rip
R1(config-router)#network 192.168.10.0
R1(config-router)#network 192.168.11.0
R1(config-router)#network 192.168.12.0
R1(config-router)#version 2
R1(config-router)#
```

（2）路由器 2 的配置如下。

密钥链配置代码如下。

```
ruijie(config)#hostname R2
R2(config)#key chain ripkey
R2(config-keychain)#key 1
R2(config-keychain-key)#key-string key123
R2(config-keychain-key)#
```

以太网接口配置代码如下。

```
R2(config)#interface FastEthernet0/0
R2(config-if)#ip address 192.168.12.2 255.255.255.0
R2(config-if)#ip rip authentication mode text
R2(config-if)#ip rip authentication key-chain ripkey
R2(config-if)#exit
R2(config)#interface loopback 0
R2(config-if)#ip address 192.168.20.1 255.255.255.0
R2(config-if)#no shutdown
R2(config-if)#exit
```

```
R2(config)#interface loopback 1
R2(config-if)#ip address 192.168.21.1 255.255.255.0
R2(config-if)#no shutdown
R2(config-if)#
```

RIP 配置代码如下。

```
R2(config)#router rip
R2(config-router)#network 192.168.20.0
R2(config-router)#network 192.168.21.0
R2(config-router)#network 192.168.12.0
R2(config-router)#version 2
R2(config-router)#
```

（3）测试验证效果。

首先，使用 show ip route 命令查看路由器的路由表，应该能够看到另一台路由器的 L0 网络及 L1 网络的路由信息。

其次，可以对两个验证密码中的一个进行修改，使得两个验证密码不一致，如一个为 key123，另一个为 key456。过一段时间后，再次使用 show ip route 命令查看路由表，应能发现路由器学不到另一台路由器的 L0 网络和 L1 网络的路由信息了。

为什么学不到对方路由器的路由信息了呢？如果两台路由器的密钥链中有多个密钥，多个密钥中的密钥字符串相同或不同会出现什么情况呢？请大家认真思考。

最后，将两台路由器的验证密码恢复为 key123，过一段时间后，再次使用 show ip route 命令查看路由表，应能看到另一台路由器的 L0 网络及 L1 网络的路由信息了。

4.5 训练任务

1. 背景描述

某网络中两台路由器通过以太网互联，运行 RIP，采用 MD5 验证方式，验证密钥为 key123。RIP MD5 验证网络拓扑如图 4.6 所示。

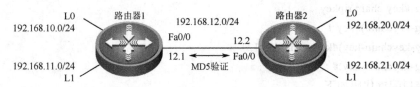

图 4.6　RIP MD5 验证网络拓扑

2. 操作提示

将路由验证方式设置为 MD5 验证，路由器 1 配置命令如下。

`R1(config-if)#ip rip authentication mode md5`

所有其他配置命令都与明文验证配置命令相同。

练习题

1. 选择题

（1）下面关于 RIPv2 的描述错误的是（　　）。
　　A. RIPv2 为无类路由　　　　B. 支持 VLSM
　　C. 不支持自动汇总　　　　　D. 支持手动汇总

（2）在默认情况下，RIP 每（　　）秒发送一次更新报文。
　　A. 10　　　B. 20　　　C. 30　　　D. 40

（3）下面关于 RIP 路由汇总功能的描述正确的是（　　）。
　　A. 提高了网络的伸缩性和有效性
　　B. 能够在路由表中看包含在汇总路由内的子路由
　　C. 可以避免造成路由黑洞
　　D. 使得查询路由表效率降低

（4）下面关于 RIP 验证的描述错误的是（　　）。
　　A. RIPv1 不支持验证
　　B. RIPv2 支持验证
　　C. RIPv2 支持区域内验证和区域之间验证
　　D. RIPv2 支持明文验证和 MD5 验证

（5）下面关于默认路由的描述错误的是（　　）。
　　A. 默认路由是静态路由的一种特殊形式
　　B. 默认路由是最后一个执行的路由
　　C. 在网关设备上即使使用默认路由命令也不能发布默认路由
　　D. 如果路由设备的路由表中存在默认路由，RIP 默认不会向外通告默认路由

2. 简答题

（1）简述路由汇总功能的优点。
（2）说明配置 RIP 密文验证的步骤。
（3）说明更新定时器、无效定时器及清除定时器的功能及默认值。

项目 5 OSPF 协议与高级配置

本项目介绍了 OSPF 协议的高级特性及应用配置技能,包括 OSPF 路由汇总、OSPF 特殊区域、OSPF 虚拟链路、OSPF 验证等。

知识点、技能点

1. 掌握 OSPF 路由汇总功能及配置技能。
2. 掌握 OSPF 特殊区域特性及配置技能。
3. 掌握 OSPF 虚拟链路特性及配置技能。
4. 掌握 OSPF 验证功能及配置技能。

5.1 问题提出

某公司网络设备配置了 OSPF 协议,一方面子网数量多,网络不够稳定,造成公司三层设备路由表波动大,设备负担重;另一方面,公司出于安全考虑,希望能够配置 OSPF 验证,实现仅合法设备才能够学习到路由信息。试根据公司要求制定合适的网络实施方案,并完成相应配置工作。

5.2 相关知识

5.2.1 回顾 OSPF 协议的基本特性及应用

1. OSPF 协议特性

OSPF(Open Shortest Path First,开放最短路径优先)协议是由 IETF(Internet Engineering Task Force)于 1988 年提出的一种链路状态路由选择协议,它服务于 IP 网络。OSPF 协议是内部网关协议(IGP)之一,工作在自治系统内部,用于交换路由选择信息。

OSPF 协议与 RIP 的不同之处如下。

(1)向谁发送路由选择信息?

OSPF 协议路由器通过输出接口向所有相邻路由器发送链路状态信息,每一台相邻路由器又将此信息转发给其他邻居路由器。这样,最终整个区域内的所有路由器都将获得此链路状态信息。而 RIP 路由器仅向邻居路由器发送其路由表信息。

(2)发送什么信息?

OSPF 协议路由器发送的内容是链路状态信息,包括链路度量值、邻居信息、Up 状态等。而 RIP 路由器向邻居路由器发送其路由表信息。

(3)何时发送信息?

只有在网络链路状态发生变化时，OSPF 协议路由器才向所有邻居路由器发送变化的链路状态信息。而 RIP 路由器不管网络拓扑结构是否发生变化，其与邻居路由器之间都定期交换路由表信息。

2. OSPF 协议工作过程

（1）建立 LSDB（Link-State Database，链路状态数据库）。当网络拓扑结构发生变化后，检测到变化的路由器生成并发送 LSA（Link-State Advertisement，链路状态通告），并通过组播地址发送给所有邻居路由器。接收到 LSA 的每台路由器都复制一份 LSA，并更新自己的 LSDB，然后将此 LSA 转发给其他邻居路由器。

（2）计算 SPF（Shortest Path First）树。通过使用 SPF 算法以当前路由器为根节点计算到达所有其他目的网络的所有路径，形成 SPF 树。

（3）产生路由表。比较到达网络中所有目的网络的路径，选出最佳路径，产生路由表。

OSPF 协议可以根据网络的工作状况快速地建立路由表，如图 5.1 所示。

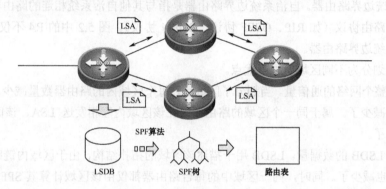

图 5.1 OSPF 协议工作过程

3. OSPF 网络分层结构

为了使 OSPF 协议能够用于大规模网络，OSPF 协议在自治系统内被划分为若干个更小的范围，每个范围称为一个区域（Area）。OSPF 区域分为两种：骨干区域和非骨干区域。骨干区域连接其他非骨干区域，具有中枢传输作用。非骨干区域必须与骨干区域相连。每个区域都有一个 32 位的区域标志符，骨干区域的标志符是 0.0.0.0。

OSPF 网络在划分区域后，网络中不同位置的路由器的功能也不同。路由器可以分为 4 种类型：区域内路由器（Internal Router）、区域边界路由器（Area Border Router，ABR）、自治系统边界路由器（Autonomous System Boundary Router，ASBR）和骨干路由器（Backbone Router），如图 5.2 所示。

（1）区域内路由器。区域内路由器是指在 OSPF 区域内的路由器，这些路由器不与其他区域路由器相连，并且当网络链路状态发生变化时，只与区域内的其他路由器交换 LSA，也包括区域边界路由器，维护其所在区域的 LSDB，在本区域内实现收敛。图 5.2 中的 R1 是区域内路由器。

（2）区域边界路由器。区域边界路由器是指同时连接多个区域的路由器，区域边界路由器维护多个区域的 LSDB。由于在 OSPF 网络中，所有的区域都必须与骨干区域（Area 0）相连，因此每个区域边界路由器至少需要连接一个骨干区域和一个非骨干区域。图 5.2 中的 R2、R3 是区域边界路由器。

（3）骨干路由器。骨干路由器是指位于骨干区域（Area 0）的路由器，这些路由器只维护骨干区域的 LSDB。在 OSPF 网络中，所有非骨干区域之间的信息必须通过骨干区域进行转发。图 5.2 中的 R5 是骨干路由器。

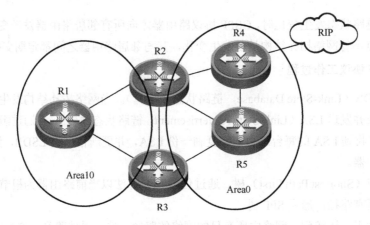

图 5.2　OSPF 分区示意图

（4）自治系统边界路由器。自治系统边界路由器是指与其他自治系统相连的路由器，通常这些路由器上使用多种路由协议（如 RIP、OSPF 协议、BGP-4 协议）。图 5.2 中的 R4 不仅是骨干路由器，同时还是自治系统边界路由器。

将自治系统划分为不同区域有如下优点。

（1）减少了整个网络的通信量。当划分了区域后，每个区域内的路由器数量减少，相对来讲，链路状态的变化也减少了。属于同一个区域的路由器仅在该区域内互相发送 LSA，该区域内的路由信息流量也就减少了。

（2）减少了 LSDB 的数据量。LSDB 用于描述该区域的拓扑结构，由于区域内链路减少了，因此 LSDB 的数据量也减少了。同时，同一区域中的每台路由器都仅由该区域计算其 SPF 树。

（3）隐藏了区域内网络的拓扑结构。每个路由器的 LSA 只在该路由器所在区域内传播，外部域路由器只能获得汇总信息，这样可以隐藏区域内网络的拓扑结构。

4. OSPF 分组报文格式

OSPF 分组报文不是用 UDP 而是直接用 IP 数据报传送（IP 数据报首部的协议字段值为 89）的，如图 5.3 所示。

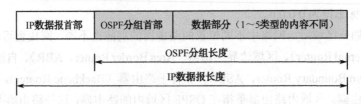

图 5.3　OSPF 分组报文用 IP 数据报传送

所有类型 OSPF 分组首部的长度都是固定的 24 字节。但是不同类型的 OSPF 分组的数据部分各不相同。OSPF 分组首部格式如图 5.4 所示。

用于 IPv4 的 OSPF 协议是版本 2。用于 IPv6 的 OSPF 协议是版本 3。

定义 OSPF 分组报文类型。OSPF 分组报文类型共有 5 种：问候报文、数据库描述报文、链路状态请求报文、链路状态更新报文、链路状态确认报文。

图 5.4 OSPF 分组首部格式

OSPF 分组首部的相关内容的含义如下。

分组长度：定义整个 OSPF 分组报文长度，包括 OSPF 分组首部在内的分组长度，单位为字节。

路由器标志符（RID）：RID 是 OSPF 协议路由器的唯一标志符，即路由器 ID。路由器标志符的选举规则是，如果 Loopback 接口不存在，就选举物理接口中 IP 地址等级最高的 IP 地址，否则就选举 Loopback 接口。路由器标志符对于建立邻居关系和协调 LSU 交换非常重要。在选举 DR、BDR 的过程中，如果 OSPF 优先级相同，则路由器标志符将用于决定谁赢得选举。如果用于选举路由器标志符的接口发生故障，则该路由器不可达。为了避免出现这种情况，最好定义一个 Loopback 接口作为强制的 OSPF 路由器标志符。

区域标志符（Area ID）：为了能够通信，OSPF 协议路由器的接口必须属于一个相同的区域，即共享子网及子网掩码信息。这些路由器拥有的链路状态必须相同。

检验和：用来检验 OSPF 分组中的差错。

验证类型：使用的验证模式。0 表示没有验证；1 表示简单口令验证；2 表示加密检验和验证模式（MD5）。

验证：OSPF 分组报文验证的必要信息。当验证类型为 0 时，不检验该字段；当验证类型为 1 时，该字段包含一个长度为 64 位的口令；当验证类型为 2 时，这个字段包含一个 key ID、验证数据长度和一个加密序列号。

如果 OSPF 分组验证类型为 2，那么验证字段（64 位）格式如图 5.5 所示。

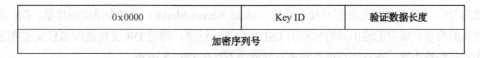

图 5.5 OSPF 分组验证类型为 2 的验证字段（64 位）格式

5. OSPF 分组类型

在所有 OSPF 分组报文中，OSPF 分组首部格式都是相同的，它们的主要区别是数据部分因 OSPF 分组类型不同而不同。OSPF 分组类型共有 5 种：问候分组、数据库描述分组、链路状态请求分组、链路状态更新分组、链路状态确认分组。

（1）问候分组。问候分组用来建立和保持 OSPF 邻接关系。OSPF 协议根据路由器之间的链路状态进行路由选择，问候分组采用多播地址 224.0.0.5 确保相邻路由器的双向通信，以建立和维护邻接关系。

当路由器从邻居路由器那里收到的问候报文中"看到"自己后，便进入了双向通信状态，并与该邻居路由器建立了邻接关系。问候分组格式如图 5.6 所示。

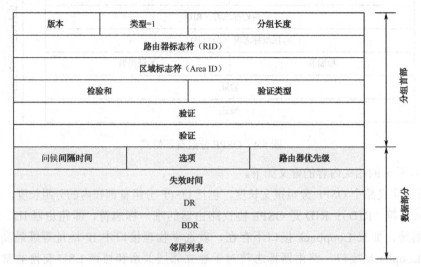

图 5.6　问候分组格式

在问候分组数据部分中，各字段功能描述如下。

① 问候间隔时间：表示发送两个问候分组之间相隔的时间。这个间隔时间对于两个正尝试形成邻接体关系的路由器来说必须是相同的。问候间隔时间在广播介质和点到点介质中都是 10s，而在其他介质中是 30s。

② 选项：表示路由器支持的可选特性。

③ 路由器优先级：在默认情况下，该值被设置为 1。这个字段在选举 DR 和 BDR 的时候扮演重要角色。高的优先级增加了当前路由器变成 DR 的机会。优先级为 0 表示这台路由器将不参与 DR 的选举。

④ 失效时间：表示在一个邻居被宣布死亡之前以秒为单位的时间数目。在默认情况下，死亡间隔是问候间隔时间的 4 倍。

⑤ DR（Designated Router，指定路由器）：列出 DR 的 IP 地址。如果没有 DR，则这个字段值为 0.0.0.0。DR 是通过问候协议选举出来的，最高优先级的路由器变成 DR。如果优先级相等，具有最大路由器 ID 的路由器成为 DR。DR 的作用是在多点接入介质（Multi Access Media）中减少泛洪的数量。DR 使用多播来减少泛洪的数量。所有的路由器将它们的 LSDB 向 DR 泛洪，同时 DR 又将这些信息反过来泛洪给这个网段中的其他路由器。在点到点或点到多点网段中不存在 DR 或 BDR。

⑥ BDR（Backup Designated Router，备份指定路由器）：列出 BDR 的 IP 地址。如果 BDR 不存在，这个字段值为 0.0.0.0。BDR 也是通过 Hello 协议选举出来的。BDR 的作用是作为 DR 的备份，在 DR 死亡的时候进行平滑的转换。BDR 在泛洪中保持被动。

⑦ 邻居列表：邻居列表字段中包含已建立双向通信关系的邻居路由器 ID。路由器在邻居路由器发送的问候分组中的邻居列表字段中"看到"自己后，表明双向通信关系已经建立。

（2）数据库描述分组。当两台 OSPF 协议路由器初始化连接时，要交换 DBD（数据库描述）分组。DBD 分组用于描述 LSDB 内容。由于 LSDB 的内容有时会很多，所以可能需要几个 DBD 分组来描述数据库，这些 DBD 分组具有专用的 DBD 分组序列字段。

DBD 分组的格式如图 5.7 所示。

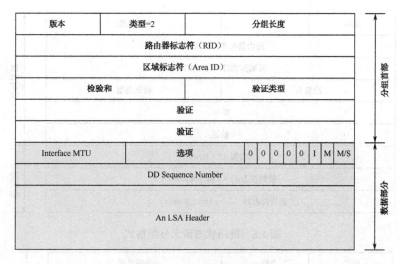

图 5.7 DBD 分组格式

① Interface MTU：表示接口最大传输数据单元，以字节为单位。用来检查两端 OSPF 协议路由器接口的 MTU 是否匹配。Virtual-link 中的 Interface MTU 字段为 0。

② I 选项：当设置为 1 时，表示 DBD 交换过程中的第一个分组。在交换 DBD 分组时，需要协调主从，比较 Router-ID，Router-ID 值大的路由器成为主路由器。主路由器发送序列号，备份路由器进行确认。

③ M 选项：当设置为 1 时，表示后面将有更多的 DBD 分组。

④ M/S 选项：用于主从设备。当这个比特被设置为 1 时，表示路由器在 DBD 分组交换过程中是主设备，如果这个比特被设置为 0，则表示路由器是从设备。

⑤ DD Sequence Number：DBD 分组序列号，包含一个由主设备设置的唯一的值。这个序列号在数据库交换过程中使用，只有主设备才能增加序列号。

⑥ An LSA Header：这个字段由一系列 LSA 报文首部组成。交换 DBD 分组的目的是了解对方都拥有哪些 LSA 信息，所有 DBD 分组中的 LSA 并不是具体的 LSA 报文，而是每个 LSA 报文首部信息。当发现需要的 LSA 时，才在后续请求交换该 LSA 的完整信息。

（3）链路状态请求分组。链路状态请求分组用于请求相邻路由器的 LSDB 中的信息。当路由器收到一个 DBD 分组时，可以发现自身所缺少的信息。这样，路由器会发送一个或几个链路状态请求分组给邻居路由器以得到更多的链路状态信息。链路状态请求分组的格式如图 5.8 所示。

① LS 类型（LS type）：表示请求的 LSA 类型号（1~5）。

② 链路状态 ID（Link State ID）：用于确定 LSA 描述的 OSPF 区域部分。

③ 通告路由器（Advertising Router）：初始建立 LSA 的路由器的 ID。

（4）链路状态更新（LSU）分组。链路状态更新分组用于将 LSA 发送给其邻居，这些链路状态更新分组用于对 LSA 请求进行应答。一个链路状态更新分组中可以包含多个 LSA 条目，通常有 5 种不同类型的 LSA 条目，这些 LSA 条目的类型用 1~5 之间的整数来标志。链路状态更新分组的格式如图 5.9 所示。

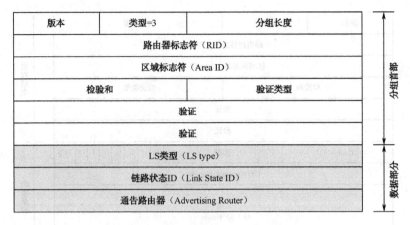

图 5.8 链路状态请求分组格式

图 5.9 链路状态更新分组格式

(5) 链路状态确认分组。链路状态确认分组用于当路由器收到对方 LSA 后,向对方发送响应报文,实现链路状态确认分组的可靠传输。

链路状态确认分组包含 LSA 报文首部的信息,如链路状态 ID、通告路由器和 LS 顺序号等。链路状态确认分组与 LSA 无须保持一对一的应用关系。一个链路状态确认分组可以包含对多个 LSA 的应答。链路状态确认分组的格式如图 5.10 所示。

6. LSA 格式

(1) LSA 报文首部格式。OSPF 网络中有 5 种类型的 LSA,所有 LSA 报文的首部都相同。一个 LSA 报文首部唯一地标志了一个 LSA 报文。LSA 报文首部的格式如图 5.11 所示。

① LS age:LSA 的年龄,表示当 OSPF 产生时已消逝的秒数。

② Options:选项,由一系列标志组成,这些标志用于标志 OSPF 网络能提供的各种可选的服务。

③ LS type:LS 类型,指出 5 种 LSA 类型中的一种。不同类型 LSA 的格式也不同。

④ Link State ID:链路状态 ID,表示 LSA 描述的特定网络环境。链路状态 ID 与 LS 类型密切相关,不同的 LS 类型,表示链路状态 ID 的方式也不同。例如,当 LS 类型为路由器 LSA 时,链路状态 ID 用产生该 LSA 的路由器 ID 表示。

⑤ Advertising Router:通告路由器,表示产生了该 LSA 的路由器 ID。

⑥ LS Sequence Number：LSA 序列号。OSPF 协议路由器为每个 LSA 编制一个序列号，并且每增加一个 LSA 就递增该序列号。通过检测 LSA 序列号可以判断一个 LSA 是否是新的 LSA。

⑦ LS Checksum：LS 检验和。用于检测 LSA 在传输过程中是否受到破坏。

⑧ Length：LS 长度，表示 LSA 长度，以字节为单位。

图 5.10　链路状态确认分组格式

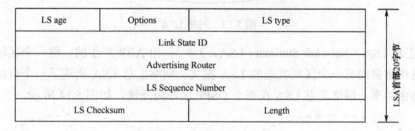

图 5.11　LSA 报文首部格式

（2）LSA 报文分类。下面分别说明类型 1～5 的 LSA 报文。

① 路由器 LSA（Router LSA，1 类）：由 OSPF 协议路由器产生的、向所连接区域发送的 LSA 报文，描述了路由器到区域的链路状态，如接口的花费值、接口的地址等信息。由于路由器必须为其所属的每个区域产生一个路由器 LSA，所以区域边界路由器将产生多个路由器 LSA。路由器 LSA 只在一个区域内传播，不会穿越区域边界路由器，如图 5.12 所示。

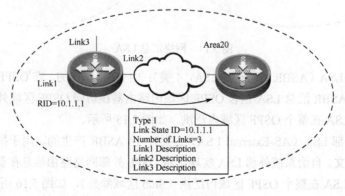

图 5.12　路由器 LSA

② 网络LSA（Network LSA，2类）：由DR产生的、将连接到某个网段的所有路由器的链路状态和花费值向多个接口网络及所有连接在其上的路由器发送的LSA报文。网络LSA可以减少网络中的路由更新信息流量。网络LSA只在一个区域内传播，不会穿越区域边界路由器，如图5.13所示。

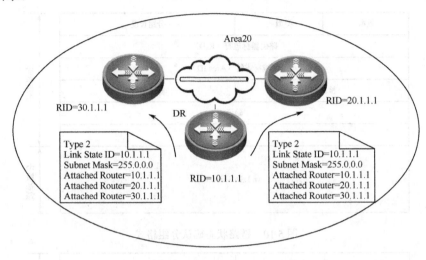

图5.13　网络LSA

③ 网络汇总LSA（Network Summary LSA，3类）：由ABR产生的、将一个区域的路由信息或汇总后的路由信息向另一个区域发送的LSA报文。网络汇总LSA实现了一个自治系统内的不同区域间的路由共享。网络汇总LSA在整个OSPF区域内泛洪，如图5.14所示。

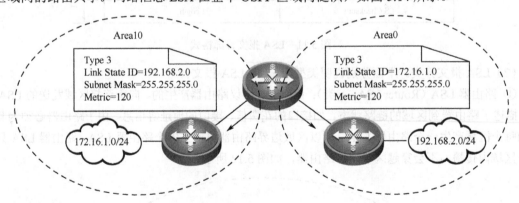

图5.14　网络汇总LSA

④ ASBR汇总LSA（ASBR Summary LSA，4类）：由ABR产生的、在OSPF区域内发送ASBR位置的LSA报文。ASBR汇总LSA包含OSPF区域内路由器在访问OSPF区域外网络时的出口路由信息。ASBR汇总LSA在整个OSPF区域内泛洪，如图5.15所示。

⑤ 自治系统外部LSA（AS-External LSA，5类）：由ASBR产生的、用于描述OSPF网络之外的目的地的LSA报文。自治系统外部LSA实现了将OSPF外部网络路由信息在整个OSPF区域内传播。自治系统外部LSA在整个OSPF区域内泛洪（Stub区域除外），如图5.16所示。

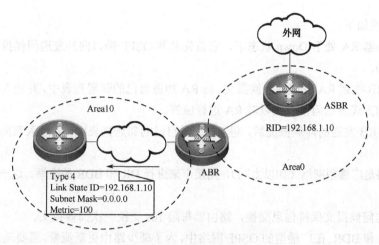

图 5.15 ASBR 汇总 LSA

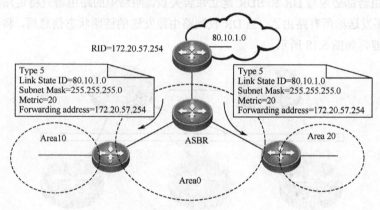

图 5.16 自治系统外部 LSA

7. OSPF 建立邻居状态与数据库同步的过程

（1）建立双向通信。OSPF 协议路由器在进行初始化时，首先使用问候分组完成如图 5.17 所示的交换过程。

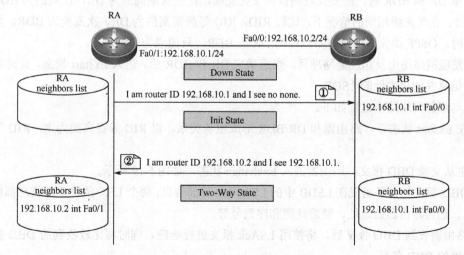

图 5.17 建立双向通信过程

交换过程说明如下。

① 初始路由器 RA 处于 Down 状态下，它首先从其 OSPF 接口向外发送问候报文（使用的多播地址为 224.0.0.5）。

② 路由器 RB 收到 RA 发送的问候报文，将 RA 加进自己的邻居列表中，并进入初始化状态（Init State）。以单播的方式发送问候报文以对 RA 进行应答。

③ RA 收到 RB 发送的问候报文后，将 RB 加进自己的邻居列表中，并进入双向通信状态（Two-Way State）。

④ 如果链路是广播型网络（如以太网），则接下来进行 DR 和 BDR 的选举。这一步发生在交换信息之前。

⑤ 定期发送问候报文保持信息交换，路由器每隔 10s 交换一次问候报文。

（2）选举 DR 和 BDR。在广播型的 OSPF 网络中，为了减少路由更新流量，需要选举 DR 和 BDR。网络中的每台路由器都必须与 DR 和 BDR 建立邻居关系。网络中的路由器只将链路状态信息发送给 DR 和 BDR，而不发送给所有路由器。当 DR 收到路由器发送的链路状态信息后，将该信息转发给网络中的其他路由器，如图 5.18 所示。

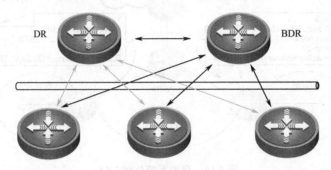

图 5.18　DR 和 BDR

非 DR 和 BDR 路由器将链路状态信息发送至 DR 使用的多播地址为 224.0.0.6，而 DR 使用多播地址 224.0.0.5 再将链路状态信息转发给非 DR 和 BDR 路由器。

在选举 DR 和 BDR 时，需要比较问候报文优先级，优先级最高的为 DR，次高的为 BDR，默认优先级为 1。在优先级相同的情况下，比较 RID，RID 等级最高的为 DR，次高的为 BDR。当优先级设置为 0 时，OSPF 协议路由器将不能成为 DR 或 BDR，只能成为 DROther。

（3）发现网络路由及添加链路项目。当选举完 DR 和 BDR 后，进入 Exstart 状态，此时可以发现链路状态信息并创建本地的 LSDB。

发现与添加网络路由过程如下。

① 在 Exstart 状态下，路由器和 DR/BDR 形成主从关系，以 RID 等级高的为主，RID 等级低的为从。

② 主从交换 DBD 报文，路由器进入 Exchange 状态，如图 5.19 所示。

③ DBD 报文包含了出现在 LSDB 中的 LSA 条目首部信息，每个 LSA 条目首部信息都包括链路状态类型、通告路由器的地址、链路耗费和序列号等。

④ 路由器收到 DBD 报文后，将使用 LSAck 报文进行响应。同时将比较收到的 DBD 报文中的条目和本地的 DBD 条目。

⑤ 若在完成比较后，发现收到的 DBD 报文中有更新的 DBD 条目，路由器就发送 LSR 报文给其他路由器，进入 Loading 状态。其他路由器在收到 LSR 报文后，发送 LSU 报文进行响应。LSU 报文包含了 LSR 所需要的完整信息。当收到 LSU 报文后，路由器再次发送 LSAck 报文做出确认。

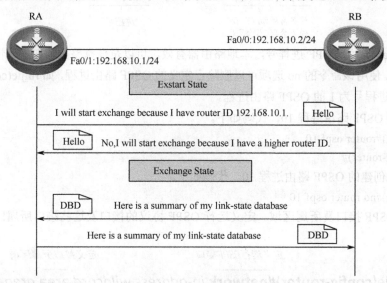

图 5.19　发现网络路由

⑥ 路由器在 LSDB 中添加新的条目，并进入 Full 状态。至此，区域内的所有路由器的 LSDB 都是相同的，如图 5.20 所示。

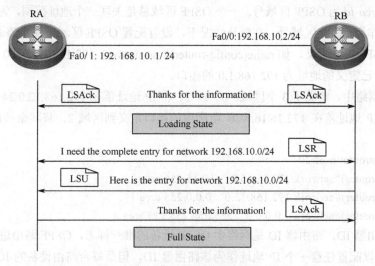

图 5.20　添加网络路由

当网络中路由器的 LSDB 完成同步后，OSPF 协议利用最短路径算法 SPF 计算产生路由表。OSPF 协议的 LSDB 能够较快地更新，使各台路由器的路由表也及时得到更新，从而实现 OSPF 协议快速收敛。

8. OSPF 协议的基本配置

（1）创建 OSPF 路由进程。创建 OSPF 路由进程，并定义与该 OSPF 路由进程关联的 IP 地址范围，以及该范围 IP 地址所属的 OSPF 区域。OSPF 路由进程只在属于该 IP 地址范围的接口发送、接收 OSPF 协议报文，并且对外通告该接口的链路状态。创建 OSPF 路由进程的命令如下：

创建OSPF路由进程

ruijie(config)#router ospf *process-id*

设备名称为ruijie　　　　　　　进程号
处于全局配置模式

其中，*process-id* 为 OSPF 进程号，本地路由器有效，可以是任意整数。在默认情况下，不存在 OSPF 路由进程。使用该命令的 no 选项可以删除已定义的 OSPF 路由进程，如 ruijie(config)# no router ospf 1 用于删除进程号为 1 的 OSPF 路由进程。

示例：创建 OSPF 路由进程 10，代码如下。

ruijie(config)#router ospf 10
ruijie(config-router)#

示例：删除创建的 OSPF 路由进程 10，代码如下。

ruijie(config)#no router ospf 10

（2）定义 OSPF 接口及所属区域。定义运行 OSPF 协议的接口及这些接口所属区域，使用的命令如下：

定义运行OSPF接口　　　　　　　定义接口所属区域

ruijie(config-router)#network *ip-address wildcard* **area** *area-id*

设备名称为ruijie　　接口对应的IP地址及其比较位　　区域号
处于路由配置模式

其中，*ip-address* 为接口对应的 IP 地址；*wildcard* 为 IP 地址比较位，"0" 表示精确匹配，"1" 表示不做比较；*area-id* 为 OSPF 区域号。一个 OSPF 区域总是关联一个地址范围，为了便于管理，也可以用一个子网作为 OSPF 区域号。在默认情况下，没有配置 OSPF 区域。使用该命令的 no 选项可以删除接口的 OSPF 区域定义，如 ruijie(config-router)# no network 192.168.1.0 0.0.0.255 area 10 用于删除在区域 10 中已定义的地址为 192.168.1.0 的接口。

示例：在某网络中，定义了 3 个区域：0、1、2。将 IP 地址落在 192.168.12.0/24 范围内的接口定义到区域 1，将 IP 地址落在 172.16.16.0/20 范围内的接口定义到区域 2，将其余接口定义到区域 0，具体代码如下。

ruijie(config)#router ospf 20
ruijie(config-router)#network 172.16.16.0 0.0.15.255 area 2
ruijie(config-router)#network 192.168.12.0 0.0.0.255 area 1
ruijie(config-router)#network 0.0.0.0 255.255.255.255 area 0

（3）设置路由器 ID。路由器 ID 是网络中 OSPF 设备的唯一标志，OSPF 路由进程在启动时会选择路由器 ID。可以配置任意一个 IP 地址作为该路由器 ID，但是每台路由设备的 ID 标志必须唯一。可以使用相关命令设置路由器 ID，但是必须在启动路由进程之前设置路由器 ID。设置路由器 ID 的命令如下：

设置路由器ID

ruijie(config-router)#router-id *router-id*

设备名称为ruijie　　设备ID号
处于路由配置模式

其中，*router-id* 为要设置的路由器 ID，以 IP 地址形式表示。在默认情况下，由 OSPF 路由进程选举接口最大的 IP 地址作为路由器 ID。使用该命令的 no 选项可以删除所设置的路由器 ID，恢复默认的路由器 ID，如 ruijie(config-router)#no router-id。

示例：将路由器的 ID 设置为 0.0.0.36，代码如下。

```
ruijie(config)#router ospf 1
ruijie(config-router)#router-id 0.0.0.36
```

（4）配置 OSPF 单区域实例。某单区域 OSPF 网络拓扑结构如图 5.21 所示。路由器 R1 和路由器 R2 分别启用 OSPF 协议，并且设置区域 0。

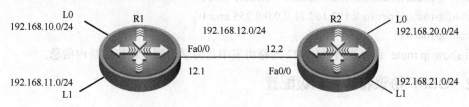

图 5.21　某单区域 OSPF 网络拓扑结构

R1 的配置代码如下。

```
R1(config)#interface fastethernet 0/0
R1(config-if)#ip address 192.168.12.1 255.255.255.0
R1(config-if)#no shutdown
R1(config-if)#exit
R1(config)#interface loopback 0
R1(config-if)#ip address 192.168.10.1 255.255.255.0
R1(config-if)#no shutdown
R1(config-if)#exit
R1(config)#interface loopback 1
R1(config-if)#ip address 192.168.11.1 255.255.255.0
R1(config-if)#no shutdown
R1(config-if)#exit
R1(config)#router ospf 1
R1(config-router)#network 192.168.10.0 0.0.0.255 area 0
R1(config-router)#network 192.168.11.0 0.0.0.255 area 0
R1(config-router)#network 192.168.12.0 0.0.0.255 area 0
R1(config-router)#
```

R2 的配置代码如下。

```
R2(config)#interface fastethernet 0/0
R2(config-if)#ip address 192.168.12.2 255.255.255.0
R2(config-if)#no shutdown
R2(config-if)#ip rip send version 1 2
R2(config-if)#ip rip receive version 1 2
R2(config-if)#exit
R2(config)#interface loopback 0
R2(config-if)#ip address 192.168.20.1 255.255.255.0
```

```
R2(config-if)#no shutdown
R2(config-if)#exit
R2(config)#interface loopback 1
R2(config-if)#ip address 192.168.21.1 255.255.255.0
R2(config-if)#no shutdown
R2(config-if)#exit
R2(config)#router OSPf 1
R2(config-router)#network 192.168.12.0 0.0.0.255 area 0
R2(config-router)#network 192.168.20.0 0.0.0.255 area 0
R2(config-router)#network 192.168.21.0 0.0.0.255 area 0
R2(config-router)#
```

使用 show ip route 命令查看 R1、R2 的路由表中是否学习到了相应的路由信息。

5.2.2 OSPF 协议特性及高级配置

1. OSPF 路由汇总

同 RIP 路由汇总一样，OSPF 路由汇总也是将多条路由汇总成一条路由。路由汇总的主要目的是减小路由表的规模及路由信息的通告数量，并增强网络的稳定性。如果不进行路由汇总，每条详细的路由都将传播到 OSPF 骨干网络中，这会增加不必要的网络数据流量和系统开销。

OSPF 路由汇总分为 OSPF 区域间路由汇总和 OSPF 外部路由汇总。

(1) OSPF 区域间路由汇总。OSPF 区域间路由汇总是在 ABR 上进行的，用来将一个区域的多条路由汇总成一条路由，然后将汇总后的路由通告到其他区域。路由信息的汇总行为只发生在区域边界路由设备上，在区域内部路由设备上的都是具体的路由信息，但在区域外部只能看到一条汇总路由。可以定义多个区域路由汇总命令，这样整个 OSPF 路由域的路由将得到简化，特别是当网络规模较大时，可以提高网络转发性能。

配置 OSPF 区域间路由汇总的命令如下：

ruijie(config-router)#**area** *area-id* **range** *ip-address net-mask* **[advertise | not-advertise] [cost** *cost***]**

（设备名称为 ruijie 处于路由配置模式；定义区域；定义汇总路由范围；定义是否要公布该汇总范围；设置汇总路由度量值）

其中，*area-id* 为指定被汇总路由的 OSPF 区域号；*ip-address* 为定义汇总后的网络地址；*net-mask* 为定义汇总后的子网掩码；advertise 为公布该汇总范围，默认为公布，设置该选项将为其产生一个 3 类 LSA；not-advertise 为不公布该汇总范围，设置该选项将不会为其产生一个 3 类 LSA；*cost* 为设置汇总路由的度量值。在默认情况下，没有配置 OSPF 区域间路由汇总。使用该命令的 no 选项可以删除已配置的路由汇总，no 前缀与 cost 参数组合可以恢复路由汇总默认的度量值，但不会删除路由汇总。例如，ruijie(config-router)# no area 10 range 172.16.0.0 255.255.0.0 用于删除已定义的汇总 172.16.0.0。

示例：将区域 1 的路由汇总成一条路由 172.16.16.0/20，代码如下。

```
ruijie(config)#router ospf 1
ruijie(config-router)#network 172.16.0.0 0.0.15.255 area 0
ruijie(config-router)#network 172.16.17.0 0.0.15.255 area 1
ruijie(config-router)#area 1   range 172.16.16.0 255.255.240.0
```

（2）OSPF 外部路由汇总。OSPF 外部路由汇总是在 ASBR 上进行的，用来将重分发到 OSPF 路由域的多条外部路由汇总成一条路由。当路由从其他路由进程重新分发，并注入 OSPF 路由进程时，每条路由均以一种外部链路状态的方式通告给 OSPF 路由设备。如果注入的路由是一个连续的地址空间，自治域边界路由器可以只通告一条汇总路由，从而大大减小路由表的规模。

配置 OSPF 外部路由汇总的命令如下：

```
                              外部路由汇总命令              不公布该汇总路由
ruijie(config-router)# summary-address ip-address net-mask [not-advertise]
  设备名称为ruijie                    汇总地址及子网掩码
  处于路由配置模式
```

其中，*ip-address* 为汇总后的 IP 地址；*net-mask* 为汇总后的网络掩码；not-advertise 为不公告该汇总路由，若未配置则为公告。在默认情况下，没有配置路由汇总。使用该命令的 no 选项可以删除路由汇总的定义。

示例：产生一条外部汇总路由 100.100.0.0/16，代码如下。

```
ruijie(config)#router ospf 1
ruijie(config-router)#summary-address 100.100.0.0 255.255.0.0
ruijie(config-router)#redistribute static subnets
ruijie(config-router)#network 200.2.2.0 0.0.0.255 area 1
ruijie(config-router)#network 172.16.24.0 0.0.0.255 area 0
```

示例：在某网络中，OSPF 区域 1 包含路由器 RA 和路由器 RB，OSPF 区域 0 包含路由器 RB 和路由器 RC。RB 作为 ABR；RC、RD 启用了 RIP，RC 作为 ASBR。RA 中有 172.16.10.0、172.16.11.0、172.16.12.0 三个子网，可以在 RB 上通过 OSPF 区域间路由汇总将区域 1 的三条路由条目汇总成一条路由通告到区域 0 中；RD 有 10.10.10.0、10.10.11.0、10.10.12.0 三个子网，可以在 RC 上通过 OSPF 外部路由汇总将 RIP 的三条路由汇总成一条路由通告到 OSPF 中，如图 5.22 所示。

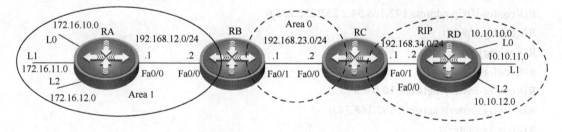

图 5.22 OSPF 外部路由汇总

RA 及 RB 的配置与图 5.21 中的 R1 及 R2 的配置相同，此处不再赘述。
RC 的配置代码如下。

```
RC#configure terminal
RC(config)#interface fastethernet 0/0
RC(config-if)#ip address 192.168.23.2 255.255.255.0
RC(config-if)#exit
RC(config)#interface fastethernet 0/1
RC(config-if)#ip address 192.168.34.1 255.255.255.0
RC(config-if)#exit
```

```
RC(config)#router ospf 1
RC(config-router)#network 192.168.23.0 0.0.0.255 area 0
RC(config-router)#redistribute connected
RC(config-router)#redistribute rip metric 50 subnets
RC(config-router)#summary-address 10.10.10.0 255.255.248.0
RC(config-router)#exit
RC(config)#router rip
RC(config-router)#version 2
RC(config-router)#network 192.168.34.0
RC(config-router)#no auto-summary
RC(config-router)#redistribute connected
RC(config-router)#redistribute ospf metric 1
RC(config-router)#
```

RD 的配置代码如下。

```
RD#configure terminal
RD(config)#interface loop0
RD(config-if)#ip address 10.10.10.1 255.255.248.0
RD(config-if)#exit
RD(config)#interface loop1
RD(config-if)#ip address 10.10.11.1 255.255.248.0
RD(config-if)#exit
RD(config)#interface loop2
RD(config-if)#ip address 10.10.12.1 255.255.248.0
RD(config-if)#exit
RD(config)#interface fastethernet 0/0
RD(config-if)#ip address 192.168.34.2 255.255.255.0
RD(config-if)#exit
RD(config)#router rip
RD(config)#version 2
RD(config-router)#network 10.0.0.0
RD(config-router)#network 192.168.34.0
RD(config-router)#
```

2. OSPF 验证

OSPF 协议同 RIP 一样，也可以利用验证功能验证邻居路由器的身份，避免路由信息外泄。OSPF 验证身份的步骤如下。

第 1 步：定义 OSPF 验证方式。

OSPF 的验证方式既可以在区域内设置也可以在相应的接口设置。如果在区域内设置了某种验证方式，那么该区域内的所有路由器接口都需要进行验证，验证通过的接口才能传递 OSPF 链路状态信息。如果只需要在某接口进行身份验证，则可以采用接口身份验证方式，只在此接口进行身份验证。

（1）定义接口的 OSPF 验证方式的命令如下：

项目 5　OSPF 协议与高级配置　83

　　　　　　　　　　接口验证命令　　　　　　　　　　取消验证
ruijie(config-if)# ip ospf authentication *[message-digest | null]*
　　　设备名称为ruijie　　　　　　　　MD5验证方式
　　　处于接口配置模式

其中，*message-digest* 表示在该接口进行 MD5 验证；*null* 表示在该接口取消验证。在默认情况下，接口没有设置验证方式，此时接口采用的是所在区域的验证方式。使用该命令的 no 选项可以将验证方式恢复为默认验证方式，如 ruijie(config-if)# no ip ospf authentication。

　　示例：在某网络中，设置路由器 Fa0/0 接口的 OSPF 验证方式为 MD5 验证，代码如下。

ruijie(config)#interface fastethernet 0/0
ruijie(config-if)#ip address 172.16.1.1 255.255.255.0
ruijie(config-if)#ip ospf authentication message-digest

　　示例：将路由器 Fa0/0 接口的 OSPF 验证方式恢复为默认验证方式，代码如下。

ruijie(config)#interface fastethernet 0/0
ruijie(config-if)#ip address 172.16.1.1 255.255.255.0
ruijie(config-if)#no ip ospf authentication

如果定义接口的 OSPF 验证方式的命令后面不跟任何选项表示进行明文验证。当接口的验证方式与接口所在区域的验证方式都进行了设置时，优先采用接口的验证方式。

（2）设置 OSPF 区域验证方式的命令如下：
　　　　　　　　　　　定义区域　　　　　　　　　　MD5验证方式
ruijie(config-router)#area *area-id* **authentication** *[message-digest]*
　　　　设备名称为ruijie　　　　　　　验证命令
　　　　处于路由配置模式

其中，*area-id* 指定要启用 OSPF 验证的区域号；*message-digest* 表示采用 MD5 验证方式；在没有使用 message-digest 选项时，表示采用明文验证方式。在默认情况下，OSPF 区域没有开启验证。使用该命令的 no 选项可以关闭 OSPF 区域验证，如 ruijie(config-rotuer)# no area area-id authentication。

　　示例：在某网络中，设置 OSPF 路由进程的区域 0（骨干区域）的验证方式为 MD5 验证，验证密码为 key123，具体代码如下。

ruijie(config)#interface FastEthernet 0/0
ruijie(config-if)#ip address 192.168.12.1 255.255.255.0
ruijie(config-if)#ip ospf message-digest-key 1 md5 key123
ruijie(config)#router ospf 1
ruijie(config-router)#network 192.168.12.0 0.0.0.255 area 0
ruijie(config-router)#area 0 authentication message-digest

　　示例：在某网络中，设置 OSPF 路由进程的区域 0（骨干区域）的验证方式为明文验证，验证密码为 key123，具体代码如下。

ruijie(config)#interface FastEthernet 0/0
ruijie(config-if)#ip address 192.168.12.1 255.255.255.0
ruijie(config-if)#ip ospf authentication-key key123
ruijie(config)#router ospf 1
ruijie(config-router)#network 192.168.12.0 0.0.0.255 area 0

ruijie(config-router)#area 0 authentication

示例：取消已经设置的区域 0 的 MD5 验证方式，代码如下。

ruijie(config)#router ospf 1
ruijie(config-router)#network 192.168.12.0 0.0.0.255 area 0
ruijie(config-router)#no area 0 authentication

第 2 步：定义 OSPF 验证密码。

OSPF 协议同 RIP 一样，验证密码设置也分为明文验证和密文验证，分别描述如下。

（1）明文验证密码。OSPF 明文验证就是将验证密码以明文方式直接插入 OSPF 报文头中发送给邻居路由器。若密码不一致，两台直接相连的设备不能建立 OSPF 邻居关系，也不能进行路由信息的交换。不同接口可以配置不一样的密码，但所有连接在同一物理链路中的路由设备，必须配置一样的密码。

配置接口明文验证密码的命令如下：

设置接口验证密码命令

ruijie(config-if)# ip ospf authentication-key *key*

设备名称为 ruijie
处于接口配置模式

验证密码字符串

其中，*key* 为密码字符串，最多可以由 8 个字母或数字组成。在默认情况下，没有配置明文验证密码。使用该命令的 no 选项可以删除已配置的明文验证密码，如 ruijie(config-if)# no ip ospf authentication-key。

示例：在某网络中，设置路由器 Fa0/0 接口的 OSPF 明文验证密码为 key123，代码如下。

ruijie(config)#interface fastethernet 0/0
ruijie(config-if)#ip address 172.16.10.1 255.255.255.0
ruijie(config-if)#ip ospf authentication-key key123

示例：删除已经配置路由器 Fa0/0 接口的 OSPF 明文验证密码 key123，代码如下。

ruijie(config)#interface fastethernet 0/0
ruijie(config-if)#ip address 172.16.10.1 255.255.255.0
ruijie(config-if)#no ip ospf authentication-key

（2）密文验证密码。OSPF 密文验证就是将验证密码以密文方式直接插入 OSPF 报头中发送给邻居路由器。若密钥不一致，两台直接相连的设备不能建立 OSPF 邻居关系，也不能进行路由信息的交换。不同接口可以配置不一样的密码，但所有连接在同一物理链路中的路由设备，必须配置一样的密码。邻居路由设备相同的密码标志对应的密码必须一样。

配置接口密文验证密码的命令如下：

设置接口密文验证密码命令　　　　　密码字符串

ruijie(config-if)#ip ospf message-digest-key *key-id* **md5** *key*

设备名称为 ruijie　　　　　　　密码标志符
处于接口配置模式

其中，*key-id* 为密码标志符，从 1 到 255；*key* 为密码字符串，最多可以由 16 个字母或数字组成。在默认情况下，没有配置密文验证密码。使用该命令的 no 选项可以删除已配置的 OSPF 报文的密文验证密码，如 ruijie(config-if)# no ip ospf message-digest-key。

密文验证密码的修改遵循先加后删除的原则。在增加一台路由设备的 OSPF 的密文验证密码时，由于该路由设备会认为其他路由设备还没有使用新的密码，因此会分别用不同的密码发送多份 OSPF 报文，直到确认邻居路由设备已经配置了新的密码。待所有路由设备配置了新的密码后，就可以删除旧的密码了。

示例：在某网络中，在路由器 Fa0/0 接口增加了一个新的 OSPF 验证密码，密码号为 5，密码为 hello5，具体代码如下。

```
ruijie(config)#interface FastEthernet 0/0
ruijie(config-if)#ip address 172.16.24.2 255.255.255.0
ruijie(config-if)#ip ospf authentication message-digest
ruijie(config-if)#ip ospf message-digest-key 10 md5 hello10
ruijie(config-if)#ip ospf message-digest-key 5 md5 hello5
```

当所有的邻居路由设备都增加了新的密码后，全部路由设备都需要删除旧的密码，代码如下。

```
ruijie(config)#interface FastEthernet 0/0
ruijie(config-if)#no ip ospf message-digest-key 10 md5 hello10
```

▶ 3. 配置 OSPF 默认路由

ABR 能够自动对末节区域、绝对末节区域、次末节区域生成一条默认路由并通告到相应区域。但是对于标准区域，路由器是不会自动生成默认路由信息的。如果要让 ASBR 自动生成一条默认路由信息并通告至标准区域，必须执行如下命令：

ruijie(config-router)# default-information originate [always] [metric *metric-value*] [metric-type *type-value*]

（*定义默认路由命令*；*无条件地通告默认路由*；*设置度量值*；*设置外部度量值类型*；*设备名称为ruijie 处于路由配置模式*）

其中，always 表示无论本地路由器是否存在默认路由都通告默认路由信息；*metric-value* 为指定默认路由的度量值，默认值为 1；*type-value* 为指定外部路由度量值的类型（E1 或 E2），默认类型为 E2。可以在该命令中附加[route-map map-name]以通过路由图限制条件。在默认情况下，标准 OSPF 区域内不产生默认路由。使用该命令的 no 选项可以关闭配置的默认路由，如 ruijie(config-router)# no default-information originate always metric 40。

示例：在某网络中，要求 OSPF 自治系统边界路由器产生一条外部默认路由，并将该路由注入 OSPF 标准路由域中，类型设置为 1，量度值设置为 50，具体代码如下。

```
ruijie(config)#router ospf 1
ruijie(config-router)#network 172.16.24.0 0.0.0.255 area 0
ruijie(config-router)#default-information originate always metric 50 metric-type 1
```

5.3 扩展知识

▶ 1. OSPF 特殊区域

OSPF 有两种区域：骨干区域和非骨干区域。OSPF 要求所有非骨干区域要与骨干区域连接。除了这两种类型的区域，OSPF 还包括如下特殊区域。

末节区域（Stub Area）：该区域中不包含 ASBR，并且不会接收外部路由信息（5 类 LSA）。对于末节区域，如果要到达外部自治系统，需要使用到达末节区域的 ABR 的默认路由。末节区域的优点是可以减小 LSDB 和路由表的规模。

绝对末节区域（Totally Stubby Area）：该区域对 LSA 进入的限制更加严格。绝对末节区域不接收外部路由信息（5 类 LSA）和路由汇总信息（3 类 LSA、4 类 LSA）。绝对末节区域的优点是可以最小化 LSDB 和路由表的规模。

次末节区域（Not-So-Stubby Area，NSSA）：该区域融合了末节区域和绝对末节区域的优点。次末节区域中可以包含 ASBR，即可以存在外部路由，但外部路由在次末节区域中是以一种特殊的 LSA 类型（7 类 LSA）进行通告的。

这三种末节区域的共同目的是将默认路由注入区域中，防止外部 LSA 和汇总 LSA 扩散到区域中。末节区域和绝对末节区域都不接收外部路由，这两种区域具有以下特征。

第一，只有一个出口或有多个出口，但不要求选择最佳路径。

第二，必须将末节区域中所有的 OSPF 协议路由器都配置为末节路由器。

第三，区域不会被用作虚拟链路的过渡区域。

第四，不是骨干区域（Area 0）。

（1）末节区域及其应用。当一个区域为 OSPF 路由域的末节区域时，则该区域不作为过渡区域，也不会向 OSPF 路由域注入外部路由。末节区域设备只能学到三种路由：末节区域内部路由、其他区域路由、末节区域边界路由器通告的默认路由，如图 5.23 所示。由于没有大量的外部路由，末节区域设备的路由表很小，因此末节区域的设备可以为中低端设备，这样可以节约设备的资源。

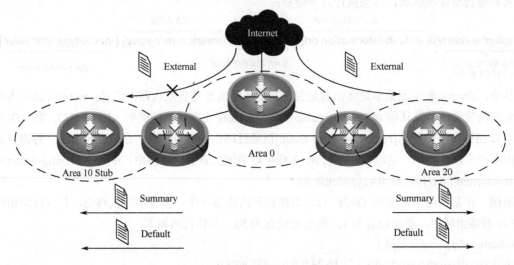

图 5.23 末节区域的 LSA 类型

使用如下命令可以将区域配置为末节区域：

ruijie(config-router)# area *area-id* **stub**

设备名称为 ruijie
处于路由配置模式

定义区域

末节区域

其中，*area-id* 为末节区域的区域号。在默认情况下没有定义末节区域。使用该命令的 no 选项可以删除末节区域定义，如 ruijie(config-router)#no area 10 stub 用于删除区域 10 的末节区域定义。在配置完该命令后，ABR 会为末节区域生成一条默认路由，并通告到末节区域。

OSPF 末节区域内所有的路由设备都必须执行 area stub 命令。ABR 只向末节区域发送区域内路由、区域间路由及由 ABR 产生的默认路由。

示例：在如图 5.24 所示的网络中，路由器 RA 中有 4 个子网，分别是 192.168.1.0、192.168.2.0、192.168.3.0、192.168.4.0，4 台路由器都启用 OSPF 协议，将区域 20 配置为末节区域。

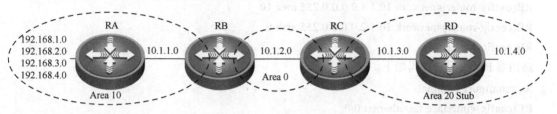

图 5.24 配置末节区域

路由器 RA 的配置代码如下。

```
RA#configure terminal
RA(config)#interface loop0
RA(config-if)#ip address 192.168.1.1 255.255.255.0
RA(config-if)#exit
RA(config)#interface loop1
RA(config-if)#ip address 192.168.2.1 255.255.255.0
RA(config-if)#exit
RA(config)#interface loop2
RA(config-if)#ip address 192.168.3.1 255.255.255.0
RA(config-if)#exit
RA(config)#interface loop3
RA(config-if)#ip address 192.168.4.1 255.255.255.0
RA(config-if)#exit
RA(config)#interface fastethernet 0/0
RA(config-if)#ip address 10.1.1.1 255.255.255.0
RA(config-if)#exit
RA(config)#router ospf 1
RA(config-router)#network 192.168.1.0 0.0.0.255 area 10
RA(config-router)#network 192.168.2.0 0.0.0.255 area 10
RA(config-router)#network 192.168.3.0 0.0.0.255 area 10
RA(config-router)#network 192.168.4.0 0.0.0.255 area 10
RA(config-router)#network 10.1.1.0 0.0.0.255 area 10
RA(config-router)#
```

路由器 RB 的配置代码如下。

```
RB#configure terminal
RB(config)#interface fastethernet 0/0
RB(config-if)#ip address 10.1.1.2 255.255.255.0
```

```
RB(config-if)#exit
RB(config)#interface fastethernet 0/1
RB(config-if)#ip address 10.1.2.1 255.255.255.0
RB(config-if)#exit
RB(config)#router ospf 1
RB(config-router)#network 10.1.1.0 0.0.0.255 area 10
RB(config-router)#network 10.1.2.0 0.0.0.255 area 0
RB(config-router)#
```

路由器 RC 的配置代码如下。

```
RC#configure terminal
RC(config)#interface fastethernet 0/0
RC(config-if)#ip address 10.1.2.2 255.255.255.0
RC(config-if)#exit
RC(config)#interface fastethernet 0/1
RC(config-if)#ip address 10.1.3.1 255.255.255.0
RC(config-if)#exit
RC(config)#router ospf 1
RC(config-router)#network 10.1.2.0 0.0.0.255 area 0
RC(config-router)#network 10.1.3.0 0.0.0.255 area 20
RC(config-router)#area 20 stub
RC(config-router)#
```

路由器 RD 的配置代码如下。

```
RD#configure terminal
RD(config)#interface fastethernet 0/0
RD(config-if)#ip address 10.1.3.2 255.255.255.0
RD(config-if)#exit
RD(config)#interface fastethernet 0/1
RD(config-if)#ip address 10.1.4.1 255.255.255.0
RD(config-if)#exit
RD(config)#router ospf 1
RD(config-router)#network 10.1.3.0 0.0.0.255 area 20
RD(config-router)#network 10.1.4.0 0.0.0.255 area 20
RD(config-router)#area 20 stub
RD(config-router)#
```

使用 show ip route 命令查看路由器 RD 的路由表，发现 RD 没有学习到外部路由，但是收到了一条默认路由及多条区域间路由。默认路由使用 O *IA 标志，区域间路由使用 O IA 标志。

（2）绝对末节区域及其应用。相比末节区域，绝对末节区域进一步减少了 LSDB 和路由表中的条目，提高了 OSPF 网络的稳定性和可扩展性。ABR 只向绝对末节区域发送区域内路由及由 ABR 产生的默认路由，如图 5.25 所示。

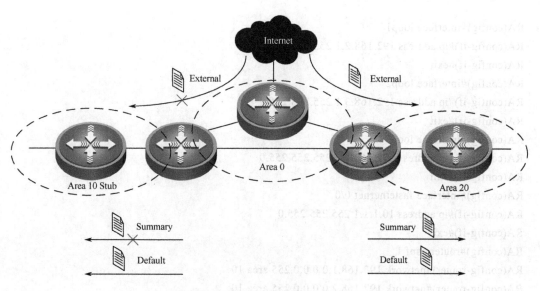

图 5.25 绝对末节区域的 LSA 类型

使用如下命令可以将区域配置为绝对末节区域：

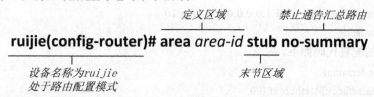

其中，*area-id* 为绝对末节区域的区域号。在默认情况下没有定义绝对末节区域。使用该命令的 no 选项可以删除绝对末节区域定义，如 ruijie(config-router)#no area 10 stub no-summary 用于删除区域 10 的绝对末节区域定义。在配置完该命令后，ABR 会为绝对末节区域生成一条默认路由，并通告到绝对末节区域。

在配置绝对末节区域时，只需要 ABR 执行 area stub no-summary 命令，其他路由器执行不带 no-summary 参数的 area stub 命令。

示例：在如图 5.26 所示的网络中，路由器 RA 中有 4 个子网，分别是 192.168.1.0、192.168.2.0、192.168.3.0、192.168.4.0，4 台路由器均启动 OSPF，将区域 20 配置为绝对末节区域。

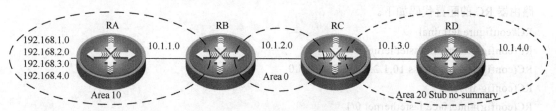

图 5.26 配置绝对末节区域

路由器 RA 的配置代码如下。

```
RA#configure terminal
RA(config)#interface loop0
RA(config-if)#ip address 192.168.1.1 255.255.255.0
RA(config-if)#exit
```

```
RA(config)#interface loop1
RA(config-if)#ip address 192.168.2.1 255.255.255.0
RA(config-if)#exit
RA(config)#interface loop2
RA(config-if)#ip address 192.168.3.1 255.255.255.0
RA(config-if)#exit
RA(config)#interface loop3
RA(config-if)#ip address 192.168.4.1 255.255.255.0
RA(config-if)#exit
RA(config)#interface fastethernet 0/0
RA(config-if)#ip address 10.1.1.1 255.255.255.0
RA(config-if)#exit
RA(config)#router ospf 1
RA(config-router)#network 192.168.1.0 0.0.0.255 area 10
RA(config-router)#network 192.168.2.0 0.0.0.255 area 10
RA(config-router)#network 192.168.3.0 0.0.0.255 area 10
RA(config-router)#network 192.168.4.0 0.0.0.255 area 10
RA(config-router)#network 10.1.1.0 0.0.0.255 area 10
RA(config-router)#
```

路由器 RB 的配置代码如下。

```
RB#configure terminal
RB(config)#interface fastethernet 0/0
RB(config-if)#ip address 10.1.1.2 255.255.255.0
RB(config-if)#exit
RB(config)#interface fastethernet 0/1
RB(config-if)#ip address 10.1.2.1 255.255.255.0
RB(config-if)#exit
RB(config)#router ospf 1
RB(config-router)#network 10.1.1.0 0.0.0.255 area 10
RB(config-router)#network 10.1.2.0 0.0.0.255 area 0
RB(config-router)#
```

路由器 RC 的配置代码如下。

```
RC#configure terminal
RC(config)#interface fastethernet 0/0
RC(config-if)#ip address 10.1.2.2 255.255.255.0
RC(config-if)#exit
RC(config)#interface fastethernet 0/1
RC(config-if)#ip address 10.1.3.1 255.255.255.0
RC(config-if)#exit
RC(config)#router ospf 1
RC(config-router)#network 10.1.2.0 0.0.0.255 area 0
RC(config-router)#network 10.1.3.0 0.0.0.255 area 20
RC(config-router)#area 20 stub no-summary
```

RC(config-router)#

路由器 RD 的配置代码如下。

```
RD#configure terminal
RD(config)#interface fastethernet 0/0
RD(config-if)#ip address 10.1.3.2 255.255.255.0
RD(config-if)#exit
RD(config)#interface fastethernet 0/1
RD(config-if)#ip address 10.1.4.1 255.255.255.0
RD(config-if)#exit
RD(config)#router ospf 1
RD(config-router)#network 10.1.3.0 0.0.0.255 area 20
RD(config-router)#network 10.1.4.0 0.0.0.255 area 20
RD(config-router)#area 20 stub
RD(config-router)#
```

使用 show ip route 命令查看路由器 RD 的路由表，发现 RD 没有学习到外部路由，但是收到了一条默认路由（默认路由使用 O *IA 标志），没有收到区域间路由。

（3）次末节区域及其应用。次末节区域是对末节区域的扩展，次末节区域也通过阻止外部路由向次末节区域的泛洪来降低设备的资源消耗。但是与末节区域不同的是，次末节区域可以注入一定数量的自治系统外部的路由信息到 OSPF 的路由选择域。

通过重分发，次末节区域允许输入 7 类 LSA 到次末节区域，这些 7 类 LSA 在次末节区域的区域边界设备中将被转换成 5 类 LSA 并且泛洪到整个自治系统，在转换过程中可以实现对外部路由的汇总和过滤，如图 5.27 所示。

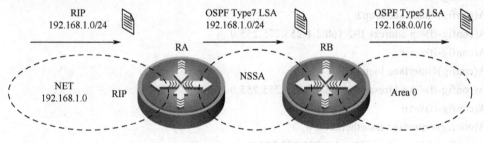

图 5.27 次末节区域

在配置次末节区域时要注意以下几点。
- 骨干区域不能配置为次末节区域，不能将次末节区域作为虚拟链接的传输区域。
- 如果要将一个区域配置成次末节区域，所有连接到次末节区域的设备必须使用 area nssa 命令将该区域配置成次末节区域属性。

在路由配置模式下执行以下命令可以将某个区域配置为次末节区域：

ruijie(config-router)#area *area-id* nssa [no-redistribution] [default-information-originate] [no-summary]

设备名称为 ruijie 处于路由配置模式；定义区域；次末节区域；禁止重分发路由进入次末节区域；产生默认路由；禁止汇总路由进入 NSSA

其中，*area-id* 为次末节区域的区域号；no-redistribution 表示当该路由器是一个次末节区域 ABR 时，如果不需要将重分发的路由信息导入次末节区域，可以使用该选项；default-information-originate

产生默认的 7 类 LSA 并通告次末节区域，该选项只在次末节 ABR 或 ASBR 上有效；no-summary 表示阻止次末节的边界路由设备（ABR）发送 4 类 LSA 和 4 类 LSA 进入次末节区域。在默认情况下，路由设备没有定义次末节区域。使用该命令的 no 选项可以删除次末节区域或次末节区域的配置，如 ruijie(config-router)# no area 10 nssa no-summary 用于删除区域 10 的次末节区域属性。

示例：在某网络中，将区域 10 配置为次末节区域，并通过路由器 RB 导入路由器 RA 的 RIP 路由信息。在路由器 RC 上配置次末节区域的 no-summary 功能，禁止外部路由和汇总路由进入次末节区域，并向次末节区域通告一条默认路由信息，如图 5.28 所示。

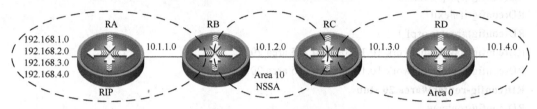

图 5.28　配置次末节区域

路由器 RA 的配置代码如下。

```
RA#configure terminal
RA(config)#interface loop0
RA(config-if)#ip address 192.168.1.1 255.255.255.0
RA(config-if)#exit
RA(config)#interface loop1
RA(config-if)#ip address 192.168.2.1 255.255.255.0
RA(config-if)#exit
RA(config)#interface loop2
RA(config-if)#ip address 192.168.3.1 255.255.255.0
RA(config-if)#exit
RA(config)#interface loop3
RA(config-if)#ip address 192.168.4.1 255.255.255.0
RA(config-if)#exit
RA(config)#interface fastethernet 0/0
RA(config-if)#ip address 10.1.1.1 255.255.255.0
RA(config-if)#exit
RA(config)#router rip
RA(config-router)#version 2
RA(config-router)#network 192.168.1.0
RA(config-router)#network 192.168.2.0
RA(config-router)#network 192.168.3.0
RA(config-router)#network 192.168.4.0
RA(config-router)#network 10.0.0.0
RA(config-router)#no auto-summary
RA(config-router)#
```

路由器 RB 的配置代码如下。

```
RB#configure terminal
```

```
RB(config)#interface fastethernet 0/0
RB(config-if)#ip address 10.1.1.2 255.255.255.0
RB(config-if)#exit
RB(config)#interface fastethernet 0/1
RB(config-if)#ip address 10.1.2.1 255.255.255.0
RB(config-if)#exit
RB(config)#router rip
RB(config-router)#version 2
RB(config-router)#network 10.0.0.0
RB(config-router)#no auto-summary
RB(config-router)#redistribute connected
RB(config-router)#redistribute ospf 10 metric 1
RB(config-router)#exit
RB(config)#router ospf 10
RB(config-router)#network 10.1.2.0 0.0.0.255 area 10
RB(config-router)#redistribute connected
RB(config-router)#redistribute rip metric 50 subnets
RB(config-router)#area 10 nssa
RB(config-router)#default-metric 50
RB(config-router)#
```

路由器 RC 的配置代码如下。

```
RC#configure terminal
RC(config)#interface fastethernet 0/0
RC(config-if)#ip address 10.1.2.2 255.255.255.0
RC(config-if)#exit
RC(config)#interface fastethernet 0/1
RC(config-if)#ip address 10.1.3.1 255.255.255.0
RC(config-if)#exit
RC(config)#router ospf 1
RC(config-router)#network 10.1.2.0 0.0.0.255 area 10
RC(config-router)#network 10.1.3.0 0.0.0.255 area 0
RC(config-router)#area 10 nssa no-summary
RC(config-router)#
```

路由器 RD 的配置代码如下。

```
RD#configure terminal
RD(config)#interface fastethernet 0/0
RD(config-if)#ip address 10.1.3.2 255.255.255.0
RD(config-if)#exit
RD(config)#interface fastethernet 0/1
RD(config-if)#ip address 10.1.4.1 255.255.255.0
RD(config-if)#exit
RD(config)#router ospf 1
RD(config-router)#network 10.1.3.0 0.0.0.255 area 0
```

RD(config-router)#network 10.1.4.0 0.0.0.255 area 0
RD(config-router)#

2. OSPF 虚拟链路及其应用

在 OSPF 路由域中，要求非骨干区域必须与骨干区域相连，非骨干区域之间通过骨干区域交换路由更新报文。

如果骨干区域内的连接断开，则不能实现骨干区域内的直接连接，此时可以在 ABR 之间建立虚拟链路将骨干区域接续起来，否则网络通信会出现问题，如图 5.29 所示。

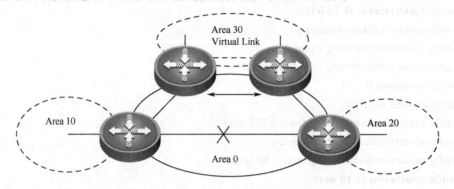

图 5.29　骨干区域内断接

如果由于网络拓扑结构的限制无法保证非骨干区域直接通过物理连接与骨干区域相连，也可以建立虚拟链路实现与骨干区域的逻辑连接，如图 5.30 所示。

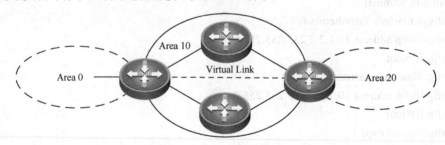

图 5.30　非骨干区域断接

虚拟链路需要在两个 ABR 之间创建，两个 ABR 共同所属的区域成为过渡区域。末节区域和次末节区域是不能作为过渡区域的。虚拟链路可以看作两台 ABR 之间通过传输区域建立的一条逻辑上的连接通道，它的两端必须是 ABR，而且必须在两端同时配置方可生效。虚拟链路使用对端设备的路由器 ID 来标志。

使用如下命令创建虚拟链路：

ruijie(config-router)#area *area-id* **virtual-link** *router-id*

设备名称为 *ruijie*　　　　　　　　　　　设置虚拟链路另一端路由器 ID
处于路由配置模式

其中，*area-id* 为过渡区域号，区域号可以是十进制整数，也可以是 IP 地址；*router-id* 为虚拟链路另一端路由器的路由器 ID。使用该命令的 no 选项可以删除已定义的虚拟链路，如 ruijie(config-router)#no area 10 virtual-link 1.1.1.1 用于删除区域 10 中路由器 ID 为 1.1.1.1 的虚拟链路。

示例：在某公司网络中，由于地理位置原因，区域 10 不能与区域 0 直接进行物理连接，需要经过区域 20 连接到骨干区域 0。因此，需要在区域 20 中的两台 ABR 之间创建一条虚拟链路，在路由器 RB 上指定 RC 的路由器 ID，在路由器 RC 上指定 RB 的路由器 ID，如图 5.31 所示。

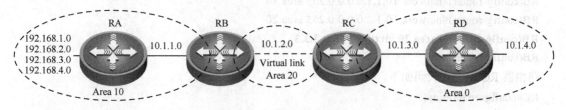

图 5.31 配置虚拟链路

路由器 RA 的配置代码如下。

```
RA#configure terminal
RA(config)#interface loop0
RA(config-if)#ip address 192.168.1.1 255.255.255.0
RA(config-if)#exit
RA(config)#interface loop1
RA(config-if)#ip address 192.168.2.1 255.255.255.0
RA(config-if)#exit
RA(config)#interface loop2
RA(config-if)#ip address 192.168.3.1 255.255.255.0
RA(config-if)#exit
RA(config)#interface loop3
RA(config-if)#ip address 192.168.4.1 255.255.255.0
RA(config-if)#exit
RA(config)#interface fastethernet 0/0
RA(config-if)#ip address 10.1.1.1 255.255.255.0
RA(config-if)#exit
RA(config)#router ospf 1
RA(config-router)#router-id 1.1.1.1
RA(config-router)#network 192.168.1.0 0.0.0.255 area 10
RA(config-router)#network 192.168.2.0 0.0.0.255 area 10
RA(config-router)#network 192.168.3.0 0.0.0.255 area 10
RA(config-router)#network 192.168.4.0 0.0.0.255 area 10
RA(config-router)#network 10.1.1.0 0.0.0.255 area 10
RA(config-router)#
```

路由器 RB 的配置代码如下。

```
RB#configure terminal
RB(config)#interface fastethernet 0/0
RB(config-if)#ip address 10.1.1.2 255.255.255.0
RB(config-if)#exit
RB(config)#interface fastethernet 0/1
```

```
RB(config-if)#ip address 10.1.2.1 255.255.255.0
RB(config-if)#exit
RB(config)#router ospf 1
RB(config-router)#router-id 2.2.2.2
RB(config-router)#network 10.1.1.0 0.0.0.255 area 10
RB(config-router)#network 10.1.2.0 0.0.0.255 area 20
RB(config-router)#area 20 virtual-link 3.3.3.3
RB(config-router)#
```

路由器 RC 的配置代码如下。

```
RC#configure terminal
RC(config)#interface fastethernet 0/0
RC(config-if)#ip address 10.1.2.2 255.255.255.0
RC(config-if)#exit
RC(config)#interface fastethernet 0/1
RC(config-if)#ip address 10.1.3.1 255.255.255.0
RC(config-if)#exit
RC(config)#router ospf 1
RC(config-router)#router-id 3.3.3.3
RC(config-router)#network 10.1.2.0 0.0.0.255 area 20
RC(config-router)#network 10.1.3.0 0.0.0.255 area 0
RC(config-router)#area 20 virtual-link 2.2.2.2
RC(config-router)#
```

路由器 RD 的配置代码如下。

```
RD#configure terminal
RD(config)#interface fastethernet 0/0
RD(config-if)#ip address 10.1.3.2 255.255.255.0
RD(config-if)#exit
RD(config)#interface fastethernet 0/1
RD(config-if)#ip address 10.1.4.1 255.255.255.0
RD(config-if)#exit
RD(config)#router ospf 1
RD(config-router)#router-id 4.4.4.4
RD(config-router)#network 10.1.3.0 0.0.0.255 area 0
RD(config-router)#network 10.1.4.0 0.0.0.255 area 0
RD(config-router)#
```

5.4 演示实例

1. 任务描述

在某网络中，区域 1 包含路由器 RA 和路由器 RB，区域 0 包含路由器 RB 和路由器 RC，RB 为区域边界路由器。路由器 RA 中有 172.16.10.0、172.16.11.0、172.16.12.0 三个子网，可以在路由器 RB 上通过路由汇总将区域 1 中的三条路由汇总成一条路由通告到区域 0 中，如图 5.32 所示。

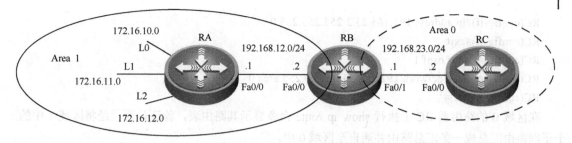

图 5.32　区域间路由汇总

2. 操作提示

路由器 RA 的配置代码如下。

```
RA(config)#interface loop0
RA(config-if)#ip address 172.16.10.1 255.255.255.0
RA(config-if)#exit
RA(config)#interface loop1
RA(config-if)#ip address 172.16.11.1 255.255.255.0
RA(config-if)#exit
RA(config)#interface loop2
RA(config-if)#ip address 172.16.12.1 255.255.255.0
RA(config-if)#exit
RA(config)#interface fastethernet 0/0
RA(config-if)#ip address 192.168.12.1 255.255.255.0
RA(config-if)#exit
RA(config)#router ospf 1
RA(config-router)#network 172.16.10.0 0.0.0.255 area 1
RA(config-router)#network 172.16.11.0 0.0.0.255 area 1
RA(config-router)#network 172.16.12.0 0.0.0.255 area 1
RA(config-router)#network 192.168.12.0 0.0.0.255 area 1
RA(config-router)#
```

路由器 RB 的配置代码如下。

```
RB(config)#interface fastethernet 0/0
RB(config-if)#ip address 192.168.12.2 255.255.255.0
RB(config-if)#exit
RB(config)#interface fastethernet 0/1
RB(config-if)#ip address 192.168.23.1 255.255.255.0
RB(config-if)#exit
RB(config)#router ospf 1
RB(config-router)#network 192.168.23.0 0.0.0.255 area 0
RB(config-router)#network 192.168.12.0 0.0.0.255 area 1
RB(config-router)#area 1 range 172.16.0.0 255.255.240.0
RB(config-router)#
```

路由器 RC 的配置代码如下。

```
RC(config)#interface fastethernet 0/0
```

```
RC(config-if)#ip address 192.168.23.2 255.255.255.0
RC(config-if)#exit
RC(config)#router ospf 1
RC(config-router)#network 192.168.23.0 0.0.0.255 area 0
RC(config-router)#
```

在区域 0 的路由器 RC 上执行 show ip route 命令显示其路由表，验证是否已经将区域 1 中的三个子网路由汇总成一条汇总路由并通告至区域 0 中。

5.5 训练任务

▶ 1. 背景描述

在某网络中运行 OSPF 协议，为了保证网络中路由信息交换的安全性，需要控制网络中的路由更新只在可信任的路由器之间进行，如图 5.33 所示。

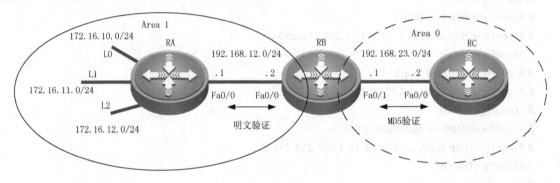

图 5.33 OSPF 路由验证

路由器 RA 与路由器 RB 之间采用明文验证方式，路由器 RB 与路由器 RC 之间采用 MD5 验证方式。

▶ 2. 操作提示

RA 的明文验证密码为 key。RA 的配置代码如下。

```
RA(config)#interface loop0
RA(config-if)#ip address 172.16.10.1 255.255.255.0
RA(config-if)#exit
RA(config)#interface loop1
RA(config-if)#ip address 172.16.11.1 255.255.255.0
RA(config-if)#exit
RA(config)#interface loop2
RA(config-if)#ip address 172.16.12.1 255.255.255.0
RA(config-if)#exit
RA(config)#interface fastethernet 0/0
RA(config-if)#ip address 192.168.12.1 255.255.255.0
RA(config-if)#ip ospf authenticaion
RA(config-if)#ip ospf authentication-key key123
```

```
RA(config-if)#exit
RA(config)#router ospf 1
RA(config-router)#network 172.16.10.0 0.0.15.255 area 1
RA(config-router)#network 172.16.11.0 0.0.15.255 area 1
RA(config-router)#network 172.16.12.0 0.0.15.255 area 1
RA(config-router)#network 192.168.12.0 0.0.0.255 area 1
RA(config-router)#
```

RB 的配置代码如下。

```
RB(config)#interface fastethernet 0/0
RB(config-if)#ip address 192.168.12.2 255.255.255.0
RB(config-if)#ip ospf authenticaion
RB(config-if)#ip ospf authentication-key key123
RB(config-if)#exit
RB(config)#interface fastethernet 0/1
RB(config-if)#ip address 192.168.23.1 255.255.255.0
RB(config-if)#ip ospf authentication message-digest
RB(config-if)#ip ospf message-digest-key 1 md5 key567
RB(config-if)#exit
RB(config)#router ospf 1
RB(config-router)#network 192.168.23.0 0.0.0.255 area 0
RB(config-router)#network 192.168.12.0 0.0.0.255 area 1
RB(config-router)#area 1 range 172.16.0.0 255.255.240.0
RB(config-router)#
```

路由器 RC 的配置代码如下。

```
RC(config)#interface fastethernet 0/0
RC(config-if)#ip address 192.168.23.2 255.255.255.0
RC(config-if)#ip ospf authentication message-digest
RC(config-if)#ip ospf message-digest-key 1 md5 key567
RC(config-if)#exit
RC(config)#router ospf 1
RC(config-router)#network 192.168.23.0 0.0.0.255 area 0
RC(config-router)#
```

在修改完密码后，使用 show ip ospf neighbor 命令查看邻居路由器状态，验证 OSPF 验证效果。

练习题

1. 选择题

（1）下面对 OSPF 协议的描述错误的是（   ）。

    A．OSPF 协议是一种链路状态路由选择协议，是内部网关协议之一

    B．OSPF 协议将自己的路由表发送给相邻路由器

    C．OSPF 协议只有当网络链路状态发生变化时，才发送更新报文

    D．OSPF 协议是分区的路由协议

(2) 下面关于 OSPF 协议优点的描述错误的是（　　）。
　　A．由于划分区域，每个区域内的路由器数量减少，因此路由信息流量也减少了
　　B．由于区域内链路减少了，因此链路状态数据库数据量也减少了
　　C．同一区域中的每台路由器都仅为该区域计算其 SPF 树，路由表减小了
　　D．每台路由器的 LSA 报文都在整个 OSPF 区域内传播，更新报文数量更大了
(3) 下面不属于 OSPF 协议分组的是（　　）。
　　A．问候分组
　　B．数据库描述分组
　　C．链路故障分组
　　D．链路状态更新分组
(4) 在下图所示网络中，根据路由器所处位置，确定路由器角色，R3 是（　　）。

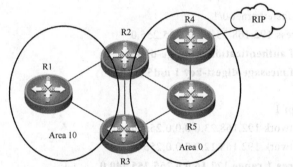

　　A．区域内路由器　B．区域边界路由器　　C．骨干路由器　　D．自治系统边界路由器
(5) 在下图所示网络中，根据路由器所处位置，确定路由器角色，R4 是（　　）。

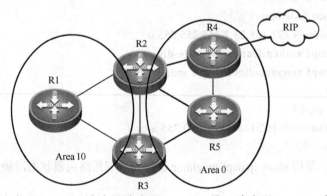

　　A．区域内路由器　B．区域边界路由器　　C．骨干路由器　　D．自治系统边界路由器

2．简答题

(1) 简述 OSPF 协议工作过程。
(2) 说明 OSPF 协议路由器的类型有哪些。
(3) 说明 OSPF 协议将自治系统划分为不同区域的优点是什么。

项目 6　路由选择控制与过滤

利用前面所学知识，能够配置动态路由协议，使网络中的路由器学习到其他网段路由。但是，考虑到网络安全问题，往往需要对动态路由更新信息加以限制。限制路由更新信息的方法有很多，包括被动接口技术、分发列表技术及调整 AD 值技术等。本项目介绍被动接口、分发列表及调整 AD 值等相关知识及配置技能。

知识点、技能点

1. 了解路由器被动接口、分发列表及调整 AD 值的功能及应用。
2. 掌握路由器被动接口、分发列表及调整 AD 值的配置方法。
3. 掌握网络工程调试方法及技能。

6.1　问题提出

在网络应用中，为了防止其他路由器动态地学习到设备路由信息，需要禁止路由器接口对外发布路由更新信息或过滤路由信息，可以使用路由器被动接口技术、分发列表技术及调整 AD 值技术实现这种目的。

6.2　相关知识

6.2.1　被动接口

1. 被动接口概述

为了防止其他路由器动态地学习到本路由器的路由信息，可以配置本路由器的接口为被动接口（Passive-Interface），以禁止路由更新报文从该路由器接口发送出去。因为没有路由更新报文从路由器被动接口发送出去，所以该接口所连接的其他路由器学习不到该路由器的路由信息，这种特性可以应用于所有 IGP 路由协议。

被动接口将阻止通过该接口发送指定协议的路由更新信息。被动接口不参与路由信息交换进程，在 OSPF 路由域中，如果路由器接口配置为被动接口，该接口在 OSPF 路由域中就表现为孤立网络，而且该接口将不发送更新路由信息也不接收更新路由信息。实际上，配置为被动接口的路由器接口将不发送 OSPF 的问候报文，因此该接口没有邻居路由器，也不交换路由信息。

当 RIP 路由器接口配置为被动接口后，不发送路由更新报文，但是还可以接收路由更新报文，而且 RIP 可以通过定义邻居的方式只向指定的邻居路由器发送更新报文。

2. 配置被动接口

（1）设置被动接口命令。路由器配置命令 passive-interface type number [default] 用于禁止通过指

定的路由器接口发送路由更新报文，该命令可用于将特定接口设置为被动状态，也可以将所有路由器接口设置为被动状态，使用该命令的 default 选项可以将所有路由器接口设置为被动接口。路由器接口配置命令如下：

默认情况下所有接口为被动接口

ruijie(config-router)# passive-interface {*default* | *interface-type interface-num*}

设备名称为 ruijie　　　　　　　　　　　　　　接口类型及编号
处于路由配置模式

其中，*default* 表示将路由器所有接口默认状态设置为被动状态；*interface-type* 表示指定被动接口类型；*interface-num* 表示指定被动接口编号。在默认情况下，接口处于非被动状态。使用该命令的 no 选项可以重新启用发送更新报文的功能，如 ruijie(config-router)#no passive-interface Fastethernet 0/0 命令用于将 Fa0/0 接口状态恢复为默认状态，即非被动状态。

示例：将路由器 Fa0/1 接口设置为被动接口，代码如下。

```
ruijie(config)#router rip
ruijie(config-router)#passive-interface fastethernet 0/1
ruijie(config-router)#
```

示例：将路由器所有接口设置为被动接口，然后将 Fa0/0 接口设置为非被动接口，具体代码如下。

```
ruijie(config-router)#passive-interface default
ruijie(config-router)#no passive-interface fastethernet 0/0
```

（2）指定邻居 IP 地址。RIPv1 默认使用 IP 广播地址（255.255.255.255）通告路由信息，RIPv2 默认使用组播地址（224.0.0.9）通告路由信息。如果不希望广播网或非广播多路访问网络中的全部设备都可接收到路由信息，可以用路由进程配置命令将相应接口设置为被动接口，然后只定义某些邻居可以接收到路由信息。该命令不会影响 RIP 报文的接收。设置了 passive 属性的接口在重启后也不会发送请求报文。路由进程配置命令如下：

邻居的IP地址

ruijie(config-router)#neighbor *ip-address*

设备名称为 ruijie
处于路由配置模式

其中，*ip-address* 为邻居的 IP 地址，应该为本地设备直连网络地址。默认没有定义邻居。使用该命令的 no 选项可以删除邻居定义，如 ruijie(config-router)# no neighbor。

示例：路由器 R0 的 Fa0/0 接口连接路由器 R1 和路由器 R2，R1 接口地址为 172.16.1.2/24，R2 接口地址为 172.16.2.2/24，要求 R0 只将路由更新信息发送给 R1，具体代码如下。

```
R0(config)#router rip
R0(config-router)#passive-interface Fastethernet 0/0
R0(config-router)#neighbor 172.16.1.2
```

示例：在如图 6.1 所示的网络中，路由器 RA 的 Fa0/0 接口与三层交换机 SW 的 Fa0/1 接口相连，SW 通过 Fa0/24 接口与服务器相连。SW 及 RA 都启动 RIPv2，路由更新报文从所有网络接口发送，这样所有服务器都会收到路由更新报文，但服务器并不需要路由更新报文。为了减少路由更新报文对服务器的影响，将 SW 的 Fa0/24 接口配置为被动接口。

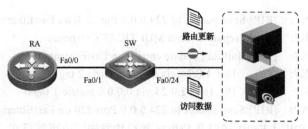

图 6.1 被动接口的应用

设备参数配置如下。

第 1 步：基本配置。配置代码如下。

```
RA(config)#interface interface fastethernet   0/0
RA(config-if)#ip address 192.168.12.1 255.255.255.0
RA(config-if)#no shutdown
RA(config-if)#exit
RA(config)#interface interface loopback 0
RA(config-if)#ip address 10.10.1.1 255.255.255.0
RA(config-if)#no shutdown
RA(config-if)#exit
RA(config)#router rip
RA(config-router)#version 2
RA(config-router)#network 10.0.0.0
RA(config-router)#network 192.168.12.0
RA(config-router)#no auto-summary
RA(config-router)#

SW(config)#interface FastEthernet 0/1
SW(config-if)#no switchport
SW(config-if)#ip address 192.168.12.2 255.255.255.0
SW(config-if)#exit
SW(config)#interface FastEthernet 0/24
SW(config-if)#no switchport
SW(config-if)#ip address 172.16.1.1 255.255.255.0
SW(config-if)#exit
SW(config)#router rip
SW(config-router)#version 2
SW(config-router)#network 172.16.0.0
SW(config-router)#network 192.168.12.0
SW(config-router)#no auto-summary
SW(config-router)#
```

第 2 步：观察 SW 的 Fa0/24 接口发送 RIP 更新报文的情况，具体代码如下。

```
SW#debug ip rip packet send
*Jun   6 23:36:27: %7:    [RIP] Output timer expired to send response
*Jun   6 23:36:27: %7:    [RIP] Prepare to send MULTICAST response…
*Jun   6 23:36:27: %7:    [RIP] Building update entries on FastEthernet 0/1
*Jun   6 23:36:27: %7:              172.16.1.0/24 via 0.0.0.0 metric 1 tag 0
```

```
*Jun  6 23:36:27: %7:    [RIP] Send packet to 224.0.0.9 Port 520 on FastEthernet 0/1
*Jun  6 23:36:27: %7:    [RIP] Prepare to send MULTICAST response...
*Jun  6 23:36:27: %7:    [RIP] Building update entries on FastEthernet 0/24
*Jun  6 23:36:27: %7:           10.1.1.0/24 via 0.0.0.0 metric 2 tag 0
*Jun  6 23:36:27: %7:           192.168.12.0/24 via 0.0.0.0 metric 1 tag 0
*Jun  6 23:36:27: %7:    [RIP] Send packet to 224.0.0.9 Port 520 on FastEthernet 0/24
```

从捕获记录来看，SW 从 Fa0/1 接口及 Fa0/24 接口均发送路由更新报文。

第 3 步：配置被动接口，代码如下。

```
SW(config)#router rip
SW(config-router)#passive-interface FastEthernet 0/24
SW(config-router)#
```

第 4 步：再次观察 SW 的 Fa0/24 接口发送 RIP 更新报文的情况，代码如下。

```
SW#debug ip rip packet send
*Jun  6 23:38:27: %7:    [RIP] Output timer expired to send response
*Jun  6 23:38:27: %7:    [RIP] Prepare to send MULTICAST response...
*Jun  6 23:38:27: %7:    [RIP] Building update entries on FastEthernet 0/1
*Jun  6 23:38:27: %7:           172.16.1.0/24 via 0.0.0.0 metric 1 tag 0
*Jun  6 23:38:27: %7:    [RIP] Send packet to 224.0.0.9 Port 520 on FastEthernet 0/1
*Jun  6 23:38:57: %7:    [RIP] Output timer expired to send response
*Jun  6 23:38:57: %7:    [RIP] Prepare to send MULTICAST response...
*Jun  6 23:38:57: %7:    [RIP] Building update entries on FastEthernet 0/1
*Jun  6 23:38:57: %7:           172.16.1.0/24 via 0.0.0.0 metric 1 tag 0
*Jun  6 23:38:57: %7:    [RIP] Send packet to 224.0.0.9 Port 520 on FastEthernet 0/1
```

从捕获记录来看，SW 只从 Fa0/1 接口发送路由更新报文，Fa0/24 接口已禁止发送更新报文了。

注意：对于 RIP，虽然其阻止了路由更新报文的发送，但是可以学习到 RIP 路由更新报文。对于 OSPF 协议，被动接口阻止了问候包，无法建立邻居关系，也无法交换路由信息。

3. 应用实例

（1）背景描述。

某公司局域网内的两个部门分别通过交换机 Switch1 和交换机 Switch2 与路由器相连，并在局域网路由器 Router1、Switch1 及 Switch2 上配置动态路由协议 RIPv2。考虑到安全问题，Router1 的 RIP 路由更新信息只允许发送至 Switch1，其他交换机不允许接收路由更新信息，如图 6.2 所示。

将 Router1 的 Fa0/0 接口配置为被动接口，以限制 RIP 路由更新信息从 Fa0/0 接口发送出去。但是，考虑到允许 Switch1 接收 RIP 路由更新信息，需要在 Fa0/0 接口配置单播报文发送，使 Router1 从 Fa0/0 接口发送单播报文到 Switch1，实现路由信息更新功能。

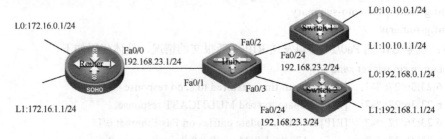

图 6.2 被动接口与单播更新

为了方便做实验,可以将图 6.2 中的 Hub 用交换机代替,交换机保持默认状态,不需要进行任何配置。

(2) 操作步骤。

第 1 步:配置 Router1。Router1 的配置代码如下。

```
Router1(config)#interface Fastethernet 0/0
Router1(config-if)#ip address 192.168.23.1 255.255.255.0
Router1(config-if)#no shutdown
Router1(config-if)#exit
Router1(config)#interface Loopback 0
Router1(config-if)#ip address 172.16.0.1 255.255.255.0
Router1(config-if)#exit
Router1(config)#interface Loopback 1
Router1(config-if)#ip address 172.16.1.1 255.255.255.0
Router1(config-if)#exit
Router1(config)#router rip
Router1(config-router)#version 2
Router1(config-router)#passive-interface FastEthernet 0/0
Router1(config-router)#network 172.16.0.0
Router1(config-router)#network 192.168.23.0
Router1(config-router)#neighbor 192.168.23.2
Router1(config-router)#no auto-summary
Router1(config-router)#timers basic 5 10 15
Router1(config-router)#
```

第 2 步:配置 Switch1。Switch1 的配置代码如下。

```
Switch1(config)#interface FastEthernet 0/24
Switch1(config-if)#no switchport
Switch1(config-if)#ip address 192.168.23.2 255.255.255.0
Switch1(config-if)#exit
Switch1(config)#interface Loopback 0
Switch1(config-if)#ip address 10.10.0.1 255.255.255.0
Switch1(config-if)#exit
Switch1(config)#interface Loopback 1
Switch1(config-if)#ip address 10.10.1.1 255.255.255.0
Switch1(config-if)#exit
Switch1(config)#router rip
Switch1(config-router)#version 2
Switch1(config-router)#network 10.0.0.0
Switch1(config-router)#network 192.168.23.0
Switch1(config-router)#no auto-summary
Switch1(config-router)#timers basic 5 10 15
Switch1(config-router)#
```

第 3 步:配置 Switch2。Switch2 的配置代码如下。

```
Switch2(config)#interface FastEthernet 0/24
```

```
Switch2(config-if)#no switchport
Switch2(config-if)#ip address 192.168.23.3 255.255.255.0
Switch2(config-if)#exit
Switch2(config)#interface Loopback 0
Switch2(config-if)#ip address 192.168.0.1 255.255.255.0
Switch2(config-if)#exit
Switch2(config)#interface Loopback 1
Switch2(config-if)#ip address 192.168.1.1 255.255.255.0
Switch2(config-if)#exit
Switch2(config)#router rip
Switch2(config-router)#version 2
Switch2(config-router)#network 192.168.0.0
Switch2(config-router)#network 192.168.1.0
Switch2(config-router)#network 192.168.23.0
Switch2(config-router)#no auto-summary
Switch2(config-router)#timers basic 5 10 15
Switch2(config-router)#
```

第 4 步：查看路由表。查看 Router1 的路由表的代码如下。

```
Router1#show ip route
R    10.10.0.0/24 [120/1] via 192.168.23.2, 00:07:07, FastEthernet 0/0
R    10.10.1.0/24 [120/1] via 192.168.23.2, 00:07:07, FastEthernet 0/0
C    172.16.0.0/24 is directly connected, Loopback 0
C    172.16.0.1/32 is local host.
C    172.16.1.0/24 is directly connected, Loopback 1
C    172.16.1.1/32 is local host.
R    192.168.0.0/24 [120/1] via 192.168.23.3, 00:09:33, FastEthernet 0/0
R    192.168.1.0/24 [120/1] via 192.168.23.3, 00:09:33, FastEthernet 0/0
C    192.168.23.0/24 is directly connected, FastEthernet 0/0
C    192.168.23.1/32 is local host.
```

查看 Switch1 的路由表的代码如下。

```
Switch1#show ip route
C    10.10.0.0/24 is directly connected, Loopback 0
C    10.10.0.1/32 is local host.
C    10.10.1.0/24 is directly connected, Loopback 1
C    10.10.1.1/32 is local host.
R    172.16.0.0/24 [120/1] via 192.168.23.1, 00:24:26, FastEthernet 0/24
R    172.16.1.0/24 [120/1] via 192.168.23.1, 00:24:26, FastEthernet 0/24
R    192.168.0.0/24 [120/1] via 192.168.23.3, 00:29:57, FastEthernet 0/24
R    192.168.1.0/24 [120/1] via 192.168.23.3, 00:29:57, FastEthernet 0/24
C    192.168.23.0/24 is directly connected, FastEthernet 0/24
C    192.168.23.2/32 is local host.
```

查看 Switch2 的路由表的代码如下。

```
Switch2#show ip route
```

R	10.10.0.0/24 [120/1] via 192.168.23.2, 00:30:18, FastEthernet 0/24	
R	10.10.1.0/24 [120/1] via 192.168.23.2, 00:30:18, FastEthernet 0/24	
C	192.168.0.0/24 is directly connected, Loopback 0	
C	192.168.0.1/32 is local host.	
C	192.168.1.0/24 is directly connected, Loopback 1	
C	192.168.1.1/32 is local host.	
C	192.168.23.0/24 is directly connected, FastEthernet 0/24	
C	192.168.23.3/32 is local host.	

从以上路由表来看，Router1 和 Switch1 通过 RIPv2 接收其他网段的 RIPv2 路由更新信息，Switch2 只收到了从 Switch1 发送的 RIPv2 路由更新信息，从 Router1 发送的 RIPv2 更新路由信息被限制了。

6.2.2 分发列表

1. 分发列表概述

路由器分发列表通过访问控制列表控制更新报文，即利用访问控制列表限制路由选择更新。
在使用 distribute-list 命令配置分发列表时，控制路由选择更新的方式有以下 3 种。
（1）入口过滤：过滤进入路由器某接口的更新路由信息。
（2）出口过滤：限制从路由器某接口发送的更新路由信息。
（3）重分发过滤：过滤从另一种路由选择协议重分发的更新路由信息。
使用分发列表的工作过程如图 6.3 所示，具体如下。
（1）路由器接收到或准备发送关于一个或多个网络的路由更新信息。
（2）路由器查询该操作中所涉及的接口（路由更新进入的接口，或者需要通告的路由选择更新的出站接口）。
（3）路由器确定是否有与接口相关联的分发列表。
（4）如果该接口不存在相关联的分发列表，则按常规方式处理分组。
（5）如果该接口有相关联的分发列表，则路由器将扫描分发列表所引用的访问控制列表，以查找与路由选择更新匹配的条目。

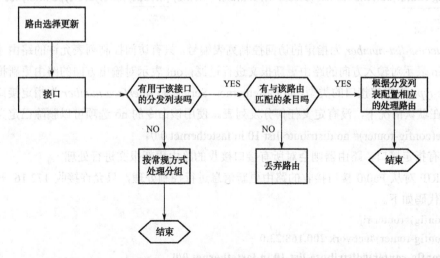

图 6.3　使用分发列表的工作过程

（6）如果访问控制列表中存在匹配的条目，则按配置的方式处理，根据匹配的访问控制列表语句处理该路由更新信息。

（7）如果在访问控制列表中未找到匹配条目，则访问控制列表最后隐含的 deny 策略将使路由器丢弃该路由更新信息。

2. 配置分发列表

配置分发列表的具体步骤如下。

第 1 步：定义访问控制列表，设置要过滤的网络地址条件。

第 2 步：确定路由更新报文是在入站接口过滤还是在出站接口过滤，或者是从另一种路由选择协议重分发而来的路由更新报文。

第 3 步：在路由配置模式下使用 distribute-list 命令过滤路由信息。

（1）distribute-list 命令（基于 RIP）。

由于 RIP 将路由信息放置在更新报文中进行发送，因此可以使用 distribute-list 命令对更新路由进行过滤。如果将分发列表应用于路由器接口的输入（in）方向，则会禁止符合限制条件的路由信息从该接口输入；如果将分发列表应用于路由器接口的输出（out）方向，则会禁止符合限制条件的路由信息从该接口发出，如图 6.4 所示。

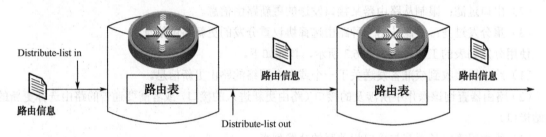

图 6.4　RIP 应用分发列表

在路由配置模式下，使用如下命令对路由信息进行过滤：

ruijie(config-router)#distribute-list {access-list-number | name} {in|out} [interface-type interface-number]

其中，*access-list-number* 为指定的访问控制列表编号，只有访问控制列表允许的路由才可以被接收或发送；in 表示对输入方向的路由更新报文进行过滤；out 表示对输出方向的路由更新报文进行过滤；*interface-type* 为指定接口的类型，如 Fastethernet、Serial 等；*interface-number* 为指定接口的编号，如 0/0 等。在默认情况下，没有定义任何分发列表。使用该命令的 no 选项可以删除已定义的分发列表，如 ruijie(config-router)# no distribute-list 10 in fastethernet 0/0。

如果没有指定接口，路由器则会对所有接口接收的路由更新报文进行处理。

示例：RIP 对从 Fa0/0 接口接收的路由更新信息进行控制处理，只允许接收 172.16 开头的路由信息，具体代码如下。

ruijie(config)#router rip
ruijie(config-router)#network 200.168.23.0
ruijie(config-router)#distribute-list 10 in fastethernet 0/0

```
ruijie(config-router)#no auto-summary
ruijie(config)#access-list 10 permit 172.16.0.0 0.0.255.255
```

示例：RIP 路由进程只对外通告 192.168.12.0/24 路由，代码如下。

```
ruijie(config)#router rip
ruijie(config-router)#network 200.4.4.0
ruijie(config-router)#network 192.168.12.0
ruijie(config-router)#distribute-list 10 out
ruijie(config-router)#version 2
ruijie(config)#access-list 10 permit 192.168.12.0 0.0.0.255
```

示例：两台路由器（Router1 和 Router2）及一台三层交换机 Switch1 都启动了 RIPv2，为了过滤 172.16.0.0 网段，在 Router2 的 Fa0/0 接口输入方向应用分发列表，如图 6.5 所示。

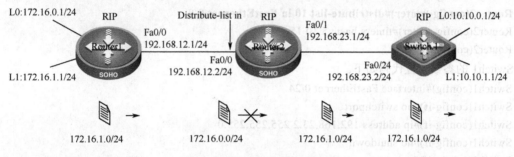

图 6.5　RIP 应用分发列表实例

设备参数配置如下。

Router1 的参数配置代码如下。

```
Router1(config)#interface FastEthernet 0/0
Router1(config-if)#ip address 192.168.12.1 255.255.255.0
Router1(config-if)#no shutdown
Router1(config-if)#exit
Router1(config)#interface Loopback 0
Router1(config-if)#ip address 172.16.0.1 255.255.255.0
Router1(config-if)#exit
Router1(config)#interface Loopback 1
Router1(config-if)#ip address 172.16.1.1 255.255.255.0
Router1(config-if)#exit
Router1(config)#router rip
Router1(config-router)#version 2
Router1(config-router)#network 172.16.0.0
Router1(config-router)#network 192.168.12.0
Router1(config-router)#no auto-summary
Router1(config-router)#timers basic 5 10 15
Router1(config-router)#
```

Router2 的参数配置代码如下。

```
Router2(config)#access-list 10 deny 172.16.0.0 0.0.0.255
Router2(config)#access-list 10 permit any
Router2(config)#interface FastEthernet 0/0
```

```
Router2(config-if)#ip address 192.168.12.2 255.255.255.0
Router2(config-if)#no shutdown
Router2(config-if)#exit
Router2(config)#interface FastEthernet 0/1
Router2(config-if)#ip address 192.168.23.1 255.255.255.0
Router2(config-if)#no shutdown
Router2(config-if)#exit
Router2(config)#router rip
Router2(config-router)#version 2
Router2(config-router)#network 192.168.12.0
Router2(config-router)#network 192.168.23.0
Router2(config-router)#no auto-summary
Router2(config-router)#distribute-list 10 in FastEthernet 0/0
Router2(config-router)#timers basic 5 10 15
Router2(config-router)#
```

Switch1 的参数配置代码如下。

```
Switch1(config)#interface FastEthernet 0/24
Switch1(config-if)#no switchport
Switch1(config-if)#ip address 192.168.23.2 255.255.255.0
Switch1(config-if)#no shutdown
Switch1(config-if)#exit
Switch1(config)#interface Loopback 0
Switch1(config-if)#ip address 10.10.0.1 255.255.255.0
Switch1(config-if)#exit
Switch1(config)#interface Loopback 1
Switch1(config-if)#ip address 10.10.1.1 255.255.255.0
Switch1(config-if)#exit
Switch1(config)#router rip
Switch1(config-router)#version 2
Switch1(config-router)#network 10.10.0.0
Switch1(config-router)#network 192.168.23.0
Switch1(config-router)#no auto-summary
Switch1(config-router)#timers basic 5 10 15
Switch1(config-router)#
```

显示 Router1 和 Router2 的路由表的代码如下。

```
Router1#show ip route
R    10.10.0.0/24 is via 192.168.12.2, 00:00:02, FastEthernet 0/0
R    10.10.1.0/24 is via 192.168.12.2, 00:00:02, FastEthernet 0/0
R    192.168.23.0/24 is via 192.168.12.2, 00:00:02, FastEthernet 0/0
C    172.16.0.0/24 is directly connected, Loopback 0
C    172.16.0.1/32 is local host.
C    172.16.1.0/24 is directly connected, Loopback 1
C    172.16.1.1/32 is local host.
C    192.168.12.0/24 is directly connected, FastEthernet 0/0
C    192.168.12.1/32 is local host.
```

```
Router2#show ip route
C    10.10.0.0/24 is directly connected, Loopback 0
C    10.10.0.1/32 is local host.
C    10.10.1.0/24 is directly connected, Loopback 1
C    10.10.1.1/32 is local host.
R    172.16.1.0/24 [120/1] via 192.168.12.1, 00:00:03, FastEthernet 0/0
R    10.10.0.0/24 is via 192.168.23.2, 00:00:03, FastEthernet 0/1
R    10.10.1.0/24 is via 192.168.23.2, 00:00:03, FastEthernet 0/1
C    192.168.12.0/24 is directly connected, FastEthernet 0/0
C    192.168.12.2/32 is local host.
```

从以上路由表可以看出，由于 Router2 的 Fa0/0 接口的输入方向应用了分发列表，因此过滤掉了 172.16.0.0 网段路由，Switch1 中同样也不会出现该条路由信息。另外，如果在 Router1 的 Fa0/0 接口的输出方向应用分发列表，也会获得同样效果。

（2）distribute-list 命令（基于 OSPF 协议）。

OSPF 协议在使用 distribute-list 命令时，路由更新信息将被放置在链路状态数据库中，而不是放置在路由表中。使用 in 选项只能过滤本地路由器从链路状态数据库进入路由表中的路由信息。如果使用 out 选项，则会过滤从另一种路由选择协议重分发的更新路由信息，即本地始发的 5 类 LSA，如图 6.6 所示。

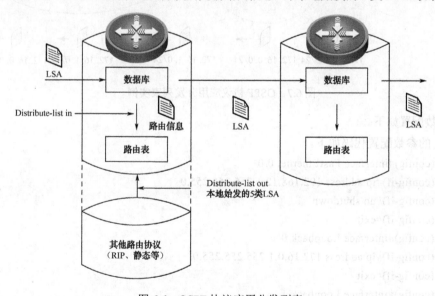

图 6.6　OSPF 协议应用分发列表

基于 OSPF 协议的 distribute-list 命令如下：

ruijie(config-router)#distribute-list {*access-list-number* | *name*} {**in**|**out**} [*interface-type interface-number*]

设备名称为 ruijie　　　　　访问列表编号或名称　　　数据流方向　　接口类型及编号
处于路由配置模式

其中，in 表示对进入链路状态数据库中的 LSA 进行过滤；out 表示对从其他协议重分布到 OSPF 区域中的路由进行过滤，但它本身不执行路由重分发操作，一般与 redistribute 命令配合使用。

示例：允许从 Fa0/0 接口接收的 172.16.0.0/16 网络路由参与 SPF 计算，并放入路由表中，具体代码如下。

ruijie(config)#access-list 3 permit 172.16.0.0 0.0.255.255
ruijie(config)#router ospf 25
ruijie(config-router)#distribute-list 3 in fastethernet 0/0

示例：允许 100.100.0.0/16 网络路由从静态路由重分发到 OSPF 区域，代码如下。

ruijie(config)#access-list 22 permit 100.100.0.0 0.0.255.255
ruijie(config)#router ospf 1
ruijie(config)#redistribute static subnets
ruijie(config-router)#distribute-list 22 out static

示例：两台路由器（Router1 和 Router2）及一台三层交换机 Switch1 都启动 OSPF 协议，为了过滤 172.16.0.0 网段，在 Router2 的 Fa0/0 接口输入方向应用分发列表。

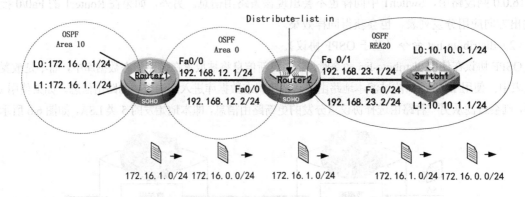

图 6.7　OSPF 协议应用分发列表实例

设备参数配置如下。
Router1 的参数配置代码如下。

Router1(config)#interface FastEthernet 0/0
Router1(config-if)#ip address 192.168.12.1 255.255.255.0
Router1(config-if)#no shutdown
Router1(config-if)#exit
Router1(config)#interface Loopback 0
Router1(config-if)#ip address 172.16.0.1 255.255.255.0
Router1(config-if)#exit
Router1(config)#interface Loopback 1
Router1(config-if)#ip address 172.16.1.1 255.255.255.0
Router1(config-if)#exit
Router1(config)#router ospf 1
Router1(config-router)#network 172.16.0.0 0.0.0.255 area 10
Router1(config-router)#network 172.16.1.0 0.0.0.255 area 10
Router1(config-router)#network 192.168.12.0 0.0.0.255 area 0
Router1(config-router)#

Router2 的参数配置代码如下。

Router2(config)#access-list 10 deny 172.16.0.0 0.0.0.255
Router2(config)#access-list 10 permit any

```
Router2(config)#interface FastEthernet 0/0
Router2(config-if)#ip address 192.168.12.2 255.255.255.0
Router2(config-if)#no shutdown
Router2(config-if)#exit
Router2(config)#interface FastEthernet 0/1
Router2(config-if)# ip address 192.168.23.1 255.255.255.0
Router2(config-if)#no shutdown
Router2(config-if)#exit
Router2(config)#router ospf 1
Router2(config-router)#network 192.168.12.0 0.0.0.255 area 0
Router2(config-router)#network 192.168.23.0 0.0.0.255 area 20
Router2(config-router)#distribute-list 10 in FastEthernet 0/0
Router2(config-router)#
```

Switch1 的参数配置代码如下。

```
Switch1(config)#interface FastEthernet 0/24
Switch1(config-if)#no switchport
Switch1(config-if)# ip address 192.168.23.2 255.255.255.0
Switch1(config-if)#no shutdown
Switch1(config-if)#exit
Switch1(config)#interface Loopback 0
Switch1(config-if)#ip address 10.10.0.1 255.255.255.0
Switch1(config-if)#exit
Switch1(config)#interface Loopback 1
Switch1(config-if)#ip address 10.10.1.1 255.255.255.0
Switch1(config-if)#exit
Switch1(config)#router ospf 1
Switch1(config-router)# network 10.10.0.0 0.0.0.255 area 20
Switch1(config-router)# network 10.10.1.0 0.0.0.255 area 20
Switch1(config-router)# network 192.168.23.0 0.0.0.255 area 20
Switch1(config-router)#
```

显示 Router1 的路由表的代码如下。

```
Router1#show    ip route
O IA 10.10.0.0/24 [110/1] via 192.168.12.2, 00:06:38, FastEthernet 0/0
O IA 10.10.1.0/24 [110/1] via 192.168.12.2, 00:06:38, FastEthernet 0/0
C    172.16.0.0/24 is directly connected, Loopback 0
C    172.16.0.1/32 is local host.
C    172.16.1.0/24 is directly connected, Loopback 1
C    172.16.1.1/32 is local host.
C    192.168.12.0/24 is directly connected, FastEthernet 0/0
C    192.168.12.1/32 is local host.
O IA 192.168.23.0/24 [110/2] via 192.168.12.2, 00:06:38, FastEthernet 0/0
```

显示 Router2 的路由表的代码如下。

```
Router2#show    ip route
O    10.10.0.1/32 [110/1] via 192.168.23.2, 00:07:15, FastEthernet 0/1
```

```
O       10.10.1.1/32 [110/1] via 192.168.23.2, 00:07:15, FastEthernet 0/1
O IA    172.16.1.0/24 [110/1] via 192.168.12.1, 00:06:06, FastEthernet 0/0
C       192.168.12.0/24 is directly connected, FastEthernet 0/0
C       192.168.12.2/32 is local host.
C       192.168.23.0/24 is directly connected, FastEthernet 0/1
C       192.168.23.1/32 is local host.
```

显示 Switch1 的路由表的代码如下。

```
Switch1# show ip route
C       10.10.0.0/24 is directly connected, Loopback 0
C       10.10.0.1/32 is local host.
C       10.10.1.0/24 is directly connected, Loopback 1
C       10.10.1.1/32 is local host.
O IA    172.16.0.0/24 [110/2] via 192.168.23.1, 00:06:37, FastEthernet 0/24
O IA    172.16.1.0/24 [110/2] via 192.168.23.1, 00:06:37, FastEthernet 0/24
C       192.168.23.0/24 is directly connected, FastEthernet 0/24
C       192.168.23.2/32 is local host.
O IA    192.168.12.0/24 [110/2] via 192.168.23.1, 00:06:37, FastEthernet 0/24
```

从以上路由表可以看出，由于 Router2 的 Fa0/0 接口的输入方向应用了分发列表，因此过滤掉了本路由器的从数据库到路由表的 172.16.0.0 网段路由，但 Switch1 路由表中仍然存在 172.16.0.0 网段路由。这是因为 OSPF 协议属于链路状态路由协议，所有设备的链路状态数据库内容相同，分发列表只是对本地路由表进行过滤，对其他路由器没有影响。

6.3 扩展知识

1. AD 概述

AD（Administrative Distance，管理距离）是一种确定路由协议可信度的度量值。在各种路由协议中，根据可信度不同为其赋予不同的 AD 值，通常 AD 值越小，可信度越高。不同路由源的默认 AD 值如表 6.1 所示。

表 6.1 不同路由源的默认 AD 值

路 由 源	默认 AD 值	说 明
Connected interface	0	直接与接口相连
Static route out an interface	0	静态路由（本地接口输出）
Static route to a next hop	1	静态路由（下一跳）
External BGP	20	
OSPF	110	
IS-IS	115	
RIPv1、RIPv2	120	
Internal BGP	200	
Unknown	255	不可达

从表 6.1 中可以看出，直接与接口相连的路由可信度最高；其次是静态路由；动态路由中的 OSPF 协议的默认 AD 值为 110，RIP 的默认 AD 值为 120。如果一台同时运行 RIP 和 OSPF 协议的路由器分别从 RIP 和 OSPF 协议获得到达某网段的路由信息，则优先选择从 OSPF 协议获得的路由信息。路由器的路由表中的路由都是最佳路由。

AD 值比较如图 6.8 所示。在图 6.8 中，路由器 Router2 分别从动态路由协议 RIP 及 OSPF 获得 172.16.1.0/24 网段路由信息。由于 OSPF 协议的默认 AD 值为 110，优于 RIP 的默认 AD 值，因此 Router2 优先选择 OSPF 路由，即路由信息沿着 Router4→Router3→Router2 路径到达 172.16.1.0/24 网络。

如果需要改变路由选择路径，可以改变路由 AD 值。在如图 6.8 所示的网络中，将 RIP 的 AD 值修改为 90，那么，路由信息将沿着 Router4→Router1→Router2 路径到达 172.16.1.0/24 网络。

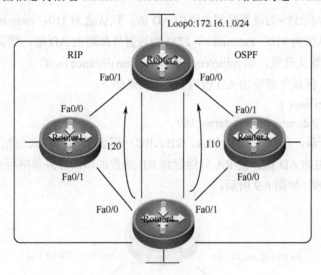

图 6.8　AD 值比较

2. 修改 AD 值

当有多个路由进程通告同一目标网络的路由（在做路由的冗余备份时经常会遇到这种情况）时，可以手动修改指定路由的 AD 值，以达到线路备份的目的。此外，通过灵活设定 AD 值，也可以实现路由过滤的效果。

修改 RIP 及 OSPF 协议的 AD 值的方法略有不同，具体如下。

（1）修改 RIP 的 AD 值。在路由配置模式下，设置 RIP 的 AD 值的命令如下：

　　　　　　　　　　　　　　　　　　　设置的AD值　　　　　　　比较通配符

ruijie(config-router)#distance *distance* [*ip-address wildcard*]

　　设备名称为ruijie　　　　　　　　　　路由来源IP地址
　　处于路由配置模式

其中，*distance* 为设置的 AD 值，允许设置为 1~255 的整数；*ip-address* 为路由来源 IP 地址；*wildcard* 为定义 IP 地址比较通配符，0 表示精确匹配，1 表示不做比较。在默认情况下，RIP 的 AD 值为 120。使用该命令的 no 选项可以恢复默认设置，如 ruijie(config-router)#no distance。

示例：配置 RIP 的 AD 值为 160，并指定从 192.168.12.1 学习到的路由的 AD 值为 123，具体代码如下。

```
ruijie(config)#router rip
ruijie(config-router)#distance 160
ruijie(config-router)#distance 123 192.168.12.1 0.0.0.0
```

（2）修改 OSPF 协议的 AD 值。由于 OSPF 协议拥有多种不同类型的路由，如区域内路由、区域间路由及外部路由等，因此可以为不同类型的路由设置不同的 AD 值。修改 OSPF 协议 AD 值的命令如下：

ruijie(config-router)#distance ospf {intra-area <1-255> | inter-area <1-255> | external<1-255>}

设备名称为 *ruijie* 处于路由配置模式　　设置区域内路由AD值　　设置区域间路由AD值　　设置外部路由AD值

其中，intra-area <1-255> 为设置区域内路由 AD 值，默认值为 110；inter-area <1-255> 为设置区域间路由 AD 值，默认值为 110；external <1-255> 为设置外部路由 AD 值，默认值为 110。使用该命令的 no 选项可以恢复默认设置，如 ruijie(config-router)#no distance ospf。

示例：配置 OSPF 区域外部路由 AD 值为 160，代码如下。

```
ruijie(config)#router ospf 1
ruijie(config-router)#distance ospf external 160
```

示例：如图 6.9 所示，三台路由器（RA、RB、RC）都运行 RIP，RA 分别与 RB、RC 相连。通过配置 RA 的 RIP 路由的 AD 值，使 RA 只能学到 RB 通告的路由，并忽略所有 RC 的通告，从 RB 学到路由的 AD 值为 99，如图 6.9 所示。

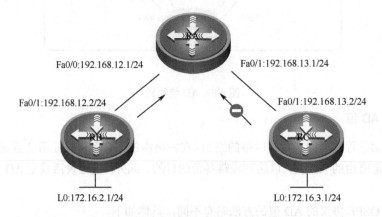

图 6.9　配置 RIP 的 AD 值

对 RA 进行配置：从 RB 学到的 RIP 路由的 AD 值为 99，从其他路由器学到的 RIP 路由的 AD 值全部为 255。

RA 的配置代码如下。

```
RA(config)#interface FastEthernet 0/0
RA(config-if)#ip address 192.168.12.1 255.255.255.0
RA(config-if)#no shutdown
RA(config-if)#exit
RA(config)#interface FastEthernet 0/1
RA(config-if)#ip address 192.168.13.1 255.255.255.0
RA(config-if)#no shutdown
```

```
RA(config-if)#exit
RA(config)#router rip
RA(config-router)#version 2
RA(config-router)#network 192.168.12.0
RA(config-router)#network 192.168.13.0
RA(config-router)#no auto-summary
RA(config-router)#distance 255
RA(config-router)#distance 99 192.168.12.2 0.0.0.0
RA(config-if)#
```

RB 的配置代码如下。

```
RB(config)#interface FastEthernet 0/1
RB(config-if)#ip address 192.168.12.2 255.255.255.0
RB(config-if)#no shutdown
RB(config-if)#exit
RB(config)#interface Loopback 0
RB(config-if)#ip address 172.16.2.1 255.255.255.0
RB(config-if)#exit
RB(config)#router rip
RB(config-router)#version 2
RB(config-router)#network 192.168.12.0
RB(config-router)#network 172.16.2.0
RB(config-router)#no auto-summary
RB(config-router)#
```

RC 的配置代码如下。

```
RC(config)#interface FastEthernet 0/1
RC(config-if)#ip address 192.168.13.2 255.255.255.0
RC(config-if)#no shutdown
RC(config-if)#exit
RC(config)#interface Loopback 0
RC(config-if)#ip address 172.16.3.1 255.255.255.0
RC(config-if)#exit
RC(config)#router rip
RC(config-router)#version 2
RC(config-router)#network 192.168.13.0
RC(config-router)#network 172.16.3.0
RC(config-router)#no auto-summary
RC(config-router)#
```

显示 RA 的路由表的代码如下。

```
RA#show ip route
C    192.168.12.0/24 is directly connected, FastEthernet 0/0
C    192.168.12.1/32 is local host.
C    192.168.13.0/24 is directly connected, FastEthernet 0/1
C    192.168.13.1/32 is local host.
R    172.16.2.0/24 [99/1] via 192.168.12.2, 00:00:22, FastEthernet 0/0
```

显示 RA 的 RIP，代码如下。

```
RA#show ip rip
Routing Protocol is "rip"
    Sending updates every 30 seconds, next due in 0 seconds
    Invalid after 180 seconds, flushed after 120 seconds
    Outgoing update filter list for all interface is: not set
    Incoming update filter list for all interface is: not set
    Default redistribution metric is 1
    Redistributing:
    Default version control: send version 2, receive version 2
        Interface              Send    Recv    Key-chain
        FastEthernet 0/0        2       2
        FastEthernet 0/1        2       2
    Routing for Networks:
        192.168.12.0
        192.168.13.0
    Distance: (default is 255)
```

6.4 演示实例

1. 背景描述

三层交换机 SW1 的 Fa0/1 接口以路由接口方式与计算机相连，VLAN10 中的 Fa0/23 接口、Fa0/24 接口分别与路由器 R2、R3 相连。全部设备启用 RIPv2。VLAN10 中的 SVI 的 IP 地址为 192.168.12.1/24，其他接口 IP 地址如图 6.10 所示。

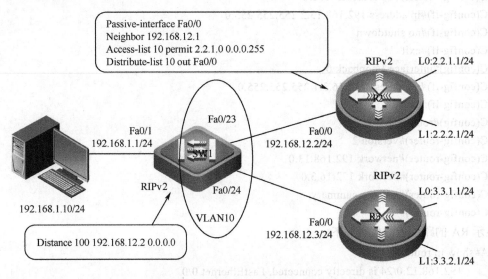

图 6.10　路由选择控制与过滤实例

要求通过适当配置实现如下功能。

（1）R2 只允许向 SW1 发送路由更新报文。

（2）在 R2 向 SW1 发送的更新报文中只允许包含 2.2.1.0/24 路由更新信息，其他网络路由更新信息不允许发送。

（3）SW1 从 R2 学到的 RIP 路由 AD 值为 100，从其他设备学到的 RIP 路由 AD 值为 120。

2. 操作步骤

（1）配置设备。

SW1 的配置代码如下。

```
SW1(config)#VLAN 10
SW1(config-VLAN)#exit
SW1(config)#interface FastEthernet 0/1
SW1(config-if)#no switchport
SW1(config-if)#ip address 192.168.1.1 255.255.255.0
SW1(config-if)#exit
SW1(config)#interface range FastEthernet 0/23-24
SW1(config-range-if)#switchport access VLAN 10
SW1(config-range-if)#exit
SW1(config)#interface VLAN 10
SW1(config-if)#ip address 192.168.12.1 255.255.255.0
SW1(config-if)#exit
SW1(config)#router rip
SW1(config-router)#version 2
SW1(config-router)#network 192.168.1.0
SW1(config-router)#network 192.168.12.0
SW1(config-router)#no auto-summary
SW1(config-router)#distance 100 192.168.12.2 0.0.0.0
SW1(config-router)#
```

R2 的配置代码如下。

```
R2(config)#access-list 10 permit 2.2.1.0 0.0.0.255
R2(config)#interface FastEthernet 0/0
R2(config-if)#ip address 192.168.12.2 255.255.255.0
R2(config-if)#exit
R2(config)#interface Loopback 0
R2(config-if)#ip address 2.2.1.1 255.255.255.0
R2(config-if)#exit
R2(config)#interface Loopback 1
R2(config-if)#ip address 2.2.2.1 255.255.255.0
R2(config)#router rip
R2(config-router)#version 2
R2(config-router)#passive-interface FastEthernet 0/0
R2(config-router)#network 2.2.1.0 0.0.0.255
R2(config-router)#network 2.2.2.0 0.0.0.255
R2(config-router)#network 192.168.12.0
R2(config-router)#neighbor 192.168.12.1
```

```
R2(config-router)#no auto-summary
R2(config-router)#distribute-list 10 out FastEthernet 0/0
R2(config-router)#
```

R3 的配置代码如下。

```
R3(config)#interface FastEthernet 0/0
R3(config-if)#ip address 192.168.12.3 255.255.255.0
R3(config-if)#exit
R3(config)#interface Loopback 0
R3(config-if)#ip address 3.3.1.1 255.255.255.0
R3(config-if)#exit
R3(config)#interface Loopback 1
R3(config-if)#ip address 3.3.2.1 255.255.255.0
R3(config-if)#exit
R3(config)#router rip
R3(config-router)#version 2
R3(config-router)#network 3.3.1.0 0.0.0.255
R3(config-router)#network 3.3.2.0 0.0.0.255
R3(config-router)#network 192.168.12.0
R3(config-router)#no auto-summary
R3(config-router)#
```

（2）效果验证。

查看 SW1 划分 VLAN 情况的代码如下。

```
SW1#show VLAN
VLAN Name                        Status       Ports
----------------                 ----------   -------------------------------------
1    VLAN0001                    STATIC       Fa0/2, Fa0/3, Fa0/4, Fa0/5
                                              Fa0/6, Fa0/7, Fa0/8, Fa0/9
                                              Fa0/10, Fa0/11, Fa0/12, Fa0/13
                                              Fa0/14, Fa0/15, Fa0/16, Fa0/17
                                              Fa0/18, Fa0/19, Fa0/20, Fa0/21
                                              Fa0/22, Gi0/25, Gi0/26, Gi0/27
                                              Gi0/28
10   VLAN0010                    STATIC       Fa0/23, Fa0/24
SW1#
```

从上述显示结果可以看出，Fa0/23 接口、Fa0/24 接口都包含在 VLAN10 中。

查看 SW1 的路由表的代码如下。

```
SW1#show ip route
Codes:   C - connected, S - static, R - RIP, B - BGP
         O - OSPF, IA - OSPF inter area
         N1 - OSPF NSSA external type 1, N2 - OSPF NSSA external type 2
         E1 - OSPF external type 1, E2 - OSPF external type 2
         i - IS-IS, su - IS-IS summary, L1 - IS-IS level-1, L2 - IS-IS level-2
         ia - IS-IS inter area, * - candidate default
```

```
Gateway of last resort is no set
R    2.2.1.0/24 [100/1] via 192.168.10.2, 00:14:53, VLAN 10
R    3.3.1.0/24 [120/1] via 192.168.10.3, 00:29:21, VLAN 10
R    3.3.2.0/24 [120/1] via 192.168.10.3, 00:29:21, VLAN 10
C    192.168.1.0/24 is directly connected, FastEthernet 0/1
C    192.168.1.1/32 is local host.
C    192.168.12.0/24 is directly connected, VLAN 10
C    192.168.12.1/32 is local host.
SW1#
```

从上述显示结果可以看出，SW1 只学到了 R2 的 2.2.1.0/24 网络的路由更新信息。

查看 R2 的路由表的代码如下。

```
R2#show ip route
Codes:   C - connected, S - static, R - RIP, B - BGP
         O - OSPF, IA - OSPF inter area
         N1 - OSPF NSSA external type 1, N2 - OSPF NSSA external type 2
         E1 - OSPF external type 1, E2 - OSPF external type 2
         i - IS-IS, su - IS-IS summary, L1 - IS-IS level-1, L2 - IS-IS level-2
         ia - IS-IS inter area, * - candidate default

Gateway of last resort is no set
C    2.2.1.0/24 is directly connected, Loopback 0
C    2.2.1.1/32 is local host.
C    2.2.2.0/24 is directly connected, Loopback 1
C    2.2.2.1/32 is local host.
R    3.3.1.0/24 [120/1] via 192.168.10.3, 00:28:07, FastEthernet 0/0
R    3.3.2.0/24 [120/1] via 192.168.10.3, 00:28:07, FastEthernet 0/0
R    192.168.1.0/24 [120/1] via 192.168.12.1, 00:20:30, FastEthernet 0/0
C    192.168.10.0/24 is directly connected, FastEthernet 0/0
C    192.168.10.2/32 is local host.
```

从上述显示结果可以看出，R2 能够学习到 R3 及 SW1 的路由更新信息。

查看 R3 的路由表的代码如下。

```
R3#show ip route
Codes:   C - connected, S - static, R - RIP, B - BGP
         O - OSPF, IA - OSPF inter area
         N1 - OSPF NSSA external type 1, N2 - OSPF NSSA external type 2
         E1 - OSPF external type 1, E2 - OSPF external type 2
         i - IS-IS, su - IS-IS summary, L1 - IS-IS level-1, L2 - IS-IS level-2
         ia - IS-IS inter area, * - candidate default

Gateway of last resort is no set
C    3.3.1.0/24 is directly connected, Loopback 0
C    3.3.1.1/32 is local host.
```

C   3.3.2.0/24 is directly connected, Loopback 1
C   3.3.2.1/32 is local host.
R   192.168.1.0/24 [120/1] via 192.168.12.1, 00:19:08, FastEthernet 0/0
C   192.168.10.0/24 is directly connected, FastEthernet 0/0
C   192.168.10.3/32 is local host.

从上述显示结果可以看出，R3 只能学习到 SW1 的路由信息，不能学习到 R2 的路由信息。

6.5 训练任务

▶ 1. 背景描述

某网络中的设备分别启动 RIP 及 OSPF 协议，为了禁止路由器 Router1 中的 172.16.0.0/24 网段路由发布到其他设备，在路由器 Router2 上设置分发列表，限制 172.16.0.0 路由在 OSPF 区域内扩散，如图 6.11 所示。

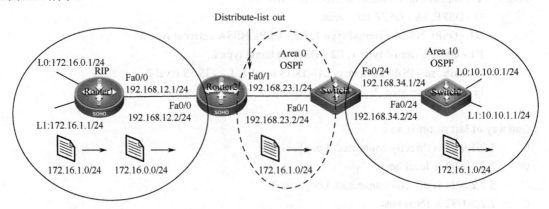

图 6.11 路由重发布应用分发列表

▶ 2. 操作提示

Router1 的配置代码如下。

```
Router1(config)#interface FastEthernet 0/0
Router1(config-if)#ip address 192.168.12.1 255.255.255.0
Router1(config-if)#no shutdown
Router1(config-if)#exit
Router1(config)#interface Loopback 0
Router1(config-if)#ip address 172.16.0.1 255.255.255.0
Router1(config-if)#exit
Router1(config)#interface Loopback 1
Router1(config-if)#ip address 172.16.1.1 255.255.255.0
Router1(config-if)#exit
Router1(config)#router rip
Router1(config-router)#version 2
Router1(config-router)#network 172.16.0.0
Router1(config-router)#network 192.168.12.0
```

```
Router1(config-router)#no auto-summary
Router1(config-router)#timers basic 5 10 15
Router1(config-router)#
```

Router2 的配置代码如下。

```
Router2(config)#access-list 10 deny 172.16.0.0 0.0.0.255
Router2(config)#access-list 10 permit any
Router2(config)#interface FastEthernet 0/0
Router2(config-if)#ip address 192.168.12.2 255.255.255.0
Router2(config-if)#no shutdown
Router2(config-if)#exit
Router2(config)#interface FastEthernet 0/1
Router2(config-if)#ip address 192.168.23.1 255.255.255.0
Router2(config-if)#no shutdown
Router2(config-if)#exit
Router2(config)#router rip
Router2(config-router)#version 2
Router2(config-router)#network 192.168.12.0
Router2(config-router)#redistribute connected
Router2(config-router)#redistribute ospf
Router2(config-router)#no auto-summary
Router2(config-router)#timers basic 5 10 15
Router2(config-router)#end
Router2(config)#router ospf 1
Router2(config-router)#redistribute connected
Router2(config-router)#redistribute rip subnets
Router2(config-router)#network 192.168.23.0 0.0.0.255 area 0
Router2(config-router)#distribute-list 10 out rip
Router2(config-router)#
```

交换机 Switch1 的配置代码如下。

```
Switch1(config)#interface FastEthernet 0/1
Switch1(config-if)#no switchport
Switch1(config-if)#ip address 192.168.23.2 255.255.255.0
Switch1(config-if)#no shutdown
Switch1(config-if)#exit
Switch1(config)#interface FastEthernet 0/24
Switch1(config-if)#no switchport
Switch1(config-if)#ip address 192.168.34.1 255.255.255.0
Switch1(config-if)#no shutdown
Switch1(config-if)#exit
Switch1(config)#router ospf 1
Switch1(config-router)#network 192.168.23.0 0.0.0.255 area 0
Switch1(config-router)#network 192.168.34.0 0.0.0.255 area 10
Switch1(config-router)#
```

交换机 Switch2 的配置代码如下。

```
Switch2(config)#interface FastEthernet 0/24
Switch2(config-if)#no switchport
Switch2(config-if)#ip address 192.168.34.2 255.255.255.0
Switch2(config-if)#no shutdown
Switch2(config-if)#exit
Switch2(config)#interface Loopback 0
Switch2(config-if)#ip address 10.10.0.1 255.255.255.0
Switch2(config-if)#no shutdown
Switch2(config-if)#exit
Switch2(config)#interface Loopback 1
Switch2(config-if)#ip address 10.10.1.1 255.255.255.0
Switch2(config-if)#no shutdown
Switch2(config-if)#exit
Switch2(config)#router ospf 1
Switch2(config-router)#network 10.10.0.0 0.0.0.255 area 10
Switch2(config-router)#network 10.10.1.0 0.0.0.255 area 10
Switch2(config-router)#network 192.168.34.0 0.0.0.255 area 10
Switch2(config-router)#
```

显示 Router1 的路由表的代码如下。

```
Router1#show ip route
R    10.10.0.1/32 [120/1] via 192.168.12.2, 00:00:03, FastEthernet 0/0
R    10.10.1.1/32 [120/1] via 192.168.12.2, 00:00:03, FastEthernet 0/0
C    172.16.0.0/24 is directly connected, Loopback 0
C    172.16.0.1/32 is local host.
C    172.16.1.0/24 is directly connected, Loopback 1
C    172.16.1.1/32 is local host.
C    192.168.12.0/24 is directly connected, FastEthernet 0/0
C    192.168.12.1/32 is local host.
R    192.168.23.0/24 [120/1] via 192.168.12.2, 00:00:03, FastEthernet 0/0
R    192.168.34.0/24 [120/1] via 192.168.12.2, 00:00:03, FastEthernet 0/0
```

显示 Router2 的路由表的代码如下。

```
Router2#show ip route
O IA 10.10.0.1/32 [110/2] via 192.168.23.2, 00:38:00, FastEthernet 0/1
O IA 10.10.1.1/32 [110/2] via 192.168.23.2, 00:37:45, FastEthernet 0/1
R    172.16.0.0/24 [120/1] via 192.168.12.1, 00:00:03, FastEthernet 0/0
R    172.16.1.0/24 [120/1] via 192.168.12.1, 00:00:03, FastEthernet 0/0
C    192.168.12.0/24 is directly connected, FastEthernet 0/0
C    192.168.12.2/32 is local host.
C    192.168.23.0/24 is directly connected, FastEthernet 0/1
C    192.168.23.1/32 is local host.
O IA 192.168.34.0/24 [110/2] via 192.168.23.2, 00:40:25, FastEthernet 0/1
```

显示 Switch1 的路由表的代码如下。

```
switch1#show ip route
```

```
O       10.10.0.1/32 [110/1] via 192.168.34.2, 00:38:31, FastEthernet 0/24
O       10.10.1.1/32 [110/1] via 192.168.34.2, 00:38:16, FastEthernet 0/24
O E2 172.16.1.0/24 [110/20] via 192.168.23.1, 00:29:42, FastEthernet 0/1
O E2 192.168.12.0/24 [110/20] via 192.168.23.1, 00:30:33, FastEthernet 0/1
C       192.168.23.0/24 is directly connected, FastEthernet 0/1
C       192.168.23.2/32 is local host.
C       192.168.34.0/24 is directly connected, FastEthernet 0/24
C       192.168.34.1/32 is local host.
```

显示 Switch2 的路由表的代码如下。

```
switch2#show ip route
C       10.10.0.0/24 is directly connected, Loopback 0
C       10.10.0.1/32 is local host.
C       10.10.1.0/24 is directly connected, Loopback 1
C       10.10.1.1/32 is local host.
O E2 172.16.1.0/24 [110/20] via 192.168.34.1, 00:30:14, FastEthernet 0/24
O E2 192.168.12.0/24 [110/20] via 192.168.34.1, 00:31:05, FastEthernet 0/24
O IA 192.168.23.0/24 [110/2] via 192.168.34.1, 00:39:21, FastEthernet 0/24
C       192.168.34.0/24 is directly connected, FastEthernet 0/24
C       192.168.34.2/32 is local host.
```

从以上路由表可以看出，由于在 Router2 上配置了分发列表，并将 distribute-list out 命令应用于 OSPF 协议，过滤了本地网络 5 类 LSA，使得 Switch1 和 Switch2 的链路状态数据库中没有了 172.16.0.0/24 网段路由信息，因此路由表中也就没有此条信息了。

如果 Switch1 和 Switch2 上应用 distribute-list out 命令，因为不是"本地"，所以不能过滤 5 类 LSA，链路状态数据库中仍然存在 172.16.0.0/24 网段路由信息。应用 distribute-list in 命令只能过滤本地路由表，对其他路由器没有影响。

此处的"本地"是指进行路由重分发的路由器。

练习题

1. 选择题

（1）下面关于被动接口的描述正确的是（　　）。

　　A．被动接口只发送路由更新报文，不接收路由更新报文

　　B．被动接口只接收路由更新报文，不发送路由更新报文

　　C．被动接口既接收也发送路由更新报文

　　D．被动接口既不接收也不发送路由更新报文

（2）下面设置被动接口命令正确的是（　　）。

　　A．ruijie#passive-interface Fa 0/1

　　B．ruijie(config)#passive-interface Fa 0/1

　　C．ruijie(config-router)#passive-interface Fa 0/1

　　D．ruijie(config-if)#passive-interface Fa 0/1

（3）distribute-list 10 in fastethernet 0/0 命令表示的含义是（　　）。
　　A．在 Fa0/0 接口中设置的序号为 10 的分发列表
　　B．在 Fa0/0 接口中设置共计 10 个分发列表
　　C．通过 ACL 10 定义限制条件，应用在 Fa0/0 接口输入方向的分发列表
　　D．通过 ACL 10 定义限制条件，应用除 Fa0/0 接口之外所有接口的分发列表

（4）分发列表过滤的是（　　）。
　　A．用户发送的应用报文
　　B．系统发送的系统报文
　　C．路由协议发送的路由更新报文
　　D．设备发送的设备故障报文

（5）下面修改 AD 值命令正确的是（　　）。
　　A．ruijie(config-router)#distance 100 192.168.12.1 0.0.0.0
　　B．ruijie(config)#distance 100
　　C．ruijie#distance 100 192.168.12.1 0.0.0.0
　　D．ruijie(config-if)#distance 100 192.168.12.1 0.0.0.0

2．简答题

（1）分别描述被动接口及分发列表的主要功能。
（2）简述分发列表与 ACL 的区别。

项目 7 路由重发布

公司并购或其他原因往往会导致网络设备使用的动态路由协议不只一种，如同时配置 RIP 及 OSPF 协议。为了实现路由资源共享，不同路由协议之间需要进行路由迁移，相关路由协议之间需要交换路由信息，这时就需要使用路由重发布技术。

本项目主要介绍路由重发布的相关知识及配置技能。

知识点、技能点

1. 了解路由重发布的定义及应用。
2. 掌握路由重发布的配置技能。

7.1 问题提出

路由器支持多种路由协议，每种路由协议都有自己的特性。例如，RIP 度量值采用跳数、支持有类路由，OSPF 度量值采用 Cost、支持无类路由。若要实现 RIP 与 OSPF 协议之间的路由迁移，使得不同路由域的路由可以学习到彼此的路由信息，只能采用路由重发布技术。

7.2 相关知识

1. 路由重发布概述

（1）路由重发布的定义。路由重发布是一种在连接到不同路由域的边界路由器上实现不同路由域（如 RIP 或 OSPF）之间交换和通告路由选择信息的技术。

（2）路由重发布的应用环境。有很多场合需要采用路由重发布技术，主要包括：

- 因公司并购而需要进行网络整合，且参与并购的公司的网络设备应用不同路由协议。如果要统一使用一种路由协议，那么重新配置工作会很烦琐，且需要网络设备停止工作(实际上是不允许的)。
- 因公司某种业务或策略需要而配置多种路由协议。
- 有些厂商设备只支持 RIP 或 OSPF 协议，若使用多种厂商设备也需要配置路由重发布。

（3）路由重发布的条件。路由重发布的前提是两种路由协议必须在一个网络体系结构内，如 TCP/IP。如果一个在 TCP/IP 内，另一个在 IPX 内，那么二者是不允许路由重发布的。

（4）路由重发布的过程。如果未配置路由重发布功能，那么路由协议在发布路由更新时，路由域内只通告通过其进程获得的路由信息，路由进程间不共享路由信息。这种路由器路由进程间不共享路由信息的情形称为夜航式路由选择。

夜航式路由选择情形中的各路由协议不能学习到其他路由域内的路由信息。在如图 7.1 所示的网络中，RIP 不能学习到 172.16.1.0～172.16.3.0 网络的路由信息，OSPF 协议也不能学习到 10.1.1.0～10.1.3.0 网络的路由信息。

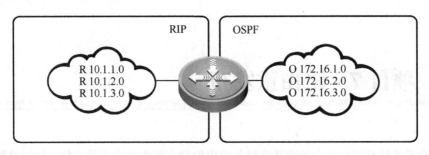

图 7.1 夜航式路由选择

如果在 ASBR 上配置路由重发布功能,可以使路由协议学习到其他路由域的路由信息。通过这种方式学习到的路由作为外部路由,路由器优先选择内部路由。路由重发布过程如图 7.2 所示。

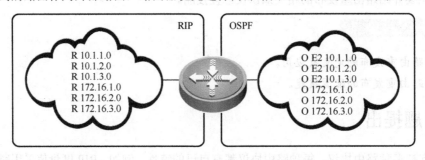

图 7.2 路由重发布过程

2. 配置路由重发布功能

在路由重发布时,没有必要将一种路由协议的度量值转换成另一种路由协议的度量值,这是因为不同路由协议所采用的度量值计算方法是完全不同的。RIP 度量值的计算是基于跳数的,而 OSPF 度量值的计算是基于带宽的,基于不同参数计算得出的度量值是没有可比性的。但是在路由重发布时,必须设置一个象征性的度量值,否则路由重发布将失败。

(1)重发布到 RIP 路由域的路由。重发布到 RIP 路由域的路由就是在 RIP 进程中,接收其他外部路由信息,包括 OSPF 路由、直连路由、静态路由等。在默认情况下,重发布到 RIP 路由域的路由度量值为 1,也可以使用相关命令修改默认度量值。

① 修改 RIP 路由进程的默认度量值。在重发布一个路由协议进程时,如果没有明确定义度量值,RIP 将使用 default-metric 命令定义的度量值;如果有明确定义的度量值,该值将覆盖 default-metric 命令定义的度量值。

修改默认度量值的命令如下:

ruijie(config-router)#default-metric *metric*

设备名称为ruijie 处于路由配置模式   设置的默认度量值

其中,*metric* 为设置的默认度量值。在默认情况下,*metric* 为 1。使用该命令的 no 选项可以恢复默认度量值,如 ruijie(config-router)#no default-metric。

示例:将 RIP 从 OSPF 协议学到的路由重发布,将这些重发布路由的初始 RIP 度量值设置为 3,具体代码如下:

ruijie(config)#router rip

ruijie(config-router)#default-metric 3
ruijie(config-router)#redistribute ospf 100

② 将 OSPF 路由域中的路由重发布到 RIP 路由域中（常用的路由重发布方式）的命令如下：

<u>指定OSPF进程号</u>　　　　　　　　　　<u>设置重发布过滤规则</u>

ruijie(config-router)#redistribute {ospf <1-65535> **}[metric** value **] [route-map** route-map-name **]**

<u>设备名称为ruijie</u>　　　　　<u>设置重发布路由的度量值</u>
处于路由配置模式

其中，<1-65535>为指定的 OSPF 进程号；value 为重发布路由的度量值，该值优先级高于 default-metric 命令定义的默认度量值的优先级；route-map-name 为设置重发布路由过滤规则的路由图名称，若在 route-map-name 中使用 set 命令修改了度量值，该度量值的优先级将高于 metric 命令定义的度量值的优先级。各命令定义的度量值的优先级从高到低为 route-map-name>metric value>default-metric。使用该命令的 no 选项可以取消已设置的重发布外部路由，如 ruijie(config-router)#no redistribute ospf 1 metric 2。

示例：将 OSPF 路由进程 1 的路由发布到 RIP 路由域中，且度量值为 2，具体代码如下。

ruijie(config)#router rip
ruijie(config-router)#redistribute ospf 1 metric 2

③ 将直连路由重发布到 RIP 路由域中的命令如下：

<u>指定从直连路由重发布</u>　　　　　　　<u>设置重发布过滤规则</u>

ruijie(config-router)#redistribute connected [metric value **] [route-map** route-map-name **]**

<u>设备名称为ruijie</u>　　　　　<u>设置重发布路由的度量值</u>
处于路由配置模式

使用该命令的 no 选项可以取消已设置的重发布外部路由，如 ruijie(config-router)#no redistribute connected metric 2。

示例：将直连路由发布到 RIP 路由域中，且度量值为 2，具体代码如下。

ruijie(config)#router rip
ruijie(config-router)#redistribute connected metric 2

④ 将静态路由重发布到 RIP 路由域中的命令如下：

<u>指定从静态路由重发布</u>　　　　　　　<u>设置重发布过滤规则</u>

ruijie(config-router)#redistribute static [metric value **] [route-map** route-map-name **]**

<u>设备名称为ruijie</u>　　　　　<u>设置重发布路由的度量值</u>
处于路由配置模式

使用该命令的 no 选项可以取消已设置的重发布外部路由，如 ruijie(config-router)#no redistribute static metric 2。

示例：将静态路由发布到 RIP 路由域中，且度量值为 2，具体代码如下。

ruijie(config)#router rip
ruijie(config-router)#redistribute static metric 2

⑤ 向 RIP 路由域中重发布默认路由。向 RIP 路由域中重发布默认路由的命令如下：

　　　　　　　　　　　　　<u>无条件产生默认路由</u>　　　　　　　<u>路由图名称</u>

ruijie(config-router)#default-information originate [always] [metric metric-value **][route-map** map-name **]**

<u>设备名称为ruijie</u>　　　　　<u>设置的默认路由初始度量值</u>
处于路由配置模式

其中，**always**（可选）可以使 RIP 路由域无条件产生默认路由，不管本地是否存在默认路由；

metric *metric-value*（可选）为默认路由初始度量值，metric-value 取值范围为 1～15，在默认情况下，度量值为 1；**route-map** *map-name*（可选）为关联的路由图的名称，默认没有关联路由图。使用该命令的 no 选项可以取消已生成的默认路由，如 ruijie(config-router)#no default-information originate always。

示例：在 RIP 路由域中产生一条默认路由，代码如下。

```
ruijie(config)#router rip
ruijie(config-router)#default-information originate always
```

（2）重发布到 OSPF 路由域的路由。重发布到 OSPF 路由域就是在 OSPF 协议进程中，接收其他外部路由信息，包括 RIP 路由、直连路由、静态路由等。在默认情况下，重发布到 OSPF 路由域的度量值为 20，也可以使用相关命令修改默认度量值。

① 修改 OSPF 路由进程的默认度量值。

在重发布一个路由协议进程时，如果没有明确定义度量值，OSPF 将使用 default-metric 命令定义的度量值；如果有明确定义的度量值，该值将覆盖 default-metric 命令定义的度量值。

修改默认度量值的命令如下：

ruijie(config-router)#default-metric *metric*

（设备名称为 ruijie，处于路由配置模式；设置的默认度量值）

其中，*metric* 为设置的默认度量值。在默认情况下，*metric* 为 20。使用该命令的 no 选项可以恢复默认度量值，如 ruijie(config-router)#no default-metric。

示例：将 OSPF 重发布路由的初始化度量值设置为 50，代码如下。

```
ruijie(config)#router rip
ruijie(config-router)#network 192.168.12.0
ruijie(config-router)#version 2
ruijie(config-router)#exit
ruijie(config)#router ospf
ruijie(config-router)#network 172.16.10.0 0.0.0.255 area 0
ruijie(config-router)#default-metric 50
ruijie(config-router)#redistribute rip subnets
```

② 将 RIP 路由域中的路由重发布到 OSPF 路由域中（常用的路由重发布方式）的命令如下：

ruijie(config-router)#redistribute RIP [metric *value* **] [route-map** *route-map-name* **] [subnets]**

（设备名称为 ruijie，处于路由配置模式；指定 RIP；设置重发布路由的度量值；设置重发布过滤规则的路由图名称；设置重发布非标准类型网络路由）

其中，*value* 为重发布路由的度量值，该值的优先级高于 default-metric 命令定义的默认度量值的优先级；*route-map-name* 为设置重发布路由过滤规则的路由图名称；subnets 为可重发布非标准类网络。因为 OSPF 协议属于无类路由协议，而 RIP 属于有类的路由协议，所以在重发布时需要指定关键字 subnets。

示例：将 RIP 路由发布到 OSPF 路由域中，且度量值为 100，使用 subnets 选项允许发布子网路由，具体代码如下。

```
ruijie(config)#router ospf 1
ruijie(config-router)#redistribute rip metric 100 subnets
```

③ 将直连路由重发布到 OSPF 路由域中的命令如下：

<small>指定直连路由　　　　　　　　　　设置重发布过滤规则的路由图名称</small>

ruijie(config-router)#redistribute connected [metric *value*] [route-map *route-map-name*] [subnets]

<small>设备名称为ruijie　　　　　　　设置重发布路由的度量值　　　　　　　设置重发布非标准类型网络路由
处于路由配置模式</small>

使用该命令的 no 选项可以取消已设置的重发布外部路由，如 ruijie(config-router)#no redistribute connected metric 30 subnets。

示例：将直连路由发布到 OSPF 路由域中，且度量值为 50，具体代码如下。

ruijie(config)#router ospf 1
ruijie(config-router)#redistribute connected metric 50 subnets

④ 将静态路由重发布到 OSPF 路由域中的命令如下：

<small>指定从静态重发布　　　　　　设置重发布过滤规则的路由图名称</small>

ruijie(config-router)#redistribute static [metric *value*] [route-map *route-map-name*] [subnets]

<small>设备名称为ruijie　　　　　　　设置重发布路由的度量值　　　　　　　设置重发布非标准类型网络路由
处于路由配置模式</small>

使用该命令的 no 选项可以取消已设置的重发布外部路由，如 ruijie(config-router)#no redistribute static metric 30。

示例：将直连路由发布到 OSPF 路由域中，且度量值为 30，具体代码如下。

ruijie(config)#router ospf 1
ruijie(config-router)#redistribute static metric 30 subnets

⑤ 向 OSPF 路由域中重发布默认路由。向 OSPF 路由域重发布默认路由的命令如下：

<small>无条件产生默认路由　　　　　　路由图名称</small>

ruijie(config-router)#default-information originate [always] [metric *metric-value*][route-map *map-name*][metric-type *type*]

<small>设备名称为ruijie　　　　　　　　　　　　设置的默认路由度量值　　　　　　　设置默认路由类型
处于路由配置模式</small>

其中，**always**（可选）可以使 RIP 路由域无条件产生默认路由，不管本地是否存在默认路由；**metric** *metric-value*（可选）为默认路由初始度量值，metric-value 取值范围为 1～15，在默认情况下，度量值为 1；**route-map** *map-name*（可选）为关联的路由图的名称，默认没有关联路由图。使用该命令的 no 选项可以取消已生成的默认路由，如 ruijie(config-router)#no default-information originate always。**metric-type** *type*（可选）为默认路由的类型。OSPF 外部路由有两种类型：类型 1，不同路由设备上看到的度量值不一样；类型 2，所有路由设备看到的度量值都一样。类型 1 的外部路由比类型 2 的外部路由可信度高。默认为类型 2。

示例：在 OSPF 路由域产生一条默认路由，代码如下。

ruijie(config)#router ospf 1
ruijie(config-router)#default-information originate always

3. 应用实例

在如图 7.3 所示的网络中，为路由器 R2 配置路由重发布功能，实现将直连路由、静态路由、RIP 动态路由重发布到 OSPF 路由域，将直连路由、静态路由、OSPF 路由重发布到 RIP 路由域。

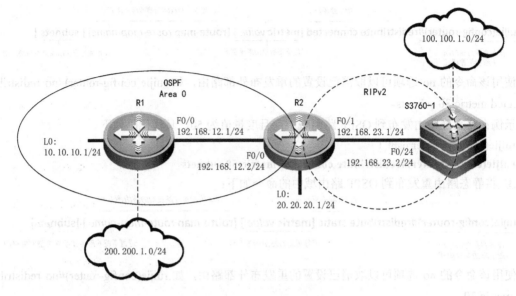

图 7.3 路由重发布应用实例

(1) 设备配置。

R1 的配置代码如下。

```
R1(config)#interface FastEthernet 0/0
R1(config-if)#ip address 192.168.12.1 255.255.255.0
R1(config-if)#exit
R1(config)#interface Loopback 0
R1(config-if)#ip address 10.10.10.1 255.255.255.0
R1(config-if)#exit
R1(config)#router ospf 1
R1(config-router)#network 10.10.10.0 0.0.0.255 area 0
R1(config-router)#network 192.168.12.0 0.0.0.255 area 0
R1(config-router)#
```

R2 的配置代码如下。

```
R2(config)#interface FastEthernet 0/0
R2(config-if)#ip address 192.168.12.2 255.255.255.0
R2(config-if)#exit
R2(config)#interface FastEthernet 0/1
R2(config-if)#ip address 192.168.23.1 255.255.255.0
R2(config-if)#exit
R2(config)#interface Loopback 0
R2(config-if)#ip address 20.20.20.1 255.255.255.0
R2(config-if)#exit
R2(config)#router ospf 1
R2(config-router)#redistribute connected subnets
R2(config-router)#redistribute static subnets
R2(config-router)#redistribute rip subnets
```

```
R2(config-router)#network 192.168.12.0 0.0.0.255 area 0
R2(config-router)#exit
R2(config)#router rip
R2(config-router)#version 2
R2(config-router)#network 192.168.23.0
R2(config-router)#no auto-summary
R2(config-router)#redistribute connected
R2(config-router)#redistribute static
R2(config-router)#redistribute ospf 1
R2(config-router)#exit
R2(config)#ip route 100.100.1.0 255.255.255.0 192.168.23.2
R2(config)#ip route 200.200.1.0 255.255.255.0 192.168.12.1
R2(config)#
```

交换机 S3760-1 的配置代码如下。

```
S3760-1(config)#interface FastEthernet 0/2
S3760-1(config-if)#no switchport
S3760-1(config-if)#ip address 192.168.23.2 255.255.255.0
S3760-1(config-if)#exit
S3760-1(config)#router rip
S3760-1(config-router)#version 2
S3760-1(config-router)#network 192.168.23.0
S3760-1(config-router)#no auto-summary
S3760-1(config-router)#
```

（2）结果测试。

显示 R1 的路由表的代码如下。

```
R1#show ip route
Codes:   C - connected, S - static, R - RIP, B - BGP
         O - OSPF, IA - OSPF inter area
         N1 - OSPF NSSA external type 1, N2 - OSPF NSSA external type 2
         E1 - OSPF external type 1, E2 - OSPF external type 2
         i - IS-IS, su - IS-IS summary, L1 - IS-IS level-1, L2 - IS-IS level-2
         ia - IS-IS inter area, * - candidate default
Gateway of last resort is no set
C     10.10.10.0/24 is directly connected, Loopback 0
C     10.10.10.1/32 is local host.
O E2  20.20.20.0/24 [110/20] via 192.168.12.2, 00:05:20, FastEthernet 0/0
O E2  100.100.1.0/24 [110/20] via 192.168.12.2, 00:05:02, FastEthernet 0/0
C     192.168.12.0/24 is directly connected, FastEthernet 0/0
C     192.168.12.1/32 is local host.
O E2  192.168.23.0/24 [110/20] via 192.168.12.2, 00:07:03, FastEthernet 0/0
```

从上述显示结果可以看出，R1 从 R2 学到直连路由 20.20.20.0/24、静态路由 100.100.1.0/24 及 RIP 动态路由 192.168.23.0/24 等，度量值都是默认值 20。

显示 R2 的路由表的代码如下。

```
R2#show ip route
Codes:   C - connected, S - static, R - RIP, B - BGP
         O - OSPF, IA - OSPF inter area
         N1 - OSPF NSSA external type 1, N2 - OSPF NSSA external type 2
         E1 - OSPF external type 1, E2 - OSPF external type 2
         i - IS-IS, su - IS-IS summary, L1 - IS-IS level-1, L2 - IS-IS level-2
         ia - IS-IS inter area, * - candidate default
Gateway of last resort is no set
O       10.10.10.1/32 [110/1] via 192.168.12.1, 00:33:39, FastEthernet 0/0
C       20.20.20.0/24 is directly connected, Loopback 0
C       20.20.20.1/32 is local host.
S       100.100.1.0/24 [1/0] via 192.168.23.2
C       192.168.12.0/24 is directly connected, FastEthernet 0/0
C       192.168.12.2/32 is local host.
C       192.168.23.0/24 is directly connected, FastEthernet 0/1
C       192.168.23.1/32 is local host.
S       200.200.1.0/24 [1/0] via 192.168.12.1
```

从上述显示结果可以看出，R2 从 R1 学到 OSPF 动态路由 10.10.10.1/32。

显示 S3760-1 的路由表的代码如下。

```
S3760-1#show ip route
Codes:   C - connected, S - static, R - RIP, B - BGP
         O - OSPF, IA - OSPF inter area
         N1 - OSPF NSSA external type 1, N2 - OSPF NSSA external type 2
         E1 - OSPF external type 1, E2 - OSPF external type 2
         i - IS-IS, su - IS-IS summary, L1 - IS-IS level-1, L2 - IS-IS level-2
         ia - IS-IS inter area, * - candidate default
Gateway of last resort is no set
R       10.10.10.1/32 [120/1] via 192.168.23.1, 00:21:04, FastEthernet 0/2
R       20.20.20.0/24 [120/1] via 192.168.23.1, 00:04:57, FastEthernet 0/2
R       192.168.12.0/24 [120/1] via 192.168.23.1, 00:21:04, FastEthernet 0/2
C       192.168.23.0/24 is directly connected, FastEthernet 0/2
C       192.168.23.2/32 is local host.
R       200.200.1.0/24 [120/1] via 192.168.23.1, 00:04:57, FastEthernet 0/2
```

从上述显示结果可以看出，S3760-1 从 R2 学到直连路由 20.20.20.0/24、静态路由 200.200.1.0/24 及 OSPF 动态路由 10.10.10.1/32 等，度量值都为默认值 1。

提问：R1 为什么没有学习到静态路由 200.200.1.0/24 呢？R2 为什么没有学习到静态路由 100.100.1.0/24 呢？

7.3 扩展知识

▶ 次优路由问题

在进行路由重发布配置时，有时会出现次优路由问题，下面通过一个实例进行具体描述。

在某企业网络中，同时运行 RIPv2 和 OSPF 协议两种路由协议，两个路由域通过两台边界路由器（RB 和 RC）互连，该企业网络拓扑图如图 7.4 所示。为了使两个路由域能够共享路由信息，在 RB 上进行 RIPv2 和 OSPF 协议的双向重分发，RC 作为内部网络出口，向 RIP 进程和 OSPF 进程中生成并通告了一条默认路由。

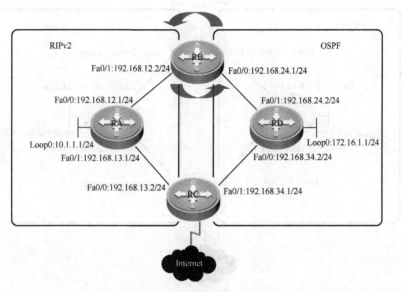

图 7.4　某企业网络拓扑图

在如图 7.4 所示的网络中，RB 在进行了双向的重分发后产生了一个路由选择问题。RC 同时通过 RIP 进程和 OSPF 进程获得了到达 RIP 网络 10.1.1.0/24 的路由，下一跳分别是 RA 和 RD。但是因为 OSPF 协议的 AD 值小于 RIP 的 AD 值，所以 RC 将优先选择 OSPF 路由，即 RC 通过 RD 到达 RIP 网络，这就产生了次优路径选择问题，如图 7.5 所示。

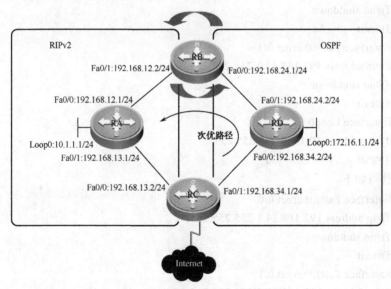

图 7.5　网络产生次优路径选择问题

由于 OSPF 协议的默认 AD 值小于 RIP 的默认 AD 值，因此 RC 会选择通过 RD 的路径。若要在这种情况下避免出现次优路径的选择问题，可以在 RC 上调整 OSPF 协议外部路由的 AD 值，使其大于 RIP 的 AD 值，这样 RC 将选择通过 RA 到达 RIP 网络 10.1.1.0/24，如图 7.6 所示。

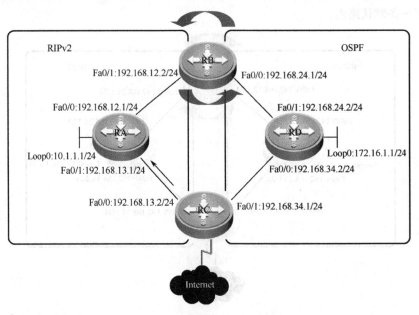

图 7.6 调整 AD 值后的网络路由

设备配置代码如下。

第 1 步：基本配置。RA 的配置代码如下。

```
RA(config)#interface FastEthernet 0/0
RA(config-if)#ip address 192.168.12.1 255.255.255.0
RA(config-if)#no shutdown
RA(config-if)#exit
RA(config)#interface FastEthernet 0/1
RA(config-if)#ip address 192.168.13.1 255.255.255.0
RA(config-if)#no shutdown
RA(config-if)#exit
RA(config)#interface Loop0
RA(config-if)#ip address 10.1.1.1 255.255.255.0
RA(config-if)#exit
```

RB 的配置代码如下。

```
RB(config)#interface FastEthernet 0/0
RB(config-if)#ip address 192.168.24.1 255.255.255.0
RB(config-if)#no shutdown
RB(config-if)#exit
RB(config)#interface FastEthernet 0/1
RB(config-if)#ip address 192.168.12.2 255.255.255.0
RB(config-if)#no shutdown
RB(config-if)#
```

RC 的配置代码如下。

```
RC(config)#interface FastEthernet 0/0
RC(config-if)#ip address 192.168.13.2 255.255.255.0
RC(config-if)#no shutdown
RC(config-if)#exit
RC(config)#interface FastEthernet 0/1
RC(config-if)#ip address 192.168. 34.1 255.255.255.0
RC(config-if)#no shutdown
RC(config-if)#
```

RD 的配置代码如下。

```
RD(config)#interface FastEthernet 0/0
RD(config-if)#ip address 192.168.34.2 255.255.255.0
RD(config-if)#no shutdown
RD(config-if)#exit
RD(config)#interface FastEthernet 0/1
RD(config-if)#ip address 192.168.24.2 255.255.255.0
RD(config-if)#no shutdown
RD(config-if)#exit
RD(config)#interface Loop0
RD(config-if)#ip address 172.16.1.1 255.255.255.0
RD(config-if)#no shutdown
RD(config-if)#
```

第 2 步：配置 RIP 及 OSPF 协议。RA 上的相关配置代码如下。

```
RA(config)#router rip
RA(config-router)#version 2
RA(config-router)#network 10.0.0.0
RA(config-router)#network 192.168.12.0
RA(config-router)#network 192.168.13.0
RA(config-router)#no auto-summary
```

RB 上的相关配置代码如下。

```
RB(config)#router rip
RB(config-router)#version 2
RB(config-router)#network 192.168.12.0
RB(config-router)#no auto-summary
RB(config-router)#exit
RB(config)#router ospf 1
RB(config-router)#network 192.168.24.0 0.0.0.255 area 0
RB(config-router)#
```

RC 上的相关配置代码如下。

```
RC(config)#router rip
RC(config-router)#version 2
RC(config-router)#network 192.168.13.0
RC(config-router)#default-information originate
```

```
RC(config-router)#no auto-summary
RC(config-router)#exit
RC(config)#router ospf 1
RC(config-router)#network 192.16.34.0 0.0.0.255 area 0
RC(config-router)#default-information originate always
RC(config-router)#
```

RD 上的相关配置代码如下。

```
RD(config)#router ospf 1
RD(config-router)#network 172.16.1.0 0.0.0.255 area 0
RD(config-router)#network 192.168.24.0 0.0.0.255 area 0
RD(config-router)#network 192.168.34.0 0.0.0.255 area 0
RD(config-router)#
```

第 3 步：配置路由重发布功能。在 RB 上配置路由重发布功能的代码如下。

```
RB(config)#router rip
RB(config-router)#redistribute connected
RB(config-router)#redistribute ospf 1
RB(config-router)#default-information originate always
RB(config-router)#exit
RB(config)#router ospf 1
RB(config-router)#redistribute connected subnets
RB(config-router)#redistribute rip subnets
RB(config-router)#default-information originate
RB(config-router)#
```

显示 RA 的路由表的代码如下。

```
RA#show ip route
Codes:   C - connected, S - static,   R - RIP B - BGP
     O - OSPF, IA - OSPF inter area
     N1 - OSPF NSSA external type 1, N2 - OSPF NSSA external type 2
     E1 - OSPF external type 1, E2 - OSPF external type 2
     i - IS-IS, L1 - IS-IS level-1, L2 - IS-IS level-2, ia - IS-IS inter area
     * - candidate default
Gateway of last resort is 192.168.12.2 to network 0.0.0.0
R*    0.0.0.0/0 [120/1] via 192.168.12.2, 00:00:11, FastEthernet 0/0
C     10.1.1.0/24 is directly connected, Loopback 0
C     10.1.1.1/32 is local host.
R     172.16.1.1/32 [120/1] via 192.168.12.2, 00:00:11, FastEthernet 0/0
C     192.168.12.0/24 is directly connected, FastEthernet 0/0
C     192.168.12.1/32 is local host.
C     192.168.13.0/24 is directly connected, FastEthernet 0/1
C     192.168.13.1/32 is local host.
R     192.168.24.0/24 [120/1] via 192.168.12.2, 00:00:11, FastEthernet 0/0
R     192.168.34.0/24 [120/1] via 192.168.12.2, 00:00:11, FastEthernet 0/0
```

显示 RB 的路由表的代码如下。

```
RB#show ip route
```

```
Codes:     C - connected, S - static,   R - RIP B - BGP
    O - OSPF, IA - OSPF inter area
    N1 - OSPF NSSA external type 1, N2 - OSPF NSSA external type 2
    E1 - OSPF external type 1, E2 - OSPF external type 2
    i - IS-IS, L1 - IS-IS level-1, L2 - IS-IS level-2, ia - IS-IS inter area
    * - candidate default
Gateway of last resort is no set
R       10.1.1.0/24 [120/1] via 192.168.12.1, 00:00:12, FastEthernet 0/1
O       172.16.1.1/32 [110/1] via 192.168.24.2, 00:16:58, FastEthernet 0/0
C       192.168.12.0/24 is directly connected, FastEthernet 0/1
C       192.168.12.2/32 is local host.
R       192.168.13.0/24 [120/1] via 192.168.12.1, 00:00:12, FastEthernet 0/1
C       192.168.24.0/24 is directly connected, FastEthernet 0/0
C       192.168.24.1/32 is local host.
O       192.168.34.0/24 [110/2] via 192.168.24.2, 00:18:16, FastEthernet 0/0
```

显示 RC 的路由表的代码如下。

```
RC#show ip route
Codes:     C - connected, S - static, R - RIP, B - BGP
    O - OSPF, IA - OSPF inter area
    N1 - OSPF NSSA external type 1, N2 - OSPF NSSA external type 2
    E1 - OSPF external type 1, E2 - OSPF external type 2
    i - IS-IS, su - IS-IS summary, L1 - IS-IS level-1, L2 - IS-IS level-2
    ia - IS-IS inter area, * - candidate default
Gateway of last resort is 192.168.34.2 to network 0.0.0.0
O*E2 0.0.0.0/0 [110/1] via 192.168.34.2, 00:01:27, FastEthernet 0/1
O E2 10.1.1.0/24 [110/20] via 192.168.34.2, 00:13:28, FastEthernet 0/1
O       172.16.1.1/32 [110/1] via 192.168.34.2, 00:13:29, FastEthernet 0/1
O E2 192.168.12.0/24 [110/20] via 192.168.34.2, 00:02:16, FastEthernet 0/1
C       192.168.13.0/24 is directly connected, FastEthernet 0/0
C       192.168.13.2/32 is local host.
O       192.168.24.0/24 [110/2] via 192.168.34.2, 00:13:29, FastEthernet 0/1
C       192.168.34.0/24 is directly connected, FastEthernet 0/1
C       192.168.34.1/32 is local host.
```

显示 RD 的路由表的代码如下。

```
RD#show ip route
Codes:     C - connected, S - static, R - RIP, B - BGP
    O - OSPF, IA - OSPF inter area
    N1 - OSPF NSSA external type 1, N2 - OSPF NSSA external type 2
    E1 - OSPF external type 1, E2 - OSPF external type 2
    i - IS-IS, su - IS-IS summary, L1 - IS-IS level-1, L2 - IS-IS level-2
    ia - IS-IS inter area, * - candidate default
Gateway of last resort is 192.168.24.1 to network 0.0.0.0
O*E2 0.0.0.0/0 [110/1] via 192.168.24.1, 00:01:55, FastEthernet 0/1
```

O E2   10.1.1.0/24 [110/20] via 192.168.24.1, 00:15:31, FastEthernet 0/1
C   172.16.1.0/24 is directly connected, Loopback 0
C   172.16.1.1/32 is local host.
O E2   192.168.12.0/24 [110/20] via 192.168.24.1, 00:02:44, FastEthernet 0/1
O E2   192.168.13.0/24 [110/20] via 192.168.24.1, 00:15:31, FastEthernet 0/1
C   192.168.24.0/24 is directly connected, FastEthernet 0/1
C   192.168.24.2/32 is local host.
C   192.168.34.0/24 is directly connected, FastEthernet 0/0
C   192.168.34.2/32 is local host.

从上述 RC 的路由表可以看出，RC 去往网络 10.1.1.0/24 的路由要经过 RD，这明显是一条次优路由。为了解决此问题，需要按如下方式调整进入 RC 的 OSPF 协议的 AD 值。

第 4 步：修改 AD 值。

将 RC 的 OSPF 协议的 AD 值修改为 140，以使其大于 RIP 的默认 AD 值 120。

```
RC(config)#router ospf 1
RC(config-router)#distance ospf external 140
RC(config-router)#end
```

第 5 步：测试。

使用 show ip route 命令观察在 AD 值修改前后 RC 的路由表变化情况，具体代码如下。

RC#show ip route
Codes: C - connected, S - static, R - RIP, B - BGP
          O - OSPF, IA - OSPF inter area
          N1 - OSPF NSSA external type 1, N2 - OSPF NSSA external type 2
          E1 - OSPF external type 1, E2 - OSPF external type 2
          i - IS-IS, su - IS-IS summary, L1 - IS-IS level-1, L2 - IS-IS level-2
          ia - IS-IS inter area, * - candidate default
Gateway of last resort is 192.168.13.1 to network 0.0.0.0
R*   0.0.0.0/0 [120/1] via 192.168.13.1, 00:00:58, FastEthernet 0/0
R   10.1.1.0/24 [120/1] via 192.168.13.1, 00:00:58, FastEthernet 0/0
O   172.16.1.1/32 [110/1] via 192.168.34.2, 00:02:07, FastEthernet 0/1
R   192.168.12.0/24 [120/1] via 192.168.13.1, 00:00:58, FastEthernet 0/0
C   192.168.13.0/24 is directly connected, FastEthernet 0/0
C   192.168.13.2/32 is local host.
O   192.168.24.0/24 [110/2] via 192.168.34.2, 00:02:07, FastEthernet 0/1
C   192.168.34.0/24 is directly connected, FastEthernet 0/1
C   192.168.34.1/32 is local host.

从上述 RC 的路由表可以看出，去往网络 10.1.1.0/24 的路由是经过 RA 的。

7.4 演示实例

1. 背景描述

某网络中有 3 台路由器，分别为 RA、RB、RC，RA 和 RB 的 Fa0/0 接口位于 RIPv2 进程中，RC 和 RB 的 Fa0/1 接口位于 OSPF 进程中，如图 7.7 所示。

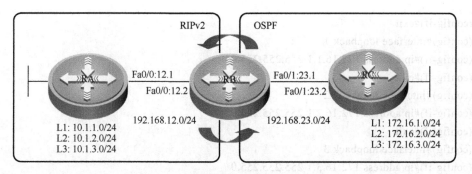

图 7.7 RIP 与 OSPF 间路由重发布实例

RB 需要将 RIP 路由重发布到 OSPF 进程中，并将种子度量值指定为 100，这样 RC 从 RB 中获得前往网络 10.1.1.01/24、10.1.2.01/24、10.1.3.01/24 的 3 条路由。

RB 需要将 OSPF 路由重发布到 RIP 进程中，并将种子度量值指定为 2，这样 RA 从 RB 中获得前往网络 172.16.1.01/24、172.16.2.01/24、172.16.3.01/24 的 3 条路由。

2. 操作步骤

第 1 步：基本配置。RA 的配置代码如下。

```
RA(config)#interface fastethernet 0/0
RA(config-if)#ip address 192.168.12.1 255.255.255.0
RA(config-if)#no shutdown
RA(config-if)#exit
RA(config)#interface loopback 1
RA(config-if)#ip address 10.1.1.1 255.255.255.0
RA(config-if)#exit
RA(config)#interface loopback 2
RA(config-if)#ip address 10.1.2.1 255.255.255.0
RA(config-if)#exit
RA(config)#interface loopback 3
RA(config-if)#ip address 10.1.3.1 255.255.255.0
RA(config-if)#
```

RB 的配置代码如下。

```
RB(config)#interface fastethernet 0/0
RB(config-if)#ip address 192.168.12.2 255.255.255.0
RB(config-if)#no shutdown
RB(config-if)#exit
RB(config)#interface fastethernet 0/1
RB(config-if)#ip address 192.168.23.1 255.255.255.0
RB(config-if)#no shutdown
RB(config-if)#
```

RC 的配置代码如下。

```
RC(config)#interface fastethernet 0/1
RC(config-if)#ip address 192.168.23.2 255.255.255.0
RC(config-if)#no shutdown
```

```
RC(config-if)#exit
RC(config)#interface loopback 1
RC(config-if)#ip address 172.16.1.1 255.255.255.0
RC(config-if)#exit
RC(config)#interface loopback 2
RC(config-if)#ip address 172.16.2.1 255.255.255.0
RC(config-if)#exit
RC(config)#interface loopback 3
RC(config-if)#ip address 172.16.3.1 255.255.255.0
RC(config-if)#
```

第 2 步：配置路由协议。RA 的路由协议配置代码如下。

```
RA(config)#router rip
RA(config-router)#version 2
RA(config-router)#network 10.0.0.0
RA(config-router)#network 192.168.12.0
RA(config-router)#no auto-summary
RA(config-router)#
```

RB 的路由协议配置代码如下。

```
RB(config)#router rip
RB(config-router)#version 2
RB(config-router)#network 192.168.12.0
RB(config-router)#no auto-summary
RB(config-router)#exit
RB(config)#router ospf 1
RB(config-router)#network 192.168.23.0 0.0.0.255 area 0
RB(config-router)#exit
RB(config)#ip route 100.1.1.0 255.255.255.0    Fa 0/1
RB(config-router)#
```

RC 的路由协议配置代码如下。

```
RC(config)#router ospf 1
RC(config-router)#network 192.168.23.0 0.0.0.255 area 0
RC(config-router)#network 172.16.1.0 0.0.0.255 area 0
RC(config-router)#network 172.16.2.0 0.0.0.255 area 0
RC(config-router)#network 172.16.3.0 0.0.0.255 area 0
RC(config-router)#
```

第 3 步：配置路由重发布功能。在 RB 上配置路由重布功能的代码如下。

```
RB(config)#router rip
RB(config-router)#redistribute ospf 1 metric 2
RB(config-router)#exit
RB(config)#router ospf 1
RB(config-router)#redistribute rip metric 100 subnets
RB(config-router)#
```

第 4 步：查看路由表。显示 RA 的路由表的代码如下。

```
RA#show ip route
```

C	10.1.1.0/24 is directly connected, Loopback 1	
C	10.1.1.1/32 is local host.	
C	10.1.2.0/24 is directly connected, Loopback 2	
C	10.1.2.1/32 is local host.	
C	10.1.3.0/24 is directly connected, Loopback 3	
C	10.1.3.1/32 is local host.	
R	172.16.1.1/32 [120/2] via 192.168.12.2, 00:00:19, FastEthernet 0/0	
R	172.16.2.1/32 [120/2] via 192.168.12.2, 00:00:19, FastEthernet 0/0	
R	172.16.3.1/32 [120/2] via 192.168.12.2, 00:00:19, FastEthernet 0/0	
C	192.168.12.0/24 is directly connected, FastEthernet 0/0	
C	192.168.12.1/32 is local host.	

显示 RC 的路由表的代码如下。

```
RC#show ip route
O E2 10.1.1.0/24 [110/100] via 192.168.23.1, 00:02:35, FastEthernet 0/1
O E2 10.1.2.0/24 [110/100] via 192.168.23.1, 00:02:35, FastEthernet 0/1
O E2 10.1.3.0/24 [110/100] via 192.168.23.1, 00:02:35, FastEthernet 0/1
   C      172.16.1.0/24 is directly connected, Loopback 1
   C      172.16.1.1/32 is local host.
   C      172.16.2.0/24 is directly connected, Loopback 2
   C      172.16.2.1/32 is local host.
   C      172.16.3.0/24 is directly connected, Loopback 3
   C      172.16.3.1/32 is local host.
   C      192.168.23.0/24 is directly connected, FastEthernet 0/1
   C      192.168.23.2/32 is local host.
```

从上述路由表中可以看出，RA 没有学习到 192.168.23.0/24 网络路由；同样，RC 也没有学习到 192.168.12.0/24 网络路由。造成此现象的原因是网络 192.168.12.0/24 通过接口 Fa0/0 与 RB 直接相连；网络 192.168.23.0/24 通过接口 Fa0/1 与 RB 直接相连。去往这两个网络的路由属于直连路由，需要将直连路由重发布到 RIP 进程或 OSPF 进程中。

由于没有配置静态路由重发布功能，因此 RA 和 RC 也没有学习到 100.1.1.0/24 网络路由。

为了使 RA、RC 能够学习到静态路由及直连路由，需要补充如下配置代码。

```
RB(config)#router rip
RB(config-router)#redistribute connected
RB(config-router)#redistribute static
RB(config-router)#exit
RB(config)#router ospf 1
RB(config-router)#redistribute connected subnets
RB(config-router)#redistribute static subnets
RB(config-router)#exit
```

在完成上述配置后，再次查看 RA 及 RC 的路由表。显示 RA 的路由表的代码如下。

```
RA#show ip route
   C      10.1.1.0/24 is directly connected, Loopback 1
   C      10.1.1.1/32 is local host.
   C      10.1.2.0/24 is directly connected, Loopback 2
```

```
C       10.1.2.1/32 is local host.
C       10.1.3.0/24 is directly connected, Loopback 3
C       10.1.3.1/32 is local host.
R       100.1.1.0/24 [120/1] via 192.168.12.2, 00:00:25, FastEthernet 0/0
R       172.16.1.1/32 [120/2] via 192.168.12.2, 00:00:25, FastEthernet 0/0
R       172.16.2.1/32 [120/2] via 192.168.12.2, 00:00:25, FastEthernet 0/0
R       172.16.3.1/32 [120/2] via 192.168.12.2, 00:00:25, FastEthernet 0/0
C       192.168.12.0/24 is directly connected, FastEthernet 0/0
C       192.168.12.1/32 is local host.
R       192.168.23.0/24 [120/1] via 192.168.12.2, 00:00:25, FastEthernet 0/0
```

从 RA 的路由表中可以看出，RA 已经学到直连路由及静态路由了。显示 RC 的路由表的代码如下。

```
RC#show ip route
O E2    10.1.1.0/1 [110/100] via 192.168.23.1, 00:20:10, FastEthernet 0/1
O E2    10.1.2.0/1 [110/100] via 192.168.23.1, 00:20:10, FastEthernet 0/1
O E2    10.1.3.0/1 [110/100] via 192.168.23.1, 00:20:10, FastEthernet 0/1
O E2    100.1.1.0/1 [110/20] via 192.168.23.1, 00:01:19, FastEthernet 0/1
C       172.16.1.0/24 is directly connected, Loopback 1
C       172.16.1.1/32 is local host.
C       172.16.2.0/24 is directly connected, Loopback 2
C       172.16.2.1/32 is local host.
C       172.16.3.0/24 is directly connected, Loopback 3
C       172.16.3.1/32 is local host.
O E2    192.168.12.0/1 [110/20] via 192.168.23.1, 00:15:37, FastEthernet 0/1
C       192.168.23.0/24 is directly connected, FastEthernet 0/1
C       192.168.23.2/32 is local host.
```

从 RC 的路由表中可以看出，RC 已经学到直连路由及静态路由了。

如果在如图 7.8 所示的网络中，RB 作为接入互联网的设备，还需要配置默认路由，同时需要将默认路由分发到 RIP 路由域及 OSPF 路由域中的其他路由器中。

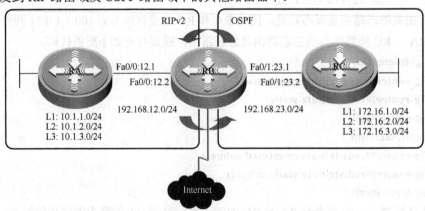

图 7.8 重发布默认路由网络

RB 的默认路由的配置代码如下。

```
RB(config)#router ospf 1
```

```
RB(config-router)#redistribute connected subnets
RB(config-router)#redistribute static subnets
RB(config-router)#redistribute rip subnets
RB(config-router)#network 192.168.23.0 0.0.0.255 area 0
RB(config-router)#default-information originate always
RB(config-router)#exit
RB(config)#router rip
RB(config-router)#version 2
RB(config-router)#network 192.168.12.0
RB(config-router)#no auto-summary
RB(config-router)#redistribute connected
RB(config-router)#redistribute static
RB(config-router)#redistribute ospf
RB(config-router)#default-information originate
RB(config-router)#exit
RB(config)#ip route   100.1.1.0 255.255.255.0    FastEthernet 0/1
```

在完成上述配置后，再次查看 RA 及 RC 的路由表。显示 RA 的路由表的代码如下。

```
RA#show ip route
Codes:    C - connected, S - static,   R - RIP B - BGP
    O - OSPF, IA - OSPF inter area
        N1 - OSPF NSSA external type 1, N2 - OSPF NSSA external type 2
        E1 - OSPF external type 1, E2 - OSPF external type 2
            i - IS-IS, L1 - IS-IS level-1, L2 - IS-IS level-2, ia - IS-IS inter area
        * - candidate default
Gateway of last resort is 192.168.12.2 to network 0.0.0.0
R*    0.0.0.0/0 [120/1] via 192.168.12.2, 00:00:25, FastEthernet 0/0
C     10.1.1.0/24 is directly connected, Loopback 1
C     10.1.1.1/32 is local host.
C     10.1.2.0/24 is directly connected, Loopback 2
C     10.1.2.1/32 is local host.
C     10.1.3.0/24 is directly connected, Loopback 3
C     10.1.3.1/32 is local host.
R     100.1.1.0/24 [120/1] via 192.168.12.2, 00:00:25, FastEthernet 0/0
R     172.16.1.1/32 [120/2] via 192.168.12.2, 00:00:25, FastEthernet 0/0
R     172.16.2.1/32 [120/2] via 192.168.12.2, 00:00:25, FastEthernet 0/0
R     172.16.3.1/32 [120/2] via 192.168.12.2, 00:00:25, FastEthernet 0/0
C     192.168.12.0/24 is directly connected, FastEthernet 0/0
C     192.168.12.1/32 is local host.
R     192.168.23.0/24 [120/1] via 192.168.12.2, 00:00:25, FastEthernet 0/0
```

从 RA 的路由表中可以看出，RA 已经从 RB 中学习到一条默认路由信息了。显示 RC 的路由表的代码如下。

```
RC#show ip route
Codes:    C - connected, S - static, R - RIP, B - BGP
```

```
                    O - OSPF, IA - OSPF inter area
       N1 - OSPF NSSA external type 1, N2 - OSPF NSSA external type 2
              E1 - OSPF external type 1, E2 - OSPF external type 2
           i - IS-IS, su - IS-IS summary, L1 - IS-IS level-1, L2 - IS-IS level-2
                  ia - IS-IS inter area, * - candidate default
Gateway of last resort is 192.168.23.1 to network 0.0.0.0
O*E2 0.0.0.0/0 [110/1] via 192.168.23.1, 00:15:11, FastEthernet 0/1
O E2 10.1.1.0/24 [110/20] via 192.168.23.1, 00:20:10, FastEthernet 0/1
O E2 10.1.2.0/24 [110/20] via 192.168.23.1, 00:20:10, FastEthernet 0/1
O E2 10.1.3.0/24 [110/20] via 192.168.23.1, 00:20:10, FastEthernet 0/1
O E2 100.1.1.0/24 [110/20] via 192.168.23.1, 00:01:19, FastEthernet 0/1
C       172.16.1.0/24 is directly connected, Loopback 1
C       172.16.1.1/32 is local host.
C       172.16.2.0/24 is directly connected, Loopback 2
C       172.16.2.1/32 is local host.
C       172.16.3.0/24 is directly connected, Loopback 3
C       172.16.3.1/32 is local host.
O E2 192.168.12.0/24 [110/20] via 192.168.23.1, 00:15:37, FastEthernet 0/1
C       192.168.23.0/24 is directly connected, FastEthernet 0/24
C       192.168.23.2/32 is local host.
```

从 RC 的路由表中可以看出，RC 也从 RB 中学习到一条默认路由信息了。

7.5 训练任务

1. 背景描述

在如图 7.9 所示的网络中，实现从 RIP 路由域重发布到 OSPF 路由域的路由初始度量值为 30，从 OSPF 路由域重发布到 RIP 路由域的路由初始度量值为 5；SW1 及 SW4 中的 L0 路由采用直连路由重发布，且 SW1 初始度量值为 50，SW4 初始度量值为 5；R3 对于 RIP 路由域及 OSPF 路由域采用默认路由重发布；最终实现内网互通，并能访问互联网。

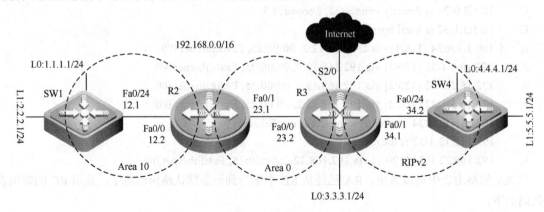

图 7.9 应用案例

2. 操作步骤

(1) 设备配置。

SW1 的配置代码如下。

```
SW1(config)#interface FastEthernet 0/24
SW1(config-if)#no switchport
SW1(config-if)#ip address 192.168.12.1 255.255.255.0
SW1(config-if)#exit
SW1(config)#interface Loopback 0
SW1(config-if)#ip address 1.1.1.1 255.255.255.0
SW1(config-if)#exit
SW1(config)#interface Loopback 1
SW1(config-if)#ip address 2.2.2.1 255.255.255.0
SW1(config-if)#exit
SW1(config)#router ospf 1
SW1(config-router)#network 1.1.1.0 0.0.0.255 area 10
SW1(config-router)#network 192.168.12.0 0.0.0.255 area 10
SW1(config-router)#redistribute connected metric 50 subnets
SW1(config-router)#
```

R2 的配置代码如下。

```
R2(config)#interface FastEthernet 0/0
R2(config-if)#ip address 192.168.12.2 255.255.255.0
R2(config-if)#exit
R2(config)#interface FastEthernet 0/1
R2(config-if)#ip address 192.168.23.1 255.255.255.0
R2(config-if)#exit
R2(config)#router ospf 1
R2(config-router)#network 192.168.12.0 0.0.0.255 area 10
R2(config-router)#network 192.168.23.0 0.0.0.255 area 0
R2(config-router)#
```

R3 的配置代码如下。

```
R3(config)#interface Serial 2/0
R3(config-if)#ip address 100.1.1.1 255.255.255.0
R3(config-if)#exit
R3(config)#interface FastEthernet 0/0
R3(config-if)#ip address 192.168.23.2 255.255.255.0
R3(config-if)#exit
R3(config)#interface FastEthernet 0/1
R3(config-if)#ip address 192.168.34.1 255.255.255.0
R3(config-if)#exit
R3(config)#interface Loopback 0
R3(config-if)#ip address 3.3.3.1 255.255.255.0
R3(config-if)#exit
R3(config)#router ospf 1
```

```
R3(config-router)#network 192.168.23.0 0.0.0.255 area 0
R3(config-router)#redistribute connected subnets
R3(config-router)#redistribute static subnets
R3(config-router)#redistribute rip metric 30 subnets
R3(config-router)#default-information originate
R3(config-router)#exit
R3(config)#router rip
R3(config-router)#version 2
R3(config-router)#network 192.168.34.0
R3(config-router)#no auto-summary
R3(config-router)#redistribute connected
R3(config-router)#redistribute static
R3(config-router)#redistribute ospf 1 metric 5
R3(config-router)#default-information originate
R3(config-router)#exit
R3(config)#ip route 0.0.0.0 0.0.0.0 100.1.1.2
R3(config)#
```

SW4 的配置代码如下。

```
SW4(config)#interface FastEthernet 0/24
SW4(config-if)#no switchport
SW4(config-if)#ip address 192.168.34.2 255.255.255.0
SW4(config-if)#exit
SW4(config)#interface Loopback 0
SW4(config-if)#ip address 4.4.4.1 255.255.255.0
SW4(config-if)#exit
SW4(config)#interface Loopback 1
SW4(config-if)#ip address 5.5.5.1 255.255.255.0
SW4(config-if)#exit
SW4(config)#router rip
SW4(config-router)#version 2
SW4(config-router)#network 4.4.4.0 0.0.0.255
SW4(config-router)#network 192.168.34.0
SW4(config-router)#no auto-summary
SW4(config-router)#redistribute connected metric 5
SW4(config-router)#
```

（2）结果测试。

显示 SW1 的路由表的代码如下。

```
SW1#show ip route
Codes:   C - connected, S - static, R - RIP, B - BGP
         O - OSPF, IA - OSPF inter area
         N1 - OSPF NSSA external type 1, N2 - OSPF NSSA external type 2
         E1 - OSPF external type 1, E2 - OSPF external type 2
         i - IS-IS, su - IS-IS summary, L1 - IS-IS level-1, L2 - IS-IS level-2
```

         ia - IS-IS inter area, * - candidate default
Gateway of last resort is 192.168.12.2 to network 0.0.0.0

O*E2 0.0.0.0/0 [110/1] via 192.168.12.2, 00:49:45, FastEthernet 0/24
C   1.1.1.0/24 is directly connected, Loopback 0
C   1.1.1.1/32 is local host.
C   2.2.2.0/24 is directly connected, Loopback 1
C   2.2.2.1/32 is local host.
O E2 3.3.3.0/24 [110/20] via 192.168.12.2, 01:14:23, FastEthernet 0/24
O E2 4.4.4.0/24 [110/30] via 192.168.12.2, 00:15:28, FastEthernet 0/24
O E2 5.5.5.0/24 [110/30] via 192.168.12.2, 00:04:01, FastEthernet 0/24
O E2 100.1.1.0/24 [110/20] via 192.168.12.2, 01:14:23, FastEthernet 0/24
C   192.168.12.0/24 is directly connected, FastEthernet 0/24
C   192.168.12.1/32 is local host.
O IA 192.168.23.0/24 [110/2] via 192.168.12.2, 01:24:09, FastEthernet 0/24
O E2 192.168.34.0/24 [110/20] via 192.168.12.2, 01:12:49, FastEthernet 0/24

从上述显示结果可以看出，SW1 从 R2 中学习到了默认路由、RIP 重发布过来的路由 4.4.4.0/24 和 5.5.5.0/24、直连路由 3.3.3.0/24 和 192.168.34.0/24 及 OSPF 区域间路由 192.168.23.0/24。

显示 R2 的路由表的代码如下。

R2#show ip route
Codes: C - connected, S - static, R - RIP, B - BGP
         O - OSPF, IA - OSPF inter area
         N1 - OSPF NSSA external type 1, N2 - OSPF NSSA external type 2
         E1 - OSPF external type 1, E2 - OSPF external type 2
         i - IS-IS, su - IS-IS summary, L1 - IS-IS level-1, L2 - IS-IS level-2
         ia - IS-IS inter area, * - candidate default
Gateway of last resort is 192.168.23.2 to network 0.0.0.0

O*E2 0.0.0.0/0 [110/1] via 192.168.23.2, 00:50:59, FastEthernet 0/1
O   1.1.1.0/24 [110/1] via 192.168.12.1, 01:25:21, FastEthernet 0/0
O E2 2.2.2.0/24 [110/50] via 192.168.12.1, 00:03:24, FastEthernet 0/0
O E2 3.3.3.0/24 [110/20] via 192.168.23.2, 01:15:37, FastEthernet 0/1
O E2 4.4.4.0/24 [110/30] via 192.168.23.2, 00:16:42, FastEthernet 0/1
O E2 5.2.5.0/24 [110/30] via 192.168.23.2, 00:12:00, FastEthernet 0/1
O E2 100.1.1.0/24 [110/20] via 192.168.23.2, 01:15:37, FastEthernet 0/1
C   192.168.12.0/24 is directly connected, FastEthernet 0/0
C   192.168.12.2/32 is local host.
C   192.168.23.0/24 is directly connected, FastEthernet 0/1
C   192.168.23.1/32 is local host.
O E2 192.168.34.0/24 [110/20] via 192.168.23.2, 01:14:02, FastEthernet 0/1

从上述显示结果看出，R2 从 SW1 中学习到了 OSPF 协议路由 1.1.1.0/24 及直连路由 2.2.2.0/24；从 R3 中学习到了默认路由、RIP 重发布过来的路由 4.4.4.0/24 和 5.5.5.0/24、直连路由 192.168.34.0/24。

显示 R3 的路由表的代码如下。

R3#show ip route
Codes: C - connected, S - static, R - RIP, B - BGP

```
              O - OSPF, IA - OSPF inter area
              N1 - OSPF NSSA external type 1, N2 - OSPF NSSA external type 2
              E1 - OSPF external type 1, E2 - OSPF external type 2
              i - IS-IS, su - IS-IS summary, L1 - IS-IS level-1, L2 - IS-IS level-2
              ia - IS-IS inter area, * - candidate default
Gateway of last resort is 100.1.1.2 to network 0.0.0.0
S*       0.0.0.0/0 [1/0] via 100.1.1.2
O IA  1.1.1.0/24 [110/2] via 192.168.23.1, 01:26:26, FastEthernet 0/1
O E2  2.2.2.0/24 [110/50] via 192.168.23.1, 00:04:31, FastEthernet 0/1
C        3.3.3.0/24 is directly connected, Loopback 0
C        3.3.3.1/32 is local host.
R        4.4.4.0/24 [120/1] via 192.168.34.2, 00:17:51, FastEthernet 0/0
R        5.5.5.0/24 [120/5] via 192.168.34.2, 00:11:45, FastEthernet 0/0
C        100.1.1.0/24 is directly connected, Serial 2/0
C        100.1.1.1/32 is local host.
O IA  192.168.12.0/24 [110/2] via 192.168.23.1, 01:26:29, FastEthernet 0/1
C        192.168.23.0/24 is directly connected, FastEthernet 0/1
C        192.168.23.2/32 is local host.
C        192.168.34.0/24 is directly connected, FastEthernet 0/0
C        192.168.34.1/32 is local host.
```

显示 SW4 路由表的代码如下。

```
SW4#show ip route
Codes:   C - connected, S - static, R - RIP, B - BGP
              O - OSPF, IA - OSPF inter area
              N1 - OSPF NSSA external type 1, N2 - OSPF NSSA external type 2
              E1 - OSPF external type 1, E2 - OSPF external type 2
              i - IS-IS, su - IS-IS summary, L1 - IS-IS level-1, L2 - IS-IS level-2
              ia - IS-IS inter area, * - candidate default
Gateway of last resort is 192.168.34.1 to network 0.0.0.0
R*       0.0.0.0/0 [120/1] via 192.168.34.1, 00:53:08, FastEthernet 0/24
R        1.1.1.0/24 [120/2] via 192.168.34.1, 00:27:01, FastEthernet 0/24
R        2.2.2.0/24 [120/2] via 192.168.34.1, 00:07:01, FastEthernet 0/24
R        3.3.3.0/24 [120/1] via 192.168.34.1, 00:27:01, FastEthernet 0/24
C        4.4.4.0/24 is directly connected, Loopback 0
C        4.4.1.1/32 is local host.
C        5.5.5.0/24 is directly connected, Loopback 1
C        5.5.5.1/32 is local host.
R        100.1.1.0/24 [120/1] via 192.168.34.1, 00:27:01, FastEthernet 0/24
R        192.168.12.0/24 [120/2] via 192.168.34.1, 01:16:16, FastEthernet 0/24
R        192.168.23.0/24 [120/1] via 192.168.34.1, 01:16:16, FastEthernet 0/24
C        192.168.34.0/24 is directly connected, FastEthernet 0/24
C        192.168.34.2/32 is local host.
```

练习题

1. 选择题

（1）重发布到 RIP 路由域中的路由的默认度量值是（　　）。
  A．1   B．10   C．20   D．30

（2）重发布到 OSPF 路由域中的路由的默认度量值是（　　）。
  A．1   B．10   C．20   D．30

（3）OSPF 路由对 RIP 路由进行重发布，将这些重发布路由的初始 RIP 度量值设置为 3，正确的配置命令是（　　）。

  A．ruijie(config)#router rip
   ruijie(config-router)#default-metric 3
   ruijie(config-router)#redistribute ospf 100

  B．ruijie(config)#router rip
   ruijie(config)#default-metric 3
   ruijie(config)#redistribute ospf 100

  C．ruijie(config)#router ospf 1
   ruijie(config-router)#default-metric 3
   ruijie(config-router)#redistribute RIP

  D．ruijie(config)#router rip
   ruijie(config-router)#redistribute ospf 100

（4）在重发布到 OSPF 路由时，"redistribute static metric 30 subnets" 命令表示（　　）。
  A．禁止标准静态路由重发布到 RIP 路由
  B．禁止所有路由重发布 RIP 路由
  C．允许将所有路由重发布到 RIP 路由
  D．允许将非标准静态路由重发布到 RIP 路由

（5）在重发布默认路由时，"default-information originate always" 命令表示（　　）。
  A．禁止重发布默认路由
  B．禁止发布所有默认路由
  C．无条件重发布默认路由
  D．允许发布默认路由，且默认度量值为 20

2. 简答题

（1）简述路由重发布的工作原理。

（2）在重发布到 RIP 路由域中时，静态路由和直连路由的默认度量值是多少？其他重发布路由的默认度量值是多少？

（3）在重发布到 OSPF 路由域中时，静态路由和直连路由的默认度量值是多少？其他重发布路由的默认度量值是多少？

（4）简述重发布的配置命令及步骤。

项目 8 策略路由

在常规路由选择规则中，路由器取出报文中的目标 IP 地址，通过查找路由表来确定报文转发路径。有时为了便于管理网络，需要根据管理者要求和策略来操纵报文的转发路径。使用策略路由（Policy-Based Routing，PBR）可以实现报文有条件地转发路由。

本项目主要介绍路由器策略路由相关知识（包括定义及应用）及策略路由配置技能。

知识点、技能点

1. 了解路由器策略路由实现功能。
2. 掌握路由器策略路由配置方法。

8.1 问题提出

在网络应用中，有时需要根据数据包源 IP 地址或根据源地址、目标地址、接口号、协议及数据包长度控制数据包转发路径。此时可以通过配置策略路由实现路由器有条件地转发数据包。

8.2 相关知识

▶ 1. 策略路由概述

（1）路由的产生。

通过手动设置或动态路由协议产生路由。手动设置路由是管理员依据网络结构确定路由走向手动设置的静态路由，具有简单、成本低等优点，适用于小型网络。动态路由协议（如 RIP 或 OSPF 协议）通过交换路由信息、执行一定的路由算法，选择最优路径产生动态路由（能实时反映网络拓扑变化），适用于大中型网络。

如果一台路由器同时启用多个不同的路由协议，不同路由协议获得到达同一网络的不同路径路由信息，路由器将首先比较不同路由协议的 AD 值。AD 值越小，可信度越高，RIP 默认 AD 值为 120，OSPF 默认 AD 值为 110。路由器优先将可信度高的路由放入路由表中。

在 AD 值相同的情况下，通过度量值来表示路径的好坏，如 RIP 以跳数来衡量，OSPF 协议以成本 Cost 来衡量。度量值越小，路径越优。例如，到达某网络的一条路径的度量值为 10，另一条路径的度量值为 50，路由器优先选择度量值低的。

总之，路由表中的路由都是在经过比较 AD 值及度量值后，选择最优路由的。

（2）传统路由转发。

当路由器接收到数据包后，首先提取数据包中的目标地址，并开始对路由表进行查找，以查找路由表中是否有到达目标网络的路由信息。如果路由表中有到达目标网络的路由信息，则路由器根据路由表中的路由信息对数据包进行转发。如果路由表中没有数据包去往目的网络的路由信息，则路由器再次查看路由表是否设置了默认路由，有默认路由则按默认路由转发，没有默认路由则直接丢弃该数据包。

(3) 策略路由原理。

策略路由是一种灵活的数据包路由转发机制。在路由器上应用策略路由，使路由器根据路由图决定如何处理经过路由器的数据包。策略路由为网络管理者提供了比传统的路由选择对报文更强的控制能力。

在使用策略路由时，当路由器接收到数据包后，首先根据预先制定的策略对数据包进行匹配，如果匹配到一条策略，就根据该策略指定的方式对数据包进行转发；如果没有匹配到任何策略，路由器将按照传统的路由选择方式，依据路由表中的路由信息对数据包进行路径选择。

策略路由原理如图8.1所示。边界路由器作为企业网络的出口，分别通过两条链路与两个ISP相连。从图8.1中可以看出，路由器拥有两条静态默认路由，下一跳分别为ISP1和ISP2。在正常情况下，路由器将基于目的地址在这两条链路上对数据进行负载分担，但无法人为控制报文的传输路径，传输路径是由路由器动态决定的。

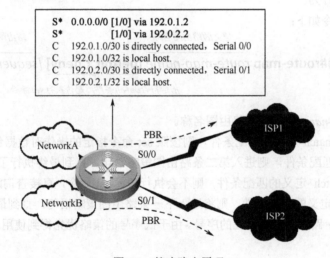

图 8.1 策略路由原理

在企业网络中，如果需要将来自NetworkA的数据流发送至ISP1，而将来自NetworkB的数据流发送至ISP2，则可以使用策略路由来实现。在策略路由中，可以为路由器设置策略，使其将接收到的源地址为NetworkA的数据包发送到S0/0链路，将接收到的源地址为NetworkB的数据包发送到S0/1链路，这样就达到了基于策略进行路由选择的目的。

在网络中使用策略路由具有如下优势。

(1) 灵活地选择路径：可以使用策略路由根据不同的需求将不同用户或网络产生的数据流通过不同的路径进行传输。

(2) 提高服务质量：可以使用策略路由在网络边缘为数据包设置不同的优先级，并在网络中利用各种QoS（Quality of Service）机制对不同优先级的数据提供不同等级的服务，这样可以改善网络的性能。

(3) 节省费用：可以让与特定业务相关的较大流量使用一条高带宽、高费用的链路，同时在一条低带宽、低费用的链路上为交互式数据流提供服务，从而实现合理利用链路带宽。

（4）负载均衡：除了可以实现基于目标地址路由选择所提供的动态负载均衡功能，使用策略路由还可以实现多条路径之间的流量负载均衡。

策略路由是一种入站机制，用于在路由器输入接口对接收的数据包进行处理。策略路由根据预先制定的策略将报文转发至下一跳地址或本地输出接口。策略路由的操作优先于路由器查找路由表操作。网络管理员能够根据源系统的身份、使用的协议、报文的长度等制定路由选择策略。

▶ **2. 配置策略路由**

（1）创建路由图命令。

在路由器上实现策略路由需要使用一个非常重要的工具，即路由图。路由图用来实现报文的条件匹配和报文路由规则的设置。只有当报文与路由图中定义的特征或条件相匹配时，路由器才会对报文进行基于策略的路由选择。

配置策略路由的第一步就是创建路由图。一个路由图由多条策略语句组成，每条策略语句都具有不同的序号，在操作时按照序号从小到大的顺序检查和操作。每条策略语句都定义了一个或多个匹配条件和路由操作行为。

创建路由图的命令如下：

定义的路由图名称   *路由图策略语句序号*

ruijie(config)#route-map *route-map-name* **[permit | deny]** *[sequence-number]*

设备名称为ruijie   *指定符合match条件，是否执行set命令*
处于全局配置模式

其中，*route-map-name* 为定义的路由图名称。

permit：若符合 match 定义的匹配条件，则按照 set 命令指定的操作对数据包进行转发控制；若不符合 match 定义的匹配条件，则进入第二条路由图策略语句，直到最终执行了 set 命令。

deny：若符合 match 定义的匹配条件，则不会执行任何 set 命令，直接查询路由表，按路由表转发；若不符合 match 定义的匹配条件，则将进入下一条路由图策略语句，直到最终执行了 set 命令。

sequence-number：路由图策略对应的序号。由于低序号的策略优先得到使用，因此需要注意序号的设置。

在默认情况下，没有配置路由图。使用创建路由图命令的 no 选项可以删除指定路由图的定义，如 ruijie(config)# no route-map redrip permit 10。

示例：创建路由图（set-pref），将从 EBGP 接收的网络 2.0.0.0 路由的优先级设置为 200，将其他路由的优先级设置为默认值，具体代码如下。

  ruijie(config)#route-map set_pref permit 10
  ruijie(config-route-map)#match ip address 1
  ruijie(config-route-map)#set local-preference 200
  ruijie(config-route-map)#exit
  ruijie(config)#route-map set_pref permit 20
  ruijie(config)#access-list 1 permit 2.0.0.0 0.255.255.255

示例：将 RIP 路由重发布到 OSPF 路由域中，要求只重发布跳数为 4 的 RIP 路由，在 OSPF 路由域中，该路由的类型为外部路由 type-1，初始度量值为 40，路由标记值为 40，具体代码如下。

  ruijie(config)#router ospf
  ruijie(config-router)#redistribute rip subnets route-map redrip
  ruijie(config-router)#network 192.168.12.0 0.0.0.255 area 0

rujijie(config-router)#exit
ruijie(config)#route-map redrip permit 10
ruijie(config-route-map)#match metric 4
ruijie(config-route-map)#set metric 40
ruijie(config-route-map)#set metric-type type-1
ruijie(config-route-map)#set tag 40

（2）match 命令。

路由图中的 match 命令用来设置报文进行策略路由的匹配条件。一条 route-map 子句中可以配置多条 match 命令，即可以设置多个匹配条件。

定义报文 ACL 过滤条件的命令为 match ip address。match ip address 命令通过访问控制列表定义策略路由条件。当符合定义的条件时，如果设置了 permit，则执行后面的 set 命令；如果定义 deny，则不执行 set 命令，直接执行传统路由。当不符合定义的条件时，继续查询下一条 match 语句。

match ip address 命令格式如下：

定义的ACL过滤条件　　　　　　　　　　　　　　　多个ACL名称

ruijie(config-route-map)# match ip address *{ access-list-number | name } [...access-list-number | ...name]*

设备名称为ruijie　　　　　　　　　　　ACL名称
处于路由图配置模式

其中，*access-list-number* 为访问列表编号，标准访问列表编号范围为 1~99，1300~1999；扩展访问列表编号范围为 100~199，2000~2699。*name* 为访问列表名称。

示例：将 RIP 路由重发布到 OSPF 路由域中，要求只重发布符合访问列表 10 的 RIP 路由，在 OSPF 路由域中，该路由的类型为外部路由 type-1，初始度量值为 40，具体代码如下。

ruijie(config)#router ospf
ruijie(config-router)#redistribute rip subnets route-map redrip
ruijie(config-router)#network 192.168.12.0 0.0.0.255 area 0
ruijie(config-router)#exit
ruijie(config)#access-list 10 permit 200.168.23.0 0.0.0.255
ruijie(config)#route-map redrip permit 10
ruijie(config-route-map)#match ip address 10
ruijie(config-route-map)#set metric 40
ruijie(config-route-map)#set metric-type type-1

（3）set 命令。

如果满足匹配语句（match 命令）的条件，则可以使用一个或多个 set 命令来指定对报文的操作，即对报文执行基于策略的路由。通常都是为满足匹配条件的报文指定下一跳地址或出接口。

在使用 set 命令设置路由策略时，有些命令只影响在路由表中存在相应显式路由的报文，而有些命令只影响在路由表中不存在显式路由的报文。

需要注意的是，对于将操作设置为 deny 的路由图，如果报文与 match 命令设置的条件相匹配，报文将不被执行策略路由，而是按照传统的方式进行路由选择，即使配置了 set 命令，它也不会被执行。

① 配置下一跳地址的命令。为了将满足 match 条件的报文按照指定的下一跳地址进行转发，使用如下命令设置下一跳地址：

指定报文转发的下一跳地址

ruijie(config-route-map)# set ip next-hop *ip-address* [*...ip-address*]

设备名称为ruijie
处于路由图配置模式   *下一跳地址*

其中，*ip-address* 为下一跳地址。如果指定了多个下一跳地址，当与第一个下一跳地址相关联的本地接口的状态为 Down 时，路由器会按照顺序轮流尝试后续的下一跳地址。

在使用 set ip next-hop 命令时，路由器将检查路由表以确定是否可以到达下一跳地址，而不会检查是否存在前往报文目标地址的显式路由。

示例：在 S1/0 接口上启用策略路由。当该接口在接收到源地址在 10.0.0.0/8 范围内的数据包的流量时，会将该流量发送到 192.168.100.1；在接收到源网络为 172.16.0.0/16 范围内的数据包的流量时，会将该流量发送到 172.16.100.1；其余的数据流量将被全部丢弃，具体代码如下。

```
ruijie(config)#interface serial 1/0
ruijie(config-if)#ip policy route-map load-balance
ruijie(config)#access-list 10 permit 10.0.0.0    0.255.255.255
ruijie(config)#access-list 20 permit 172.16.0.0    0.0.255.255
ruijie(config)#route-map load-balance permit 10
ruijie(config-route-map)#match ip address 10
ruijie(config-route-map)#set ip next-hop 192.168.100.1
ruijie(config-route-map)#exit
ruijie(config)#route-map load-balance permit 20
ruijie(config-route-map)#match ip address 20
ruijie(config-route-map)#set ip next-hop 172.16.100.1
ruijie(config-route-map)#exit
ruijie(config)#route-map load-balance permit 30
ruijie(config-route-map)#set interface Null 0
```

② 配置转出接口的命令。为了对满足 match 条件的报文按照指定的接口进行转发，使用如下命令设置转发接口：

指定报文转发接口   *接口编号*

ruijie(config-route-map)# set interface *interface-type interface-number* [*...interface-type interface-number*]

设备名称为ruijie   *接口类型*
处于路由图配置模式

其中，*interface-type* 为接口类型，如 Fastethernet、Serial 等；*interface-number* 为接口编号，如 0/0、2/0 等。

路由图中的配置命令 set interface interface [...interface] 提供了接口列表，该列表用于指定符合匹配条件的报文被转发的本地转出接口。如果指定了多个转出接口，第一个状态为 Up 的接口将用于转发报文，如果接口状态为 Down，路由器将尝试后续的转出接口。

如果要将符合匹配条件的报文丢弃，而不进行传统的路由选择，可以使用 set interface null 0 命令将报文发送到 null 0 接口。null 0 接口是路由器中的虚拟的空接口，发送到该接口的报文将被丢弃。

示例：在 Fa0/0 接口启用策略路由，当该接口接收到数据包小于 500 字节的流量时，将从 S2/0 接口发送数据包，具体代码如下。

```
ruijie(config)#interface fastethernet 0/0
ruijie(config-if)#ip policy route-map smallpak
```

ruijie(config)#route-map smallpak permit 10
ruijie(config-route-map)#match length 0 500
ruijie(config-route-map)#set interface serial 2/0
ruijie(config-route-map)#exit

（4）路由图操作原则。

在使用 route-map name [permit | deny] [sequence-number] 命令创建路由图时，名称（name）相同而序号（sequence-number）不同的多条 route-map 子句将组成一个路由图。在执行 route-map 命令时将按照序号从小到大的顺序执行。当执行到某条子句并发生匹配时（满足 match 命令的匹配条件），如果路由图的操作为 permit，则执行 set 命令，并且不执行后续的 route-map 子句；如果路由图的操作为 deny，则不执行 set 命令和后续的 route-map 子句。

路由图中的 permit 和 deny 并不表示允许报文通过和拒绝报文通过，这与访问控制列表不同。路由图中的允许和拒绝表示是否对符合匹配条件的报文应用策略。

路由图与访问控制列表一样，默认的操作都为 deny，即在每个路由图的最后都会隐含一条 deny any 子句。如果在所有配置的 route-map 子句中都没有发生匹配，路由器将执行最后的 deny 子句。对于策略路由来说，就是不对报文进行策略路由，而是按照传统的方式进行路由选择，如图 8.2 所示。

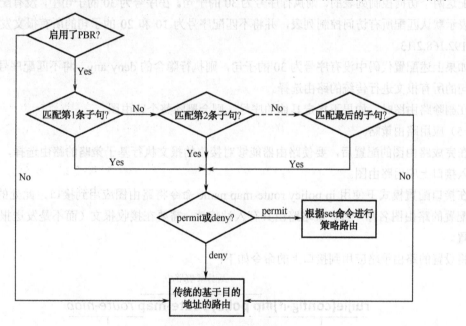

图 8.2　路由图操作流程

在一条 route-map 子句中，可以配置多个 match 命令和 set 命令。一条 route-map 子句中的多个 match 命令表示的关系是"and"，一个 match 命令中的多个条件表示的关系是"or"；set 命令也是如此。但如果同时设置了下一跳和转出接口，路由器将只执行第一个 set 命令。如果同时设置了下一跳和 IP 优先级，那么两个 set 命令都会被执行。

示例：路由器策略路由配置代码如下。

ruijie(config)#route-map ruijie-pbr permit 10
ruijie(config-route-map)#match ip address 110 111 112
ruijie(config-route-map)#set ip next-hop 192.168.2.2

```
ruijie(config-route-map)#exit
ruijie(config)#route-map ruijie-pbr permit 20
ruijie(config-route-map)#match ip address 120
ruijie(config-route-map)#match ip address 121
ruijie(config-route-map)#set ip next-hop 192.168.2.6
ruijie(config-route-map)#exit
ruijie(config)#route-map ruijie-pbr permit 30
ruijie(config-route-map)#set ip next-hop 192.168.2.13
ruijie(config-route-map)#exit
```

在上述配置代码中，名称为 ruijie-pbr 的路由图包括三条子句，序号分别为 10、20、30，路由器将按照序号从小到大的顺序进行匹配。

序号为 10 的子句表示，如果报文符合访问控制列表 110、111 和 112 三个中的任何一个，则匹配成功，并执行 set 命令，将报文发送到下一跳地址 192.168.2.2。如果报文不匹配其中任何一个访问控制列表，路由器将执行序号为 20 的子句。在序号为 20 的子句中，如果报文同时匹配访问控制列表 120 和 121，则匹配成功，并执行 set 命令，将报文发送到下一跳地址 192.168.2.6；如果报文不是同时匹配这两个访问控制列表的，则执行序号为 30 的子句。在序号为 30 的子句中，没有配置 match 命令，表示默认匹配所有访问控制列表，并将不匹配序号为 10 和 20 的子句的所有报文发送到下一跳地址 192.168.2.13。

如果上述配置代码中没有序号为 30 的子句，则执行隐含的 deny any，将不匹配序号为 10 和 20 的子句的所有报文进行传统的路由选择。

在删除路由图时，如果不指定具体的序号，则会删除整个路由图。

（5）应用路由策略。

在完成路由图的配置后，要使路由器能够对接收的报文执行基于策略的路由选择，需要在报文的输入接口上应用路由图。

在接口配置模式下使用 ip policy route-map name 命令将路由图应用到接口，此处的 name 要与之前配置的路由图名称一致。策略路由具有入站特性，需要在接收报文（而不是发送报文）的接口上配置。

将设置的路由策略应用到接口上的命令如下：

ruijie(config-if)#ip policy route-map *route-map*

设备名称为 *ruijie*
处于接口配置模式

应用策略路由

路由图名称

其中，*route-map* 为路由图名称。

示例：当快速以太网接口 Fa0/0 接收到数据包后，如果数据包源地址为 10.0.0.1，则设置下一跳为 196.168.4.6；如果源地址为 20.0.0.1，则设置下一跳为 196.168.5.6，否则进行普通转发，具体代码如下。

```
ruijie(config)#access-list 1 permit 10.0.0.1
ruijie(config)#access-list 2 permit 20.0.0.1
ruijie(config)#route-map lab1 permit 10
ruijie(config-route-map)#match ip address 1
```

```
ruijie(config-route-map)#set ip next-hop 196.168.4.6
ruijie(config-route-map)#exit
ruijie(config)#route-map lab1 permit 20
ruijie(config-route-map)#match ip address 2
ruijie(config-route-map)#set ip next-hop 196.168.5.6
ruijie(config-route-map)#exit
ruijie(config)#interface FastEthernet 0/0
ruijie(config-if)#ip policy route-map lab1
ruijie(config-if)#
```

8.3 扩展知识

▶ 1. 在 match 语句中定义报文长度过滤条件命令

不仅可以通过引用访问控制列表根据地址、接口等信息来匹配报文，还可以根据报文长度进行策略路由。若要配置基于报文长度的匹配条件，可以使用如下命令：

ruijie(config-route-map)#match length *min-length max-length*

- 设备名称为 ruijie，处于路由图配置模式
- 定义的报文长度过滤条件
- 报文最小长度
- 报文最大长度

其中，*min-length* 为报文最小长度；*max-length* 为报文最大长度。可以将匹配报文长度作为区分交互数据流和文件传送数据流的条件，这是因为文件传送数据报文通常较大，交互数据流的报文通常较小。

示例：在 Fa0/0 接口启用策略路由，将数据包小于 500 字节的流量从 S2/0 接口发送出去，具体代码如下。

```
ruijie(config)#interface fastethernet 0/0
ruijie(config-if)#ip policy route-map smallpak
ruijie(config-if)#exit
ruijie(config)#route-map smallpak permit 10
ruijie(config-route-map)#match length 0 500
ruijie(config-route-map)#set interface serial 2/0
ruijie(config-route-map)#exit
```

▶ 2. 在 set 语句中配置默认下一跳地址命令

使用如下命令可以设置默认下一跳地址：

ruijie(config-route-map)# set ip default next-hop *ip-address [...ip-address]*

- 设备名称为 ruijie，处于路由图配置模式
- 指定报文默认下一跳地址
- 默认下一跳地址

其中，*ip-address* 为下一跳 IP 地址。路由图中的配置命令 set ip default next-hop ip-address [...ip-address] 提供了默认下一跳地址列表。所谓默认下一跳是指当路由表中没有到达报文目的地址的显式路由时，才将报文发送到指定的默认下一跳地址。如果指定了多个默认下一跳地址，当与第一个默认

下一跳地址相关联的本地接口的状态为 Down 时，路由器会按照顺序轮流尝试后续的默认下一跳地址。

set ip next-hop 命令和 set ip default next-hop 命令都是为报文指定传输的下一跳路径。两者的不同点是：使用 set ip next-hop 命令会使路由器首先进行基于策略的路由选择，然后进行查找路由表的传统的路由选择；在使用 set ip default next-hop 命令时，路由器会首先使用传统的路由选择方式，如果无法找到匹配的路由条目，才会执行基于策略的路由选择。

示例：将两个不同节点发出的报文分别转发到不同的路径。Fa0/0 接口接收的从 1.1.1.1 发出的报文，如果路由器找不到转发路由，该报文就被转发到设备 6.6.6.6；而接收到的从 2.2.2.2 发出的报文，如果路由器找不到转发路由，该报文就被转发到设备 7.7.7.7。对于其他报文，如果路由器找不到转发路由就将这些报文丢弃，具体代码如下。

```
ruijie(config)#access-list 1 permit ip 1.1.1.1 0.0.0.0
ruijie(config)#access-list 2 permit ip 2.2.2.2 0.0.0.0
ruijie(config)#interface fastethernet 0/0
ruijie(config-if)#ip policy route-map equal-access
ruijie(config-if)#exit
ruijie(config)#route-map equal-access permit 10
ruijie(config-route-map)#match ip address 1
ruijie(config-route-map)#set ip default next-hop 6.6.6.6
ruijie(config-route-map)#exit
ruijie(config)#route-map equal-access permit 20
ruijie(config-route-map)#match ip address 2
ruijie(config-route-map)#set ip default next-hop 7.7.7.7
ruijie(config-route-map)#exit
ruijie(config)#route-map equal-access permit 30
ruijie(config-route-map)#set default interface null 0
ruijie(config-route-map)#exit
```

3. 在 set 语句中配置默认转出接口命令

使用如下命令可以设置默认转出接口：

```
ruijie(config-route-map)#set default interface interface-type interface-number [...interface-type interface-number]
```

（指定报文默认转出接口 / 转出接口编号 / 设备名称为 ruijie 处于路由图配置模式 / 接口类型）

其中，*interface-type* 为接口类型；*interface-number* 为接口编号。

使用路由图中的配置命令 set default interface interface [...interface] 设置默认的转出接口列表。当路由表中没有前往其目的地址的显式路由时，报文将被发送到指定的默认转出接口。如果指定了多个默认转出接口，第一个状态为 Up 的接口将用于转发报文，如果接口状态为 Down，路由器将尝试后续的默认转出接口。

使用 set interface 命令会使路由器首先进行基于策略的路由选择，然后进行查找路由表的传统的路由选择；使用 set default interface 命令会使路由器先执行传统的路由选择，只有当无法找到匹配的路由条目时，才会执行基于策略的路由选择。

示例：在 Fa0/0 接口启用策略路由，当该接口接收到数据包小于 500 字节的流量，并且路由表中没有明确的路由时，将从 S2/0 接口发送数据包，具体代码如下。

```
ruijie(config)#interface    fastethernet 0/0
ruijie(config-if)#ip policy route-map smallpak
ruijie(config)#route-map smallpak permit 10
ruijie(config-route-map)#match length 0 500
ruijie(config-route-map)#set default interface serial 2/0
ruijie(config-route-map)#exit
```

8.4 演示实例

1. 背景描述

某单位的计算机网络出口采用双出口接入外网，一个出口接 Cernet（中国教育和科研计算机网），另一个出口接 Chinanet。现需要对边界路由器进行配置，实现访问 Cernet 的报文从 S2/0 接口发送，其他流量从 S3/0 接口发送，如图 8.3 所示。

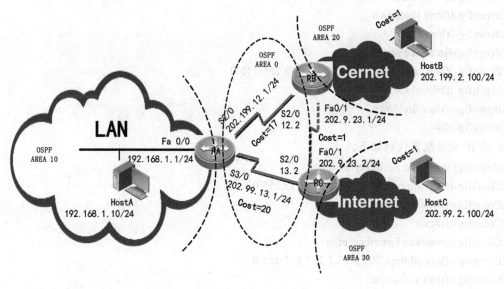

图 8.3 策略路由应用

2. 操作步骤

若要对访问 Cernet 的流量进行过滤，就必须知道 Cernet 的地址范围，通过设置 ACL 实现对相关流量进行过滤的功能。Cernet 地址为 202.199.2.0 /24。

第 1 步：配置路由器 IP 地址。RA 的 IP 地址配置代码如下。

```
RA(config)#interface Fastethernet 0/0
RA(config-if)#ip address 192.168.1.1 255.255.255.0
RA(config-if)#no shutdown
RA(config-if)#exit
RA(config)#interface serial 2/0
RA(config-if)#ip address 202.199.12.1   255.255.255.0
```

```
RA(config-if)#clock rate 64000
RA(config-if)#bandwidth 6000
RA(config-if)#no shutdown
RA(config-if)#exit
RA(config)#interface serial 3/0
RA(config-if)#ip address 202.99.13.1 255.255.255.0
RA(config-if)#clock rate 64000
RA(config-if)#no shutdown
RA(config-if)#
```

RB 的 IP 地址配置代码如下。

```
RB(config)#interface Fastethernet 0/0
RB(config-if)#ip address 202.199.2.1 255.255.255.0
RB(config-if)#no shutdown
RB(config-if)#exit
RB(config)#interface Fastethernet 0/1
RB(config-if)#ip address 202.9.23.1 255.255.255.0
RB(config-if)#no shutdown
RB(config-if)#exit
RB(config)#interface serial 2/0
RB(config-if)#ip address 202.199.12.1   255.255.255.0
RB(config-if)#bandwidth 6000
RB(config-if)#no shutdown
RB(config-if)#
```

RC 的 IP 地址配置代码如下。

```
RC(config)#interface Fastethernet 0/0
RC(config-if)#ip address 202.99.2.1 255.255.255.0
RC(config-if)#no shutdown
RC(config-if)#exit
RC(config)#interface Fastethernet 0/1
RC(config-if)#ip address 202.9.23.2 255.255.255.0
RC(config-if)#no shutdown
RC(config-if)#exit
RC(config)#interface serial 2/0
RC(config-if)#ip address 202.99.13.1   255.255.255.0
RC(config-if)#no shutdown
RC(config-if)#
```

第 2 步：配置 OSPF 协议。RA 的 OSPF 协议配置代码如下。

```
RA(config)#router ospf 1
RA(config-router)#network 192.168.1.0 0.0.0.255 area 10
RA(config-router)#network 202.199.12.0 0.0.0.255 area 0
RA(config-router)#network 202.99.13.0 0.0.0.255 area 0
RA(config-router)#
```

RB 的 OSPF 协议配置代码如下。

```
RB(config)#router ospf 1
RB(config-router)#network 202.199.2.0 0.0.0.255 area 20
RB(config-router)#network 202.199.12.0 0.0.0.255 area 0
RB(config-router)#network 202.9.23.0 0.0.0.255 area 0
RB(config-router)#
```

RC 的 OSPF 协议配置代码如下。

```
RC(config)#router ospf 1
RC(config-router)#network 202.99.2.0 0.0.0.255 area 30
RC(config-router)#network 202.99.13.0 0.0.0.255 area 0
RC(config-router)#network 202.9.23.0 0.0.0.255 area 0
RC(config-router)#
```

第 3 步：查看路由表。查看 RA 路由表的代码如下。

```
RA#show ip route
Codes:    C - connected, S - static, R - RIP, B - BGP
     O - OSPF, IA - OSPF inter area
     N1 - OSPF NSSA external type 1, N2 - OSPF NSSA external type 2
     E1 - OSPF external type 1, E2 - OSPF external type 2
     i - IS-IS, su - IS-IS summary, L1 - IS-IS level-1, L2 - IS-IS level-2
     ia - IS-IS inter area, * - candidate default
Gateway of last resort is no set
C       192.168.1.0/24 is directly connected, FastEthernet 0/0
C       192.168.1.1/32 is local host.
O       202.9.23.0/24 [110/18] via 202.199.12.2, 00:32:14, Serial 2/0
O IA    202.99.2.0/24 [110/19] via 202.199.12.2, 00:32:14, Serial 2/0
C       202.99.13.0/24 is directly connected, Serial 3/0
C       202.99.13.1/32 is local host.
O IA    202.199.2.0/24 [110/18] via 202.199.12.2, 00:25:18, Serial 2/0
C       202.199.12.0/24 is directly connected, Serial 2/0
C       202.199.12.1/32 is local host.
```

查看 RB 路由表的代码如下。

```
RB#show ip route
Codes:    C - connected, S - static, R - RIP, B - BGP
     O - OSPF, IA - OSPF inter area
     N1 - OSPF NSSA external type 1, N2 - OSPF NSSA external type 2
     E1 - OSPF external type 1, E2 - OSPF external type 2
     i - IS-IS, su - IS-IS summary, L1 - IS-IS level-1, L2 - IS-IS level-2
     ia - IS-IS inter area, * - candidate default
Gateway of last resort is no set
O IA    192.168.1.0/24 [110/18] via 202.199.12.1, 00:31:42, Serial 2/0
C       202.9.23.0/24 is directly connected, FastEthernet 0/1
C       202.9.23.1/32 is local host.
O IA    202.99.2.0/24 [110/2] via 202.9.23.2, 00:44:35, FastEthernet 0/1
O       202.99.13.0/24 [110/49] via 202.9.23.2, 00:44:35, FastEthernet 0/1
```

C   202.199.2.0/24 is directly connected, FastEthernet 0/0
C   202.199.2.1/32 is local host.
C   202.199.12.0/24 is directly connected, Serial 2/0

查看 RC 路由表的代码如下。

RC#show ip route
Codes: C - connected, S - static,   R - RIP
       O - OSPF, IA - OSPF inter area
       E1 - OSPF external type 1, E2 - OSPF external type 2
Gateway of last resort is not set
O   202.199.12.0/24 [110/18] via 202.9.23.1, 00:26:34, FastEthernet1
O IA 202.199.2.0/24 [110/2] via 202.9.23.1, 00:26:34, FastEthernet1
O IA 192.168.1.0/24 [110/19] via 202.9.23.1, 00:26:34, FastEthernet1
C   202.99.13.0/24 is directly connected, Serial2/0
C   202.99.2.0/24 is directly connected, FastEthernet0
C   202.9.23.0/24 is directly connected, FastEthernet1

从以上路由表中可以看出，去往 Cernet 及去往互联网的所有数据流量都经过 RB。这是因为 OSPF 协议的 Cost 值是根据链路带宽衡量其优劣的。

在默认情况下，OSPF 接口 Cost 值为 100。路由器 Serial 接口默认 Bandwith 为 2000kbit，Fastethernet 接口默认 Bandwith 为 100Mbit。在这个例子中将 S2/0 的 Bandwith 设置为 6000kbit，则 S2/0 的 Cost 值为 17，S3/0 的 Cost 值为 20，Fa0/0 的 Cost 值为 1。

在如图 8.4 所示的网络中，去往 202.199.2.0 网络的数据流量经过 RA→RB，去往 202.99.2.0 网络的数据流量经过 RA→RB→RC。

通过对 RA 设置策略路由，改变去往 202.199.2.0 网络的数据流量的路径，使其经过 RA→RC 到达 202.199.2.0 网络。具体参数配置如下。

第 4 步：配置策略路由，配置代码如下。

RA(config)#access-list 100 permit ip any 202.199.0.0 0.0.255.255
RA(config)#route-map cernet permit 10
RA(config-route-map)#match ip address 100
RA(config-route-map)#set next-hop 202.199.12.2
RA(config-route-map)#exit
RA(config)#route-map cernet permit 20
RA(config-route-map)#set net-hop 202.99.13.2
RA(config-route-map)#exit
RA(config)#

第 5 步：应用策略路由代码如下。

RA(config)#interface fastethernet 0/0
RA(config-if)#ip policy route-map cernet
RA(config-if)#

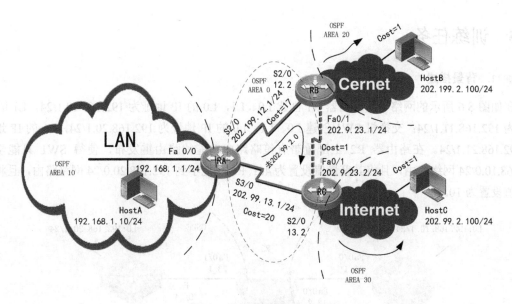

图 8.4　未应用策略路由情况

通过上述配置，去往 202.99.2.0 网络的数据流量就会经过 RA→RC 到达该网络，如图 8.5 所示。

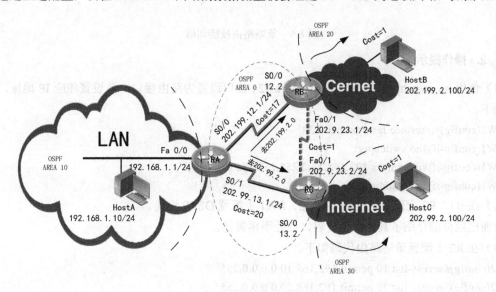

图 8.5　应用策略路由情况

第 6 步：测试验证。
在 HostA 的命令行下执行如下命令可以观察到数据包的行走路径。

```
C:\>tracert 202.199.2.100
        Tracing route to 202.99.2.100 over a maximum of 30 hops:
        1    <1ms    <1ms    <1ms    192.168.1.1
        2    26ms    25ms    25ms    202.99.13.2
        3    30ms    30ms    30ms    202.99.2.100
```

8.5 训练任务

▶ 1. 背景描述

在如图 8.6 所示的网络中，路由器 R1 创建 L0、L1，L0 的 IP 地址为 192.168.10.1/24，L1 的 IP 地址为 192.168.11.1/24；交换机 SW1 创建 L0、L1，L0 的 IP 地址为 192.168.20.1/24，L1 的 IP 地址为 192.168.21.1/24。在路由器 R2 上配置带有策略路由功能的路由重发布，使得 SW1 只能学到 192.168.10.0/24 网络路由，且将其度量值设置为 40；R1 只能学到 192.168.20.0/24 网络路由，且将其度量值设置为 10。

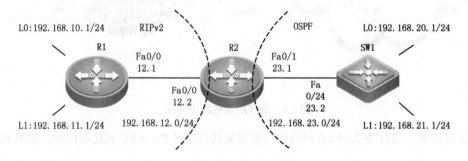

图 8.6 策略路由技能训练

▶ 2. 操作提示

（1）使用 no switchport 命令将 SW1 的 Fa0/24 接口设置为路由接口，并设置相应 IP 地址，具体代码如下。

SW1(config)#interface fastethernet 0/24
SW1(config-if)#no switchport
SW1(config-if)#ip address 192.168.23.2 255.255.255.0
SW1(config-if)#no shutdown

（2）在 R1、R2 上配置 RIPv2，在 R2、SW1 上配置 OSPF 协议。
前面已经详细介绍了具体配置内容，此处不再赘述。

（3）在 R2 上配置策略路由代码如下。

R2(config)#access-list 10 permit 192.168.10.0 0.0.0.255
R2(config)#access-list 20 permit 192.168.20.0 0.0.0.255
R2(config)#route-map redrip permit 10
R2(config-route-map)#match ip address 10
R2(config-route-map)#set metric 40
R2(config-route-map)#exit
R2(config)#route-map redospf permit 10
R2(config-route-map)#match ip address 20
R2(config-route-map)#set metric 10
R2(config-route-map)#exit
R2(config)#router rip
R2(config-router)#network 192.168.12.0

```
R2(config-router)#version 2
R2(config-router)#redistribute ospf route-map redospf
R2(config-router)#exit
R2(config)#router ospf 1
R2(config-router)#network 192.168.23.0 0.0.0.255 area 0
R2(config-router)#redistribute rip subnets route-map redrip
R2(config-router)#
```

（4）在 R1、SW1 上分别使用 show ip route 命令查看各自的路由表，验证带有策略功能的路由重发布效果。

练习题

1. 选择题

（1）下面对策略路由的描述正确的是（　　）。

　　A．策略路由是在报文离开接口时实施的路由策略

　　B．策略路由只能根据报文来源进行路由控制

　　C．策略路由优先于查询路由表对路由进行控制

　　D．策略路由不根据报文长度决定路由走向

（2）下面配置代码中的 match ip address 10 语句中的"10"代表（　　）。

```
ruijie(config)#route-map load-balance permit 10
ruijie(config-route-map)#match ip address 10
ruijie(config-route-map)#set ip next-hop 192.168.100.1
ruijie(config-route-map)#exit
ruijie(config)#route-map load-balance permit 20
ruijie(config-route-map)#match ip address 20
ruijie(config-route-map)#set ip next-hop 172.16.100.1
ruijie(config-route-map)#exit
```

　　A．路由策略语句序号

　　B．允许发送报文的大小

　　C．允许发送报文的数量

　　D．ACL 编号

（3）下面配置代码中的 set interface null 0 语句的作用是（　　）。

```
ruijie(config)#route-map equal-access permit 10
ruijie(config-route-map)#match ip address 1
ruijie(config-route-map)#set ip default next-hop 6.6.6.6
ruijie(config-route-map)#exit
ruijie(config)#route-map equal-access permit 20
ruijie(config-route-map)#match ip address 2
ruijie(config-route-map)#set ip default next-hop 7.7.7.7
ruijie(config-route-map)#exit
ruijie(config)#route-map equal-access permit 30
```

ruijie(config-route-map)#set default interface null 0
ruijie(config-route-map)#exit

    A. 将路由器接收到的所有报文都发送至 null 0

    B. 将不符合条件语句 match ip address 1 和 match ip address 2 的所有报文都发送至 null 0

    C. 将不符合条件语句 match ip address 1 和 match ip address 2，且在路由表中查询不到的所有报文都发送至 null 0

    D. 对所有报文都不做任何处理

（4）下面配置代码中的 110、111、112 的逻辑关系是（　　）。

ruijie(config)#route-map ruijie-pbr permit 10
ruijie(config-route-map)#match ip address 110 111 112
ruijie(config-route-map)#set ip next-hop 192.168.2.2
ruijie(config-route-map)#exit

    A. 与   B. 或   C. 异或   D. 取反

（5）下面配置代码中的 120、121 的逻辑关系是（　　）。

ruijie(config)#route-map ruijie-pbr permit 20
ruijie(config-route-map)#match ip address 120
ruijie(config-route-map)#match ip address 121
ruijie(config-route-map)#set ip next-hop 192.168.2.6
ruijie(config-route-map)#exit

    A. 与   B. 或   C. 异或   D. 取反

2. 简答题

（1）简述策略路由的工作过程。

（2）比较策略路由与常规路由，说明它们的异同点。

（3）说明策略路由的配置命令及配置步骤。

项目 9 胖 AP 无线网络配置

无线局域网中的 AP 是一种应用非常广泛的设备。根据配置方式不同，AP 可分为胖 AP（Fat AP）和瘦 AP（Fit AP）。胖 AP 自带复杂的配置功能，可以不依靠其他设备而独立工作。瘦 AP 的所有配置都是从控制器下载的，控制器对网络中的瘦 AP 进行统一配置，适合进行大规模部署。

本项目主要介绍 AP 结构及无线局域网相关知识。

知识点、技能点

1. 能够描述 AP 的外形结构及接线方法。
2. 能够掌握胖 AP 的配置技能。

9.1 问题提出

在办公区域实现单个 AP 无线覆盖可以满足 20 多个移动办公人员同时接入的需求。由于接入人员较少，且都集中在一个办公区域，因此只需要增设一个 AP 即可满足需求。这台 AP 工作在胖 AP 模式，胖 AP 模式类似于二层交换机，可以实现有线数据转换和无线数据转换。

9.2 相关知识

1. RG-AP3220

无线局域网接入设备 RG-AP3220（简称 AP3220）是具有内置天线的无线接入点产品，主要应用于室内环境。RG-AP3220 既可以作为瘦 AP，与有线无线一体化交换机、无线控制器组网；也可以作为胖 AP 独立组网，为无线局域网用户提供无线接入服务。

RG-AP3220 结构如图 9.1 所示。

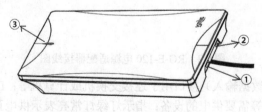

图 9.1 RG-AP3220 结构

图 9.1 中的①为 48V 直流适配器输入口，②为 Console 接口，③为指示灯。
指示灯指示状态如下。
- 指示灯灭：AP 没有上电，处于免打扰状态；
- 绿色闪烁：AP 正在初始化，若绿灯一直闪烁则表示异常；

- 红色闪烁：AP 系统初始化完毕，但以太网 Link down；
- 蓝色闪烁：AP 系统初始化完毕，正在建立 CAPWAP；
- 橙色闪烁：AP 正在更新程序，此时不能下电；
- 蓝色常亮：AP 正常工作，CAPWAP 状态正常，无线射频接口无用户接入；
- 蓝色慢闪烁（周期 3 秒）：AP 正常工作，CAPWAP 状态正常，无线射频接口有用户接入；
- 红色常亮：AP 告警；
- 红色双闪烁：AP 定位，用于寻找特定 AP。

2. RG-E-120 电源适配器

RG-E-120 电源适配器是专门为无线局域网接入器、SOHO 级交换机、IP 电话机及网络摄像头等远程管理产品提供基于以太网供电的电源适配器，如图 9.2 所示。

图 9.2　RG-E-120 电源适配器

RG-E-120 电源适配器接线图如图 9.3 所示。

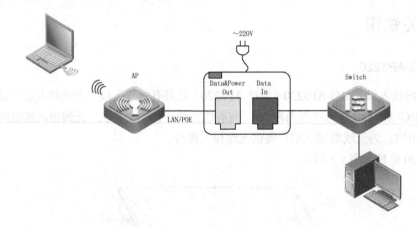

图 9.3　RG-E-120 电源适配器接线图

在图 9.3 中，Data In（数据输入）接口用于连接交换机或计算机等；Data&Power Out（数据或电源输出）接口用于连接 AP 等需要供电的设备；指示灯绿灯常亮表示供电正常，绿灯闪亮表示过载或短路故障。

3. 相关配置命令

（1）设置 AP 的工作模式。

AP 有两种工作模式，即胖 AP 模式和瘦 AP 模式。在胖 AP 模式下，管理员登录 AP，手动完成 AP 的所有配置工作，AP 不依靠其他设备而独立工作，这种工作模式适用于家庭和小型网络。而在瘦 AP 模式下，AP 的所有配置都可以在网络中的无线控制器上进行集中配置，并将配置数据下载到需要配置的 AP 上，可以一次配置多台 AP，适合进行大规模部署。

在默认情况下，AP 的工作模式为瘦 AP。如果需要进行胖 AP 配置，需要将瘦 AP 模式切换为胖 AP 模式。设置 AP 工作模式的命令如下：

设置AP工作模式

ruijie(config)#ap-mode { *fit* | *fat* }

　　AP名称为ruijie　　　　　　　　fit:瘦AP模式
　　处于全局配置模式　　　　　　　fat:胖AP模式

其中，*fit* 表示切换为瘦 AP 模式；*fat* 表示切换为胖 AP 模式。在进行工作模式切换之后，设备需要重新启动。

胖 AP 后端的有线接口（连接 POE 交换设备的有线接口）和瘦 AP 的默认 IP 地址为 192.168.110.1/24，胖 AP 前端有线网络接口（产品的以太网端口）默认 IP 地址为 192.168.111.1/24。

在胖 AP 模式下，Console 密码是 admin，没有默认 Enable 密码；Telnet 密码是 admin，没有默认 Enable 密码。

示例：将 AP 工作模式切换为瘦 AP 模式，代码如下：

Ruijie(config)#ap-mode fit

（2）以太网端口封装 VLAN。

若要与某个 VLAN 内的主机进行通信，用户可以在以太网端口或以太网子端口配置 IEEE 802.1Q（VLAN 协议规范）VLAN 封装标志。这样以太网端口在发送数据包时，就会封装相应的 VLAN 头部，在接收数据包时，就会剥离报文的 VLAN 头部。在端口配置模式下封装 VLAN 的命令如下：

在端口模式下封装dot1qx协议

Ruijie(config-subif)# encapsulation dot1Q *VLANID*

　　AP名称为ruijie　　　　　　　　　　　VLAN的ID
　　处于端口配置模式

其中，*VLANID* 为指定封装的 VLAN 号，取值为 1～4094 的整数。在默认情况下，接口没有开启 IEEE 802.1Q 封装协议。

示例：在 Fa0/0.20 子端口封装 IEEE 802.1Q，VLANID 为 10，具体代码如下：

Ruijie(config)# interface fastEthernet 0/0.20
Ruijie(config-subif)# encapsulation dot1Q 10

（3）创建 WLAN。

WLAN（Wireless Local Area Network，无线局域网）通过无线通信技术对计算机进行互联，构成可以互相通信和实现资源共享的网络体系。WLAN 的本质特点是不使用通信电缆等有线介质，而使用无线介质将计算机与网络连接起来，从而使网络的构建和终端的移动更加灵活。

如果 AP 要向无线客户端提供无线接入服务，首先需要创建 WLAN，然后为创建的 WLAN 配置相应的功能属性。创建 WLAN 的命令如下：

创建WLAN

Ruijie(config)# dot11 wlan *wlan -ID*

　　AP名称为ruijie　　　　　　　WLAN的ID
　　处于全局配置模式

其中，*wlan–ID* 为 WLAN 编号。当执行该命令创建了 WLAN 后，进入 WLAN 配置模式可以对该 WLAN 的功能属性进行配置。

示例：创建一个编号为 10 的 WLAN，代码如下。

Rujie(config)#dot11 wlan 10
Ruijie(dot11-wlan-config)#

对于 WLAN，SSID（Service Set Identifier，服务集标识）是一项很重要的功能属性。SSID 用于区分不同的网络，最多可以包含 32 个字符。SSID 由 AP 或无线路由器进行广播，供用户识别不同的 WLAN。简单来说，SSID 就是 WLAN 的名称，终端设备通过查看或选择相应的 SSID 能访问 WLAN。

在 AP 的 WLAN 配置模式下，设置 SSID 名称的命令如下：

Ruijie(dot11-wlan-config)#ssid *ssid-string*

（AP名称为ruijie 处于WLAN配置模式；设置SSID；SSID名称）

其中，*ssid-string* 为指定 SSID 字符串。

示例：将 wlan1 的 SSID 配置为 ap1，代码如下。

Rujie(config)#dot11 wlan 1
Ruijie(dot11-wlan-config)#ssid ap1

在默认情况下，AP 通过无线射频接口定期广播 SSID 信息，无线用户可以使用无线网卡搜索 SSID 发现网络。出于安全考虑，AP 也可以通过命令设置，使无线射频接口不广播 SSID 信息，这样无线用户使用无线网卡无法搜索到 SSID，此时无线用户需要手动设置 SSID 才能进入相应的网络。打开无线射频接口广播 SSID 功能的命令如下：

Ruijie(dot11-wlan-config)#broadcast-ssid

（AP名称为ruijie 处于WLAN配置模式；设置广播SSID功能）

如果要关闭广播 SSID 功能，使用 Ruijie(dot11-wlan-config)#no broadcast-ssid 命令即可。

当 WLAN 创建完成后，必须将其关联到 dot11radio 接口或其子接口，这样 AP 才能提供 WLAN 服务。将 WLAN 映射到 dot11radio 接口的命令如下：

Ruijie(config-if)# wlan-id *wlan-id*

（AP名称为ruijie 处于接口配置模式；映射WLAN到接口；WLAN的ID）

其中，*wlan-id* 为事先创建的 WLAN 的编号。

示例：利用无线射频接口 dot11radio 1/0 封装 VLAN 10，并关联 WLAN 1，具体代码如下。

Ruijie(config)#interface dot11radio 1/0
Ruijie(config-if)#encapsulation dot1q 10
Ruijie(config-if)#wlan-id 1

9.3 扩展知识

▶ 1. 胖 AP 的 WLAN 加密

1）胖 AP 的 WLAN 加密概述

无线网络使用开放性媒介并以公共电磁波为载体传输数据，网络中的通信双方没有线缆连接，如果传输链路未采取适当的加密保护措施,数据传输的风险就会大大增加。因此,安全机制在 WLAN 中显得尤为重要。为了增强无线网络的安全性,至少需要提供认证和加密两种安全机制。

认证机制:用来对用户的身份进行验证,以限定特定的用户(授权的用户)可以使用网络资源。

加密机制:用来对无线链路的数据进行加密,以保证无线网络数据只被所期望的用户接收和理解。

目前,常用的无线加密方式有 WEP、WPA-PSK 和 WPA2-PSK 等。

WEP 是(Wired Equivalent Privacy,有线等效加密)IEEE 802.11b 标准定义的一种用于 WLAN 的安全性协议。WEP 可以提供与有线 LAN 同级的安全性。WEP 适用于小型且对安全性要求不高的 WLAN 的数据保护。WEP 使用一个密钥来加密所有通信,容易被破解和截获。

WEP 可以采用 open-system 或 shared-key 进行链路验证,这两种验证方式的主要区别如下:

- 若采用 open-system,则 WEP 密钥只用于数据加密,即使密钥不一致,用户也可以上线,但上线后传输的数据会因为密钥不一致被接收端丢弃;
- 若采用 shared-key,则 WEP 密钥可用于链路认证和数据加密,如果密钥不一致,客户端链路验证失败,无法上线。

WPA-PSK 和 WPA2-PSK 都属于预共享密钥认证方式,能够实现更高的安全性,包括更强壮的认证和更好的加密算法。预共享密钥认证只需要为 STA 和接入设备配置相同的预共享密钥即可建立连接和通信,不需要额外的认证服务器。

IEEE 802.1X 协议是一种基于端口的网络接入控制协议。基于 IEEE 802.1X 协议也可以实现无线加密,在 WLAN 接入设备端口对所接入的用户设备进行认证和控制:连接在端口的用户设备如果能通过认证,就可以访问 WLAN 中的资源;如果不能通过认证,则无法访问 WLAN 中的资源。这种认证需要终端设备装有认证客户端软件,但在某些情况下,这个条件是无法满足的,如某些无线打印机。

2)胖 AP 的 WLAN 加密命令

若要对 WLAN 进行安全参数配置,首先需要进入 WLAN 安全配置模式,然后才能进行相关安全参数配置。进入 WLAN 安全配置模式的命令如下:

进入WLAN安全配置模式

ruijie(config)#wlansec *wlan-id*

AP名称为ruijie　　　　　配置WLAN的ID
处于全局配置模式

其中,*wlan-id* 为配置 WLAN 的 ID。在进入指定 WLAN 的安全配置模式前,该 WLAN 必须已经被创建。用户可以使用 no wlansec wlan-id 命令取消当前 WLAN 的安全配置模式。

示例:配置 WLAN 1 的安全配置模式,代码如下。

Ruijie(config)#wlansec 1

使用 show wlan security 1 命令可以查看 WLAN 1 的安全配置模式是否创建成功。

在进入 WLAN 安全配置模式后,首先需要设置安全认证方式。设置 RSN 认证模式的命令如下:

启动WLAN的RSN认证模式

ruijie(config-wlansec)#security rsn *enable*

AP名称为ruijie
处于WLAN安全配置模式

使用 security rsn disable 命令可以关闭 RSN 认证模式。只有启用了 RSN 认证模式才能在该模式下对加密方式和接入认证方式进行配置，否则配置无效。

在使用 RSN 认证时，需要配置加密方式和接入认证方式。如果只配置了加密方式，或者只配置了接入认证方式，或者两者都未配置，那么无线客户端将无法关联到无线网络。

示例：配置 WLAN 1 的认证模式为 RSN 认证模式，代码如下。

Ruijie(config)#wlansec 1
Ruijie(config-wlansec)#security rsn enable

使用 show running-config 命令可以查看配置是否生效。

如果 WLAN 已经启用了其他加密方式（如 WEP），则无法配置 RSN 认证模式，会提示错误。

在启用了 RSN 认证模式后，需要设置加密方式，RSN 认证模式下有 AES 和 TKIP 两种加密方式。设置 AES 加密方式的命令如下：

启动AES加密方式

ruijie(config-wlansec)#security rsn ciphers *aes* enable

AP名称为ruijie
处于WLAN安全配置模式

使用 security rsn ciphers aes disable 命令可以关闭 RSN 认证模式下的 AES 加密方式。

示例：配置 WLAN 1 的 RSN 认证模式下的加密方式为 AES，代码如下。

Ruijie(config)#wlansec 1
Ruijie(config-wlansec)#security rsn enable
Ruijie(config-wlansec)#security rsn ciphers aes enable

使用 show running-config 命令可以查看配置是否生效。

如果在 WLAN 安全配置模式下未启用 RSN 认证模式，那么在配置 RSN 认证模式的加密方式时会提示错误。

配置 RSN 认证模式下的接入认证方式为 PSK 的命令如下：

设置接入认证方式为PSK

ruijie(config-wlansec)#security rsn akm psk enable

AP名称为ruijie
处于WLAN安全配置模式

使用 security rsn akm psk disable 命令可以关闭 RSN 认证模式下的 PSK 接入认证方式。RSN 认证模式下的接入认证方式有 PSK 和 IEEE 802.1X 两种。一个 WLAN 安全配置模式下只能开启一种接入认证方式。

示例：配置 WLAN 1 的 RSN 认证模式下的加密方式为 AES，接入认证方式为预共享密钥认证，具体代码如下。

Ruijie(config)#wlansec 1
Ruijie(config-wlansec)#security rsn enable
Ruijie(config-wlansec)#security rsn ciphers aes enable
Ruijie(config-wlansec)#security rsn akm psk enable

使用 show running-config 命令可以查看配置是否生效。

如果在 WLAN 安全配置模式下未启用 RSN 认证模式，那么在开启 RSN 认证模式的接入认证方式时会提示错误；如果在 WLAN 安全配置模式下已经开启了一种接入认证方式，那么在开启另一种接入认证方式时会提示错误。

配置 RSN 认证模式下的 PSK 接入认证方式下的共享密码命令如下：

　　　　　　　　　　　　设置接入认证方式PSK的密钥　　　　　　　　　　十六进制形式的密码

ruijie(config-wlansec)#security rsn akm psk set-key { ascii *ascii-key* **| hex** *hex-key* **}**

　AP名称为*ruijie*　　　　　　　　　　　　　　　　　　　　ASCII 码形式的密码
处于WLAN安全配置模式

其中，**ascii** 表示指定 PSK 密码形式为 ASCII 码；*ascii-key* 表示 ASCII 码形式的密码，长度为 8~63 个 ASCII 码字符；**hex** 表示指定 PSK 密码形式为十六进制字符；*hex-key* 表示十六进制形式的密码，长度必须为 64 个十六进制字符。只有开启了 PSK 接入认证方式，这个共享密码才生效。

示例：配置 WLAN 1 的 RSN 认证模式下的 PSK 接入认证方式下的共享密码为 12345678，代码如下。

```
Ruijie(config)#wlansec 1
Ruijie(config-wlansec)#security rsn enable
Ruijie(config-wlansec)#security rsn akm psk enable
Ruijie(config-wlansec)#security rsn akm psk set-key ascii 12345678
```

使用 show running-config 命令可以查看配置是否生效。

如果 ASCII 码形式的密码长度不足 8 个字符或十六进制形式的密码长度不是 64 个十六进制字符，则提示错误。

在如图 9.4 所示的网络中，在有线网络的基础上添加一个 AP 实现网络覆盖。AP 广播两个 SSID，分别对应 VLAN10 和 VLAN20，AP1 采用 WPA2（RSN）认证，AP2 采用 WPA 认证。AP 接在可进行网管的接入设备上（接口配置为 TRUNK），交换机已经划分了 VLAN10、VLAN20、VLAN30，AP 充当透明设备实现无线覆盖，用户能通过不同 SSID 无线接入 VLAN10、VLAN20 获取 IP 地址。VLAN10 网段为 192.168.10.0；VLAN20 网段为 192.168.20.0；VLAN30 网段为 192.168.30.0。

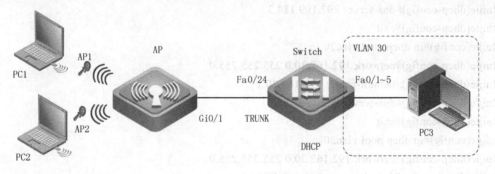

图 9.4　胖 AP 信号加密无线网络

（1）交换机的配置。

第 1 步：创建 VLAN 及分配接口。

创建 VLAN 及分配接口，代码如下。

```
Ruijie(config)#vlan1
Ruijie(config-vlan)#exit
Ruijie(config)#vlan10
Ruijie(config-vlan)#exit
Ruijie(config)#vlan20
```

```
Ruijie(config-vlan)#exit
Ruijie(config)#vlan30
Ruijie(config-vlan)#exit
Ruijie(config)#interface range fa 0/1-5
Ruijie(config-if-range)#switch access vlan 30
Ruijie(config-if-range)#
```

创建 SVI 及配置 IP 地址，代码如下。

```
Ruijie(config)#interface vlan 1
Ruijie(config-if-vlan1)#ip address 192.168.1.1 255.255.255.0
```

上述 IP 用于 Telnet 管理 IP 地址。如果使用 Console 接口登录可以不配置该 IP 地址，代码如下。

```
Ruijie(config)#interface vlan 10
Ruijie(config-if-vlan1)#ip address 192.168.10.1 255.255.255.0
Ruijie(config)#exit
Ruijie(config)#interface vlan 20
Ruijie(config-if-vlan10)#ip address 192.168.20.1 255.255.255.0
Ruijie(config)#exit
Ruijie(config)#interface vlan 30
Ruijie(config-if-vlan10)#ip address 192.168.30.1 255.255.255.0
Ruijie(config)#
```

第 2 步：创建 DHCP 服务器，代码如下。

```
Ruijie(config)#service dhcp
Ruijie(config)#ip dhcp pool vlan10
Ruijie(dhcp-config)#network 192.168.10.0 255.255.255.0
Ruijie(dhcp-config)#default-router 192.168.10.1
Ruijie(dhcp-config)#dns-server 202.199.184.3
Ruijie(dhcp-config)#exit
Ruijie(config)#ip dhcp pool vlan20
Ruijie(dhcp-config)#network 192.168.20.0 255.255.255.0
Ruijie(dhcp-config)#default-router 192.168.20.1
Ruijie(dhcp-config)#dns-server 202.199.184.3
Ruijie(dhcp-config)#exit
Ruijie(config)#ip dhcp pool vlan30
Ruijie(dhcp-config)#network 192.168.30.0 255.255.255.0
Ruijie(dhcp-config)#default-router 192.168.30.1
Ruijie(dhcp-config)#dns-server 202.199.184.3
Ruijie(dhcp-config)#
```

第 3 步：与胖 AP 互联接口的配置，代码如下。

```
Ruijie(config)#interface fastEthernet 0/24
Ruijie(config-if)#switchport mode trunk
```

由于该接口需要传递多个 VLAN 的数据，因此需要将接口类型设置为 TRUNK。在本例中，本地 VLAN 为 VLAN1，交换机默认 Native VLAN 为 VLAN1，不需要重新设置。如果 Native VLAN 不是 VLAN1，则需要修改 Native VLAN，并且需要与 AP 中的 Native VLAN 相同。

（2）胖 AP 的配置。

第 1 步：使用 Console 接口登录 AP，默认密码为 ruijie。

第 2 步：将 AP 切换为胖 AP（若已为胖 AP，则此步骤可省略）。

AP 出厂默认为瘦 AP，在第一次登录 AP 时需要将其切换为胖 AP。将 AP 切换为胖 AP 的代码如下。

```
Ruijie>ap-mode fat
```

在胖 AP 模式下，默认 Console 密码是 admin，没有默认 Enable 密码。

第 3 步：创建 VLAN，代码如下。

```
Ruijie(config)#vlan 10
Ruijie(config-vlan)#exit
Ruijie(config)#vlan 20
Ruijie(config-vlan)#
```

由于 VLAN1 是默认 VLAN，因此不需要再创建。

第 4 步：以太网接口封装 VLAN。

主接口封装 VLAN 的 v 报文没有携带 VLAN TAG，相当于 TRUNK 的 Native VLAN，具体代码如下。

```
Ruijie(config)#interface gigabitEthernet 0/1
Ruijie(config-if-gigabitEthernet0/1)#encapsulation dot1q 1
```

此处的 Native VLAN 需要与交换机的 Native VLAN 相同，本例中同为 VLAN1。

在 Gi0/1.10 子接口上封装 VLAN10，代码如下。

```
Ruijie(config)#interface gigabitEthernet 0/1.10
Ruijie(config-subif-gigabitEthernet0/1.10)#encapsulation dot1q 10
```

在 Gi0/1.20 子接口上封装 VLAN20，代码如下。

```
Ruijie(config)#interface gigabitEthernet 0/1.20
Ruijie(config-subif-gigabitEthernet0/1.20)#encapsulation dot1q 20
```

第 5 步：创建 WLAN。

创建 WLAN10，并将 SSID 定义为 AP1，具体代码如下。

```
Ruijie(config)#dot11 wlan 10
Ruijie(dot11-wlan-config)#ssid ap1
Ruijie(dot11-wlan-config)#
```

创建 WLAN20，并将 SSID 定义为 AP2，具体代码如下。

```
Ruijie(config)#dot11 wlan 20
Ruijie(dot11-wlan-config)#ssid ap2
Ruijie(dot11-wlan-config)#
```

第 6 步：配置无线射频接口模块。

在 AP 无线射频子接口 dot11radio1/0.10 上封装 VLAN10，并关联 WLAN 10，具体代码如下。

```
Ruijie(config)#interface dot11radio 1/0.10
Ruijie(config-if)#encapsulation dot1q 10
Ruijie(config-if)#wlan-id 10
Ruijie(config-if)#
```

在 AP 无线射频子接口 dot11radio1/0.20 上封装 VLAN20，并关联 WLAN 20，具体代码如下。

```
Ruijie(config)#interface dot11radio 1/0.20
```

```
Ruijie(config-if)#encapsulation dot1q 20
Ruijie(config-if)#wlan-id 20
Ruijie(config-if)#
```

第 7 步：配置管理地址及默认路由。

配置 AP 管理 IP 地址为 192.168.1.2，代码如下。

```
Ruijie(config)#interface bvi 1
Ruijie(config-if)#ip address 192.168.1.2 255.255.255.0
Ruijie(config-if)#
```

第 8 步：开启加密功能和设置密码。

进入 WLAN10 安全配置模式，配置 WLAN 的认证模式为 RSN 认证、加密方式为 AES、接入认证方式为 PSK、共享密码为 12345678，具体代码如下。

```
Ruijie(config)#wlansec 10
Ruijie(config-wlansec)#security rsn enable
Ruijie(config-wlansec)#security rsn ciphers aes enable
Ruijie(config-wlansec)#security rsn akm psk enable
Ruijie(config-wlansec)#security rsn akm psk set-key ascii 12345678
Ruijie(config-wlansec)#
```

进入 WLAN20 安全配置模式，配置 WLAN 的认证模式为 WPA 认证、加密方式为 AES、接入认证方式为 PSK、共享密码为 12345678，具体代码如下。

```
Ruijie(config)#wlansec 20
Ruijie(config-wlansec)#security wpa enable
Ruijie(config-wlansec)#security wpa ciphers aes enable
Ruijie(config-wlansec)#security wpa akm psk enable
Ruijie(config-wlansec)#security wpa akm psk set-key ascii 12345678
Ruijie(config-wlansec)#
```

（3）验证测试。

PC3 从 DHCP 服务器中获得的 IP 地址为 192.168.30.2/24，默认网关地址为 192.168.30.1，具体信息如下。

```
C:\Users\Administrator>ipconfig/all
以太网适配器 本地连接：
    连接特定的 DNS 后缀  . . . . . . . :
    描述. . . . . . . . . . . . . . . : Broadcom NetLink (TM) Gigabit Ethernet
    物理地址. . . . . . . . . . . . . : 00-21-85-C9-F7-A8
    DHCP 已启用 . . . . . . . . . . . : 是
    自动配置已启用. . . . . . . . . . : 是
    IPv4 地址 . . . . . . . . . . . . : 192.168.30.2（首选）
    子网掩码  . . . . . . . . . . . . : 255.255.255.0
    获得租约的时间  . . . . . . . . . : 2017 年 4 月 21 日 10:08:49
    租约过期的时间  . . . . . . . . . : 2017 年 4 月 22 日 10:08:48
    默认网关. . . . . . . . . . . . . : 192.168.30.1
    DHCP 服务器 . . . . . . . . . . . : 192.168.30.1
    TCPIP 上的 NetBIOS  . . . . . . . : 已启用
```

在 PC3 上使用 ping 命令测试到达交换机的连通性结果如下。

```
C:\Users\Administrator>ping 192.168.10.1
正在 Ping 192.168.10.1 具有 32 字节的数据:
来自 192.168.10.1 的回复: 字节=32 时间<1ms TTL=64
来自 192.168.10.1 的回复: 字节=32 时间<1ms TTL=64
来自 192.168.10.1 的回复: 字节=32 时间<1ms TTL=64
来自 192.168.10.1 的回复: 字节=32 时间<1ms TTL=64
192.168.10.1 的 Ping 统计信息:
    数据包: 已发送 = 4, 已接收 = 4, 丢失 = 0 (0% 丢失),
往返行程的估计时间(以毫秒为单位):
    最短 = 0ms, 最长 = 0ms, 平均 = 0ms
```

测试 PC1 获得 IP 地址的具体情况。

当 SSID 的加密配置完成后,用户在进行无线关联时,系统会提示用户输入密码,此时输入正确的密码能够正常接入网络,从 DHCP 服务器获得 IP 地址,如图 9.5 所示。

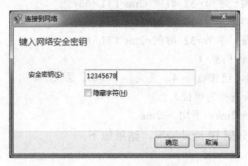

图 9.5 输入用户登录密码

PC1 从 DHCP 服务器中获得的 IP 地址为 192.168.10.2,默认网关地址为 192.168.10.1,具体信息如下。

```
C:\Users\Administrator>ipconfig/all
无线局域网适配器 无线网络连接:
    连接特定的 DNS 后缀 . . . . . . . :
    描述. . . . . . . . . . . . . . . : RT73 USB 无线 LAN 卡
    物理地址. . . . . . . . . . . . . : 00-14-78-71-8A-13
    DHCP 已启用 . . . . . . . . . . . : 是
    自动配置已启用. . . . . . . . . . : 是
    IPv4 地址 . . . . . . . . . . . . : 192.168.10.2(首选)
    子网掩码 . . . . . . . . . . . . : 255.255.255.0
    获得租约的时间 . . . . . . . . . : 2017 年 4 月 21 日 10:27:54
    租约过期的时间 . . . . . . . . . : 2017 年 4 月 22 日 10:27:54
    默认网关. . . . . . . . . . . . . : 192.168.10.1
    DHCP 服务器 . . . . . . . . . . . : 192.168.10.1
    DNS 服务器 . . . . . . . . . . . : 202.199.184.3
    TCPIP 上的 NetBIOS . . . . . . . : 已启用
```

在 PC1 上使用 ping 命令测试到达交换机的连通性结果如下。

```
C:\Users\Administrator>ping 192.168.10.1
正在 Ping 192.168.10.1 具有 32 字节的数据:
来自 192.168.10.1 的回复: 字节=32 时间=26ms TTL=64
来自 192.168.10.1 的回复: 字节=32 时间=6ms TTL=64
来自 192.168.10.1 的回复: 字节=32 时间=11ms TTL=64
来自 192.168.10.1 的回复: 字节=32 时间=1ms TTL=64
192.168.10.1 的 Ping 统计信息:
    数据包: 已发送 = 4, 已接收 = 4, 丢失 = 0 (0% 丢失),
往返行程的估计时间(以毫秒为单位):
    最短 = 1ms, 最长 = 26ms, 平均 = 11ms
```

在 PC1 上使用 ping 命令测试到达 PC3 的连通性结果如下。

```
C:\Users\Administrator>ping 192.168.30.2
正在 Ping 192.168.30.2 具有 32 字节的数据:
来自 192.168.30.2 的回复: 字节=32 时间=2ms TTL=63
来自 192.168.30.2 的回复: 字节=32 时间=2ms TTL=63
来自 192.168.30.2 的回复: 字节=32 时间=2ms TTL=63
来自 192.168.30.2 的回复: 字节=32 时间=2ms TTL=63
192.168.30.2 的 Ping 统计信息:
    数据包: 已发送 = 4, 已接收 = 4, 丢失 = 0 (0% 丢失),
往返行程的估计时间(以毫秒为单位):
    最短 = 2ms, 最长 = 2ms, 平均 = 2ms
```

在交换机上查看 DHCP 分配 IP 地址情况,结果如下。

```
Ruijie#sh ip dhcp bind
IP address        Client-Identifier/Hardware address        Lease expiration              Type

192.168.10.2      0100.1478.718a.13                         000 days 23 hours 55 mins     Automatic
192.168.20.2      0108.eca9.292f.f7                         000 days 23 hours 59 mins     Automatic
192.168.30.2      0100.2185.c9f7.a8                         000 days 23 hours 36 mins     Automatic
Ruijie#
```

从上述显示结果可以看出,经过加密的 SSID 后,用户在关联无线网络时需要输入密码,使用正确的密码才能登录无线网络。

2. WDS

当建筑物之间的距离较远(如超过 100m)时,一般需要铺设光缆进行连接。对于一些已经建成的楼宇,开挖道路或架设架空线将导致施工难度大、消耗成本高。在这种环境中采用无线网桥来实现网络互联比较经济,实施起来也简单。

1)WDS 概述

WDS(Wireless Distribution System,无线分布式系统)是采用无线桥接或中继的方式将多个 AP 相连,从而实现连接分布网络和扩展无线信号的。

WDS 有 ROOT-BRIDGE 和 NONROOT-BRIDGE 两种工作模式。

ROOT-BRIDGE 是 WDS 桥接的根节点,允许 NONROOT-BRIDGE 接入建立 WDS 桥接。ROOT-BRIDGE 的有线接口可以连接有线网络;无线接口作为无线网桥,可以连接 NONROOT-BRIDGE。

NONROOT-BRIDGE 是 WDS 桥接的非根节点，可以根据用户配置主动接入 ROOT-BRIDGE 建立 WDS 桥接。NONROOT-BRIDGE 的有线接口可以连接有线网络；无线接口作为无线网桥，可以连接 ROOT-BRIDGE。

2）WDS 桥接的建立

在 ROOT-BRIDGE 端指定 BSS（基本服务集）用于 NONROOT-BRIDGE 接入建立桥接。该 BSS 不允许普通 STA 用户接入。当该 BSS 存在时，相当于 ROOT-BRIDGE 可以接受 NONROOT-BRIDGE 的接入请求。在接入过程中，ROOT-BRIDGE 端利用相关机制判断该 NONROOT-BRIDGE 是否可以接入。

NONROOT-BRIDGE 端会根据用户配置的 SSID 寻找可以接入的 ROOT-BRIDGE。在寻找过程中，NONROOT-BRIDGE 端利用相关机制判断指定的 SSID 是否有对应的可以接入的 ROOT-BRIDGE，判断通过后，就会进行接入处理，处理成功后，WDS 桥接就建立了。

第 1 步：配置 ROOT-BRIDGE。

配置 ROOT-BRIDGE 的命令如下：

ruijie(config-if-Dot11radio 1/0)#station-role root-bridge bridge-wlan *wlan-id*

（AP名称为*ruijie*，处于接口配置模式；设置ROOT-BRIDGE；用于桥接的WLAN ID）

其中，*wlan-id* 表示在指定 ROOT-BRIDGE 模式下用于桥接的 WLAN ID。使用 no station-role 命令可以取消配置，恢复默认值。

示例：在 AP 上配置其工作在 WDS 的 ROOT-BRIDGE 模式下，用于桥接的 WLAN 为 1，具体代码如下。

Ruijie(config-if-Dot11radio 1/0)# station-role root-bridge bridge-wlan 1

第 2 步：配置 NONROOT-BRIDGE。

配置 NONROOT-BRIDGE 的命令如下：

ruijie(config-if-Dot11radio 1/0)#station-role non-root-bridge

（AP名称为*ruijie*，处于接口配置模式；设置NONROOT-BRIDGE）

示例：在 AP 上配置其工作在 WDS 的 NONROOT 模式下，代码如下。

Ruijie(config-if-Dot11radio 1/0)# station-role non-root-bridge

使用 show running-config 命令可以查看 station-role 配置情况。

第 3 步：指定要接入的 ROOT-BRIDGE 端的 BSSID。

指定要接入的 ROOT-BRIDGE 端有两种方式：指定接入 ROOT-BRIDGE 端的 BSSID 和指定接入 ROOT-BRIDGE 端的 SSID。

指定要接入 ROOT-BRIDGE 端的 BSSID 的命令如下：

ruijie(config-if-Dot11radio 1/0)#parent { mac-address *HHHH.HHHH.HHHH* | ssid *ssid* }

（AP名称为*ruijie*，处于接口配置模式；设置ROOT端BSSID或SSID；ROOT-BRIDGE端的 BSSID；ROOT-BRIDGE端SSID）

其中，*HHHH.HHHH.HHHH* 表示指定要接入 ROOT-BRIDGE 端的 BSSID，应用于定点接入；*ssid*

表示指定要接入 ROOT-BRIDGE 端的 SSID,会在符合条件的 ROOT-BRIDGE 端漫游。使用 no parent { mac-address | ssid } 命令可以取消配置,恢复默认值。

为了获得根桥发出的 BSSID 信息,可以在 ROOT-BRIDGE 端使用 ruijie# sh dot11 mbssid 命令获得相关信息(MAC)。

示例:在 AP 上配置 NONROOT-BRIDGE,根据 BSSID 接入 ROOT-BRIDGE 端(00d0.f822.3301),具体代码如下。

Ruijie(config-if-Dot11radio 1/0)# station-role non-root-bridge
Ruijie(config-if-Dot11radio 1/0)# parent mac-address 00d0.f822.3301

示例:在 AP 上配置 NONROOT-BRIDGE,根据 SSID 接入 ROOT-BRIDGE 端(ruijie-root),具体代码如下。

Ruijie(config-if-Dot11radio 1/0)# station-role non-root-bridge
Ruijie(config-if-Dot11radio 1/0)# parent ssid ruijie-root

使用 show running-config 命令可以查看 parent 配置信息。

在如图 9.6 所示的网络中,AP1 作为根桥 AP,连接 LAN1;AP2 作为非根桥 AP,连接 LAN2。AP1 与 AP2 为桥接关系。LAN1 与 LAN2 处于同一个网络地址 192.168.1.0。

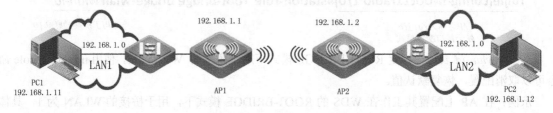

图 9.6 胖 AP 桥接无线网络

具体配置如下。

(1) 根桥 AP1 的配置。

第 1 步:使用 Console 接口登录 AP,默认密码为 ruijie。

第 2 步:将 AP 切换为胖 AP(若已为胖 AP,则此步骤可省略)。

AP 出厂默认为瘦 AP,在第一次登录 AP 时需要将其切换为胖 AP。将 AP 切换为胖 AP 的代码如下。

Ruijie>ap-mode fat

在胖 AP 模式下,默认 Console 密码是 admin,没有默认 Enable 密码。

VLAN1 是默认 VLAN,不需要再创建。

第 3 步:以太网接口封装 VLAN。

主接口封装 VLAN 的 v 报文没有携带 VLAN TAG,相当于 TRUNK 的 Native VLAN。

Ruijie(config)#interface gigabitEthernet 0/1
Ruijie(config-if-gigabitEthernet0/1)#encapsulation dot1q 1

此处的 Native VLAN 需要与交换机的 Native VLAN 相同,本例中同为 VLAN1。

第 4 步:创建 WLAN。

创建 WLAN1,并将 SSID 定义为 AP1。

Ruijie(config)#dot11 wlan 1
Ruijie(dot11-wlan-config)#ssid ap1

Ruijie(dot11-wlan-config)#

第 5 步：配置无线射频接口模块。

在 AP 无线射频子接口 dot11radio1/0 上封装 VLAN1，并关联 WLAN 1，具体代码如下。

Ruijie(config)#interface dot11radio 1/0
Ruijie(config-if-dot11radio 1/0)#encapsulation dot1q 1
Ruijie(config-if-dot11radio 1/0)#**station-role root-bridge bridge-wlan 1**
Ruijie(config-if-dot11radio 1/0)#**wlan-id 1**
Ruijie(config-if-dot11radio 1/0)#

第 6 步：配置管理地址及默认路由。

配置 AP 管理 IP 地址为 192.168.1.1，代码如下。

Ruijie(config)#interface bvi 1
Ruijie(config-if-bvi10)#ip address 192.168.1.1 255.255.255.0
Ruijie(config-if-bvi10)#

在 AP 上配置无线广播转发功能，代码如下。

Ruijie(config)#data-plane wireless-broadcast enable

第 7 步：确认根桥发出的 BSSID 信息。

ruijie# sh dot11 mbssid
　　name: Dot11radio 1/0
wlan id: 1
　　ssid: ap1
　　bssid: **0669.6c51.e718**

（2）非根桥 AP2 的配置。

第 1 步：使用 Console 接口登录 AP，默认密码为 ruijie。

第 2 步：将 AP 切换为胖 AP（若已为胖 AP，则此步骤可省略）。

AP 出厂默认为瘦 AP，在第一次登录 AP 时需要将其切换为胖 AP。将 AP 切换为胖 AP 的代码如下。

Ruijie>ap-mode fat

在胖 AP 模式下，默认 Console 密码是 admin，没有默认 Enable 密码。

由于 VLAN1 是默认 VLAN，因此不需要再创建。

第 3 步：以太网接口封装 VLAN。

主接口封装 VLAN 的 v 报文没有携带 VLAN TAG，相当于 TRUNK 的 Native VLAN，具体代码如下。

Ruijie(config)#interface gigabitEthernet 0/1
Ruijie(config-if-gigabitEthernet0/1)#encapsulation dot1q 1

此处的 Native VLAN 需要与交换机的 Native VLAN 相同，本例中同为 VLAN1。

第 4 步：配置无线射频接口模块。

在 AP 无线射频子接口 dot11radio1/0 上封装 VLAN1，并关联 WLAN 1，具体代码如下。

Ruijie(config)#interface dot11radio 1/0
Ruijie(config-if-dot11radio 1/0)#encapsulation dot1q 1
Ruijie(config-if-dot11radio 1/0)#**station-role　　non-root-bridge**
Ruijie(config-if-dot11radio 1/0)#**parent mac-address 0669.6c51.e718**
Ruijie(config-if-dot11radio 1/0)#

第 5 步：配置管理地址及默认路由。

配置 AP 管理 IP 地址为 192.168.1.2，代码如下。

Ruijie(config)#interface bvi 1
Ruijie(config-if-bvi1)#ip address 192.168.1.2 255.255.255.0
Ruijie(config-if-bvi1)#

第 6 步：在 AP 上配置无线广播转发功能，代码如下。

Ruijie(config)#data-plane wireless-broadcast enable

（3）验证测试。

测试网络连通性。PC1 由管理员配置的静态 IP 地址为 192.168.1.11；PC2 由管理员配置的静态 IP 地址为 192.168.1.12。

在 PC1 上使用 ping 命令测试到达交换机的连通性结果如下。

C:\Users\Administrator>ping 192.168.1.12

正在 Ping 192.168.1.12 具有 32 字节的数据:
来自 192.168.1.12 的回复: 字节=32 时间=5ms TTL=64
来自 192.168.1.12 的回复: 字节=32 时间=4ms TTL=64
来自 192.168.1.12 的回复: 字节=32 时间=2ms TTL=64
来自 192.168.1.12 的回复: 字节=32 时间=2ms TTL=64

192.168.1.12 的 Ping 统计信息:
　　数据包: 已发送 = 4，已接收 = 4，丢失 = 0（0% 丢失），
往返行程的估计时间（以毫秒为单位）:
　　最短 = 2ms，最长 = 5ms，平均 = 3ms

显示桥接相关信息。

在 AP1 上查看接口的 WDS 桥接信息，具体如下。

ruijie#sh dot11 wds-bridge-info 1/0
WDS-MODE: ROOT-BRIDGE
BRIDGE-WLAN:
　　Status: OK
　　WlanID 1,　　SSID ap1,　　BSSID 0669.6c51.e718

WBI 1/0
　　NONROOT: 0069.6c56.7a21
　　LinkTime: 0:06:31
　　SendRate: 120.5　Mbps
　　RecvRate: 55.5　Mbps
　　RSSI: 92

从上述显示结果看出，AP1 与 AP2 已经实现了桥接。通过适当的配置也可以实现将不同网段的 LAN 连接起来。

9.4　演示实例

▶ 1. 背景描述

为了方便实验，将三层交换机 Switch 与 AP 相连，AP 接入 Switch 的 VLAN1 中的 Fa0/24 接口，计算机接入 VLAN30 中的任何一个接口。在 Switch 上配置 DHCP 服务器，为移动客户端及 VLAN30

中的计算机分配 IP 地址，如图 9.7 所示。

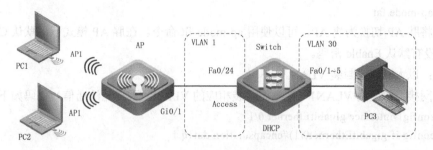

图 9.7 胖 AP 单个信号无线网络

2. 操作提示

（1）Switch 的配置。

第 1 步：创建 VLAN 及分配接口，代码如下。

```
Ruijie(config)#vlan1
Ruijie(config-vlan)#exit
Ruijie(config)#vlan30
Ruijie(config-vlan)#exit
Ruijie(config)#interface range fa 0/1-5
Ruijie(config-if-range)#switch access vlan 30
Ruijie(config-if-range)#exit
Ruijie(config)#interface vlan 1
Ruijie(config-if-vlan1)#ip address 192.168.1.1 255.255.255.0
Ruijie(config)#exit
Ruijie(config)#interface vlan 30
Ruijie(config-if-vlan30)#ip address 192.168.30.1 255.255.255.0
Ruijie(config)#
```

第 2 步：创建 DHCP 服务器，代码如下。

```
Ruijie(config)#service dhcp
Ruijie(config)#ip dhcp pool vlan1
Ruijie(dhcp-config)#network 192.168.1.0 255.255.255.0
Ruijie(dhcp-config)#default-router 192.168.1.1
Ruijie(dhcp-config)#dns-server 202.199.184.3
Ruijie(dhcp-config)#exit
Ruijie(config)#ip dhcp pool vlan30
Ruijie(dhcp-config)#network 192.168.30.0 255.255.255.0
Ruijie(dhcp-config)#default-router 192.168.30.1
Ruijie(dhcp-config)#dns-server 202.199.184.3
Ruijie(dhcp-config)#
```

（2）胖 AP 的配置。

第 1 步：使用 Console 接口登录 AP，默认密码为 ruijie。

第 2 步：将 AP 切换为胖 AP（若已为胖 AP，则此步骤可省略）。

AP 出厂默认为瘦 AP，在第一次登录 AP 时需要将其切换为胖 AP。将 AP 切换为胖 AP 的代码如下。

```
Ruijie>ap-mode fat
```

若需要将胖 AP 切换为瘦 AP，可以使用 ap-mode fit 命令。在胖 AP 模式下，默认 Console 密码是 admin，没有默认 Enable 密码。

第 3 步：以太网接口封装 VLAN。

将以太网接口封装为 VLAN1（注意要封装相应的 VLAN，否则无法通信）代码如下。

```
Ruijie(config)#interface gigabitEthernet 0/1
Ruijie(config-if-gigabitEthernet0/1)#encapsulation dot1q 1
```

第 4 步：创建 WLAN。

创建 WLAN1，并将 SSID 定义为 AP1，具体代码如下。

```
Rujie(config)#dot11 wlan 1
Ruijie(dot11-wlan-config)#ssid ap1
Ruijie(dot11-wlan-config)#
```

第 5 步：配置无线射频接口模块。

进入无线射频接口 dot11radio 1/0，封装 VLAN 1，并关联前面定义的 WLAN 1，具体代码如下。

```
Ruijie(config)#interface dot11radio 1/0
Ruijie(config-if)#encapsulation dot1q 1
Ruijie(config-if)#wlan-id 1
Ruijie(config-if)#
```

第 6 步：配置管理地址及默认路由。

配置 AP 管理 IP 地址为 192.168.1.2，代码如下。

```
Ruijie(config)#interface bvi 1
Ruijie(config-if)#ip address 192.168.1.2 255.255.255.0
Ruijie(config-if)#
```

（3）验证测试。

第 1 步：将 PC3 与 Switch 相连。

PC3 从 DHCP 服务器中获得的 IP 地址为 192.168.30.2，默认网关地址为 192.168.30.1，具体信息如下。

```
C:\Users\Administrator>ipconfig/all
以太网适配器 本地连接:
    连接特定的 DNS 后缀 . . . . . . . :
    描述 . . . . . . . . . . . . . . . : Broadcom NetLink（TM）Gigabit Ethernet
    物理地址 . . . . . . . . . . . . . : 00-21-85-C9-F7-A8
    DHCP 已启用 . . . . . . . . . . . : 是
    自动配置已启用 . . . . . . . . . . : 是
    IPv4 地址 . . . . . . . . . . . . : 192.168.30.2（首选）
    子网掩码 . . . . . . . . . . . . . : 255.255.255.0
    获得租约的时间 . . . . . . . . . . : 2017 年 4 月 21 日 7:48:44
    租约过期的时间 . . . . . . . . . . : 2017 年 4 月 22 日 7:48:43
    默认网关 . . . . . . . . . . . . . : 192.168.30.1
    DHCP 服务器 . . . . . . . . . . . : 192.168.30.1
    DNS 服务器 . . . . . . . . . . . . : 202.199.184.3
    TCPIP 上的 NetBIOS . . . . . . . . : 已启用
```

在 PC3 上使用 ping 命令测试到达 Switch 的连通性结果如下。

C:\Users\Administrator>ping 192.168.30.1
正在 Ping 192.168.30.1 具有 32 字节的数据:
来自 192.168.30.1 的回复: 字节=32 时间<1ms TTL=64
来自 192.168.30.1 的回复: 字节=32 时间<1ms TTL=64
来自 192.168.30.1 的回复: 字节=32 时间<1ms TTL=64
来自 192.168.30.1 的回复: 字节=32 时间<1ms TTL=64
192.168.30.1 的 Ping 统计信息:
    数据包: 已发送 = 4, 已接收 = 4, 丢失 = 0 (0% 丢失),
往返行程的估计时间(以毫秒为单位):
    最短 = 0ms, 最长 = 0ms, 平均 = 0ms

第 2 步: 测试 PC1 获得 IP 地址情况。

PC2 从 DHCP 服务器中获得的 IP 地址为 192.168.1.3,默认网关地址为 192.168.1.1,具体信息如下。

C:\Users\Administrator>ipconfig/all
无线局域网适配器 无线网络连接:
    连接特定的 DNS 后缀 . . . . :
    描述 . . . . : RT73 USB 无线 LAN 卡
    物理地址 . . . . : 00-14-78-71-8A-13
    DHCP 已启用 . . . . : 是
    自动配置已启用 . . . . : 是
    IPv4 地址 . . . . : 192.168.1.3(首选)
    子网掩码 . . . . : 255.255.255.0
    获得租约的时间 . . . . : 2017 年 4 月 21 日 7:56:29
    租约过期的时间 . . . . : 2017 年 4 月 22 日 7:56:29
    默认网关 . . . . : 192.168.1.1
    DHCP 服务器 . . . . : 192.168.1.1
    DNS 服务器 . . . . : 202.199.184.3
    TCPIP 上的 NetBIOS . . . . : 已启用

在 PC1 上使用 ping 命令测试到达 Switch 的连通性结果如下。

C:\Users\Administrator>ping 192.168.1.1
正在 Ping 192.168.1.1 具有 32 字节的数据:
来自 192.168.1.1 的回复: 字节=32 时间=26ms TTL=64
来自 192.168.1.1 的回复: 字节=32 时间=6ms TTL=64
来自 192.168.1.1 的回复: 字节=32 时间=11ms TTL=64
来自 192.168.1.1 的回复: 字节=32 时间=1ms TTL=64
192.168.1.1 的 Ping 统计信息:
    数据包: 已发送 = 4, 已接收 = 4, 丢失 = 0 (0% 丢失),
往返行程的估计时间(以毫秒为单位):
    最短 = 1ms, 最长 = 26ms, 平均 = 11ms

在 PC1 上使用 ping 命令测试到达 PC3 的连通性结果如下。

C:\Users\Administrator>ping 192.168.30.2
正在 Ping 192.168.30.2 具有 32 字节的数据:
来自 192.168.30.2 的回复: 字节=32 时间=2ms TTL=63

来自 192.168.30.2 的回复: 字节=32 时间=2ms TTL=63
来自 192.168.30.2 的回复: 字节=32 时间=2ms TTL=63
来自 192.168.30.2 的回复: 字节=32 时间=2ms TTL=63
192.168.30.2 的 Ping 统计信息:
　　数据包: 已发送 = 4, 已接收 = 4, 丢失 = 0 (0% 丢失),
往返行程的估计时间(以毫秒为单位):
　　最短 = 2ms, 最长 = 2ms, 平均 = 2ms

第 3 步: 在 Switch 上查看 DHCP 分配 IP 地址情况, 具体信息如下。

```
Ruijie#sh ip dhcp binding
IP address        Client-Identifier/Hardware address    Lease expiration              Type

192.168.1.4       0108.eca9.292f.f7                     000 days 23 hours 56 mins     Automatic
192.168.1.3       0100.1478.718a.13                     000 days 23 hours 58 mins     Automatic
192.168.30.2      0100.2185.c9f7.a8                     000 days 23 hours 50 mins     Automatic
Ruijie#
```

从上述显示结果看出, AP 只是将有线网络进行了无线延伸。在 Switch 上配置 DHCP 服务器, 可以为移动客户端及 VLAN30 中的计算机分配 IP 地址。

9.5　训练任务

▶ 1. 背景描述

(1) 在如 9.8 所示的网络中, 在有线网络的基础上添加一个 AP 实现网络覆盖。AP 广播两个 SSID, 分别对应 VLAN10 和 VLAN20。

(2) AP 接在可进行网管的接入设备上 (接口配置为 TRUNK), 交换机已经划分了 VLAN10、VLAN20、VLAN30, AP 充当透明设备实现无线覆盖, 用户能通过不同 SSID 无线接入 VLAN10、VLAN20 获取 IP 地址。

(3) VLAN10 网段为 192.168.10.0; VLAN20 网段为 192.168.20.0; VLAN30 网段为 192.168.30.0。

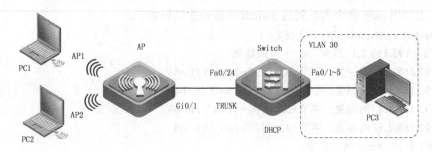

图 9.8　胖 AP 多信号无线网络

▶ 2. 操作提示

(1) 交换机的配置。
第 1 步: 创建 VLAN 及分配接口。
创建 VLAN 及分配接口, 代码如下。

Ruijie(config)#vlan1

```
Ruijie(config-vlan)#exit
Ruijie(config)#vlan10
Ruijie(config-vlan)#exit
Ruijie(config)#vlan20
Ruijie(config-vlan)#exit
Ruijie(config)#vlan30
Ruijie(config-vlan)#exit
Ruijie(config)#interface range fa 0/1-5
Ruijie(config-if-range)#switch access vlan 30
Ruijie(config-if-range)#
```

创建 SVI 及配置 IP 地址，代码如下。

```
Ruijie(config)#interface vlan 1
Ruijie(config-if-vlan1)#ip address 192.168.1.1 255.255.255.0
```

上述 IP 为 Telnet 管理 IP 地址。如果使用 Console 接口登录可以不配置该 IP 地址，代码如下。

```
Ruijie(config)#interface vlan 10
Ruijie(config-if-vlan1)#ip address 192.168.10.1 255.255.255.0
Ruijie(config)#exit
Ruijie(config)#interface vlan 20
Ruijie(config-if-vlan10)#ip address 192.168.20.1 255.255.255.0
Ruijie(config)#exit
Ruijie(config)#interface vlan 30
Ruijie(config-if-vlan10)#ip address 192.168.30.1 255.255.255.0
Ruijie(config)#
```

第 2 步：创建 DHCP 服务器，代码如下。

```
Ruijie(config)#service dhcp
Ruijie(config)#ip dhcp pool vlan10
Ruijie(dhcp-config)#network 192.168.10.0 255.255.255.0
Ruijie(dhcp-config)#default-router 192.168.10.1
Ruijie(dhcp-config)#dns-server 202.199.184.3
Ruijie(dhcp-config)#exit
Ruijie(config)#ip dhcp pool vlan20
Ruijie(dhcp-config)#network 192.168.20.0 255.255.255.0
Ruijie(dhcp-config)#default-router 192.168.20.1
Ruijie(dhcp-config)#dns-server 202.199.184.3
Ruijie(dhcp-config)#exit
Ruijie(config)#ip dhcp pool vlan30
Ruijie(dhcp-config)#network 192.168.30.0 255.255.255.0
Ruijie(dhcp-config)#default-router 192.168.30.1
Ruijie(dhcp-config)#dns-server 202.199.184.3
Ruijie(dhcp-config)#
```

第 3 步：与胖 AP 互联接口的配置，代码如下。

```
Ruijie(config)#interface fastEthernet 0/24
Ruijie(config-if)#switchport mode trunk
```

由于该接口需要传递多个 VLAN 的数据，因此需要将接口类型设置为 TRUNK。在本例中，本地 VLAN 为 VLAN1，交换机默认 Native VLAN 为 VLAN1，不需要重新设置。如果 Native VLAN 不是 VLAN1，则需要修改 Native VLAN，并且要与 AP 中的 Native VLAN 相同。

（2）胖 AP 的配置。

第 1 步：使用 Console 接口登录 AP，默认密码为 ruijie。

第 2 步：将 AP 切换为胖 AP（若已为胖 AP 模式，则此步骤可省略）。

AP 出厂默认为瘦 AP，在第一次登录 AP 时需要将其切换为胖 AP。将 AP 切换为胖 AP 的代码如下。

Ruijie>ap-mode fat

在胖 AP 模式下，默认 Console 密码是 admin，没有默认 Enable 密码。

第 3 步：创建 VLAN，代码如下。

Ruijie(config)#vlan 10
Ruijie(config-vlan)#exit
Ruijie(config)#vlan 20
Ruijie(config-vlan)#

VLAN1 是默认 VLAN，不需要再创建。

第 4 步：以太网接口封装 VLAN。

主接口封装 VLAN 的 v 报文没有携带 VLAN TAG，相当于 TRUNK 的 Native VLAN，具体代码如下。

Ruijie(config)#interface gigabitEthernet 0/1
Ruijie(config-if-gigabitEthernet0/1)#encapsulation dot1q 1

此处的 Native VLAN 需要与交换机的 Native VLAN 相同，本例中同为 VLAN1。

在 Gi0/1.10 子接口上封装 VLAN10，代码如下。

Ruijie(config)#interface gigabitEthernet 0/1.10
Ruijie(config-subif-gigabitEthernet0/1.10)#encapsulation dot1q 10

在 Gi0/1.20 子接口上封装 VLAN20，代码如下。

Ruijie(config)#interface gigabitEthernet 0/1.20
Ruijie(config-subif-gigabitEthernet0/1.20)#encapsulation dot1q 20

第 5 步：创建 WLAN。

创建 WLAN10，并将 SSID 定义为 AP1，具体代码如下。

Ruijie(config)#dot11 wlan 10
Ruijie(dot11-wlan-config)#ssid ap1
Ruijie(dot11-wlan-config)#

创建 WLAN20，并将 SSID 定义为 AP2，具体代码如下。

Rujie(config)#dot11 wlan 20
Ruijie(dot11-wlan-config)#ssid ap2
Ruijie(dot11-wlan-config)#

第 6 步：配置无线射频接口模块。

在 AP 无线射频子接口 dot11radio1/0.10 上封装 VLAN10，并关联 WLAN10，具体代码如下。

Ruijie(config)#interface dot11radio 1/0.10
Ruijie(config-if)#encapsulation dot1q 10

```
Ruijie(config-if)#wlan-id 10
Ruijie(config-if)#
```

在 AP 无线射频子接口 dot11radio1/0.20 上封装 VLAN20，并关联 WLAN 20，具体代码如下。

```
Ruijie(config)#interface dot11radio 1/0.20
Ruijie(config-if)#encapsulation dot1q 20
Ruijie(config-if)#wlan-id 20
Ruijie(config-if)#
```

第 7 步：配置管理地址及默认路由。

配置 AP 管理 IP 地址为 192.168.1.2，代码如下。

```
Ruijie(config)#interface bvi 1
Ruijie(config-if)#ip address 192.168.1.2 255.255.255.0
Ruijie(config-if)#
```

（3）验证测试。

第 1 步：将 PC3 与交换机相连。

PC3 从 DHCP 服务器中获得的 IP 地址为 192.168.30.2，默认网关地址为 192.168.30.1，具体信息如下。

```
C:\Users\Administrator>ipconfig/all
以太网适配器 本地连接:
    连接特定的 DNS 后缀 . . . . . . . :
    描述 . . . . . . . . . . . . . . : Broadcom NetLink (TM) Gigabit Ethernet
    物理地址 . . . . . . . . . . . . : 00-21-85-C9-F7-A8
    DHCP 已启用 . . . . . . . . . . : 是
    自动配置已启用 . . . . . . . . . : 是
    IPv4 地址 . . . . . . . . . . . : 192.168.30.2（首选）
    子网掩码 . . . . . . . . . . . . : 255.255.255.0
    获得租约的时间 . . . . . . . . . : 2017 年 4 月 21 日 10:08:49
    租约过期的时间 . . . . . . . . . : 2017 年 4 月 22 日 10:08:48
    默认网关 . . . . . . . . . . . . : 192.168.30.1
    DHCP 服务器 . . . . . . . . . . : 192.168.30.1
    TCPIP 上的 NetBIOS . . . . . . . : 已启用
```

在 PC3 上使用 ping 命令测试到达交换机的连通性结果如下。

```
C:\Users\Administrator>ping 192.168.10.1
正在 Ping 192.168.10.1 具有 32 字节的数据:
来自 192.168.10.1 的回复: 字节=32 时间<1ms TTL=64
来自 192.168.10.1 的回复: 字节=32 时间<1ms TTL=64
来自 192.168.10.1 的回复: 字节=32 时间<1ms TTL=64
来自 192.168.10.1 的回复: 字节=32 时间<1ms TTL=64
192.168.10.1 的 Ping 统计信息:
    数据包: 已发送 = 4，已接收 = 4，丢失 = 0（0% 丢失），
往返行程的估计时间（以毫秒为单位）:
    最短 = 0ms，最长 = 0ms，平均 = 0ms
```

第 2 步：测试 PC1 获得 IP 地址情况。

PC2 从 DHCP 服务器中获得的 IP 地址为 192.168.10.2，默认网关地址为 192.168.10.1，具体信息如下。

```
C:\Users\Administrator>ipconfig/all
无线局域网适配器 无线网络连接:

   连接特定的 DNS 后缀 . . . . . . . :
   描述. . . . . . . . . . . . . . . : RT73 USB 无线 LAN 卡
   物理地址. . . . . . . . . . . . . : 00-14-78-71-8A-13
   DHCP 已启用 . . . . . . . . . . . : 是
   自动配置已启用. . . . . . . . . . : 是
   IPv4 地址 . . . . . . . . . . . . : 192.168.10.2（首选）
   子网掩码  . . . . . . . . . . . . : 255.255.255.0
   获得租约的时间  . . . . . . . . . : 2017 年 4 月 21 日 10:27:54
   租约过期的时间  . . . . . . . . . : 2017 年 4 月 22 日 10:27:54
   默认网关. . . . . . . . . . . . . : 192.168.10.1
   DHCP 服务器 . . . . . . . . . . . : 192.168.10.1
   DNS 服务器  . . . . . . . . . . . : 202.199.184.3
   TCPIP 上的 NetBIOS  . . . . . . . : 已启用
```

在 PC1 上使用 ping 命令测试到达交换机的连通性结果如下。

```
C:\Users\Administrator>ping 192.168.10.1
正在 Ping 192.168.10.1 具有 32 字节的数据:
来自 192.168.10.1 的回复: 字节=32 时间=26ms TTL=64
来自 192.168.10.1 的回复: 字节=32 时间=6ms TTL=64
来自 192.168.10.1 的回复: 字节=32 时间=11ms TTL=64
来自 192.168.10.1 的回复: 字节=32 时间=1ms TTL=64
192.168.10.1 的 Ping 统计信息:
    数据包: 已发送 = 4，已接收 = 4，丢失 = 0（0% 丢失），
往返行程的估计时间（以毫秒为单位）:
    最短 = 1ms，最长 = 26ms，平均 = 11ms
```

在 PC1 上使用 ping 命令测试到达 PC3 的连通性结果如下。

```
C:\Users\Administrator>ping 192.168.30.2
正在 Ping 192.168.30.2 具有 32 字节的数据:
来自 192.168.30.2 的回复: 字节=32 时间=2ms TTL=63
来自 192.168.30.2 的回复: 字节=32 时间=2ms TTL=63
来自 192.168.30.2 的回复: 字节=32 时间=2ms TTL=63
来自 192.168.30.2 的回复: 字节=32 时间=2ms TTL=63
192.168.30.2 的 Ping 统计信息:
    数据包: 已发送 = 4，已接收 = 4，丢失 = 0（0% 丢失），
往返行程的估计时间（以毫秒为单位）:
    最短 = 2ms，最长 = 2ms，平均 = 2ms
```

第 3 步：在交换机上查看 DHCP 分配 IP 地址情况，具体信息如下。

```
Ruijie#sh ip dhcp bind
IP address          Client-Identifier/Hardware address         Lease expiration          Type
```

192.168.10.2	0100.1478.718a.13	000 days 23 hours 55 mins	Automatic
192.168.20.2	0108.eca9.292f.f7	000 days 23 hours 59 mins	Automatic
192.168.30.2	0100.2185.c9f7.a8	000 days 23 hours 36 mins	Automatic

Ruijie#

从上述显示结果可以看出，AP 只是将有线网络进行了无线延伸。选择不同的 SSID 可以获得不同的 IP 地址。

练习题

1. 简答题

（1）简述胖 AP 模式与瘦 AP 模式的特点？

（2）SSID 是什么？

（3）在默认情况下，RG-AP3220 出厂设置的 AP 是胖 AP 还是瘦 AP？

（4）使用什么命令可以将 AP 从瘦 AP 切换至胖 AP？在胖 AP 模式下，默认 Console 密码是什么？默认 Enable 密码是什么？

项目 10　瘦 AP 无线网络配置

项目 9 介绍了胖 AP 的配置方法及应用场景，胖 AP 可以直接配置相关功能属性，而不依靠其他设备实现独立工作。但是当网络中存在的 AP 数量很多时，手动配置 AP 的工作量会非常大，效率也会很低。瘦 AP 的所有配置都是从控制器上下载的，控制器可以对网络中的瘦 AP 进行统一配置和管理，适合进行大规模部署。

知识点、技能点

1. 掌握瘦 AP 的网络构成及工作原理。
2. 掌握瘦 AP 的配置技能。

10.1　问题提出

在 WLAN 中，当 AP 数量十分庞大时，如果需要对每个 AP 进行独立配置与管理，管理员的工作量会非常大，对 AP 的维护也会很困难。为了解决此类问题，可以构建基于瘦 AP 的 WLAN，利用 AC 对 AP 进行集中的配置与管理。

10.2　相关知识

▶ 1. AC

AC（Access Controller，无线接入控制器）通过有线网络与 AP 相连，用于集中管理和控制 AP。常用的 AC 型号有 WS3302、WS6008 等。不同型号的 AC 在管理和控制 AP 数量、性能等方面也不同。

WS3302 是专门针对小型无线网络推出的产品。每个 WS3302 配备了 1 个 Console 接口、1 个 RJ45 电接口、2 个千兆光电复用接口，可以管理 32 个 AP。WS3302 目前已广泛应用于银行、高等院校实验室、小型企业等场所。

为了实现对 AP 的管理和控制，AC 与 AP 之间通过 CAPWAP 建立控制通道和数据通道。

▶ 2. CAPWAP 概述

CAPWAP（Control And Provisioning of Wireless Access Points，无线接入点控制和规定协议）是一种用于 WLAN 部署大规模 AP 的协议。

在瘦 AP 网络框架中，AC 通过 CAPWAP 统一管理所有 AP，向指定 AP 下发控制策略，而不需要在各 AP 上单独配置。CAPWAP 在 AP 和 AC 之间建立控制通道和数据通道，控制通道用于 AC 配置 AP 及 AP 向 AC 发送事件通告，数据通道用于 AP 和 AC 之间数据报文的传递，如图 10.1 所示。

CAPWAP 工作过程如下。

（1）AP 获取 IP 地址。

瘦 AP 默认配置为"零"，当 AP 上电时，需要通过 DHCP 获取 AP 及 AC 的 IP 地址。在通过

DHCP 获取 IP 地址的同时，也通过 DHCP Option 138 获取 AC 的 IP 地址。如果将 AC 配置为两台冗余模式，DHCP Option 138 中会有两台 AC 的 IP 地址，AP 会与这两台 AC 建立 CAPWAP 隧道。在 AC 上配置 Loopback0 接口地址作为建立 CAPWAP 的源地址。在网络中，只需要确保 AC 与 AP 之间能够实现路由互通即可，如图 10.2 所示。

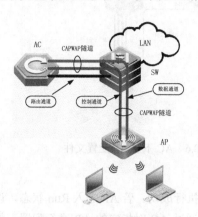

图 10.1　瘦 AP 网络基本结构

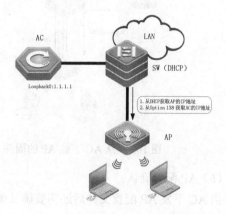

图 10.2　获得 AP 及 AC 的 IP 地址

（2）AP 发现 AC。

当 AP 获取 AC 的 IP 地址后，发送 Discovery 报文，之后 CAPWAP 状态机进入 Discovery 状态。AP 会同时采用广播、组播（224.0.1.140）、单播（AC 的 IP 地址）方式发送 Discovery 报文。当采用单播方式时，需要先通过 DHCP、静态配置 AC 方式获取 AC 的 IP 地址，如图 10.3 所示。

（3）AP 申请加入 AC。

当 AP 发出 Discovery 报文并得到回应后，开始准备加入该 AC。AP 发送"加入请求"，AC 回复"加入应答"确认 AP 加入该 AC 的管理范围，并向该 AP 提供服务，如图 10.4 所示。

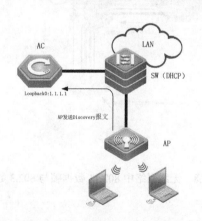

图 10.3　AP 发送 Discovery 报文

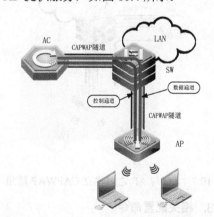

图 10.4　AP 与 AC 之间建立 CAPWAP 隧道

（4）AP 固件自动升级。

当 AP 加入 AC 后，若 AP 的固件版本过期，则进入升级固件过程，AP 从 AC 下载最新版本的固件，升级成功后 AP 重启，再次进入发现过程，如图 10.5 所示。

（5）AP 配置下发。

当 AP 在比较完成固件版本后判定 AP 不需要升级，或者当 AP 已经升级完毕时，AC 下发配置文件给 AP，如图 10.6 所示。

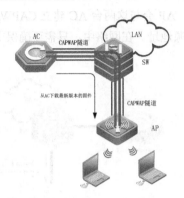

图 10.5　从 AC 下载 AP 的固件

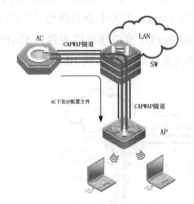

图 10.6　AC 下发 AP 配置文件

（6）AP 配置确认。

当 AC 下发 AP 配置文件后还需要确认配置是否在 AP 上执行成功。若 AP 进入 Run 状态，说明 AP 与 AC 的控制通道和数据通道已成功建立。此时，管理员通过 AC 对指定的 AP 进行配置，如创建 WLAN、设置信道、调整发射功率等，并可实时监控 AP 的运行状态，如图 10.7 所示。

（7）CAPWAP 隧道数据转发。

CAPWAP 在 AP 和 AC 之间建立控制通道和数据通道。控制通道用于 AC 配置 AP 及 AP 向 AC 发送事件通告，该通道必须加密。数据通道用于 AP 和 AC 之间的 802.11 数据帧或 802.3 数据帧的传送，如图 10.8 所示。

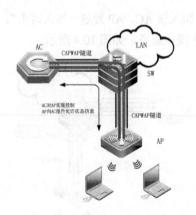

图 10.7　AC 与 AP 之间建立 CAPWAP 隧道

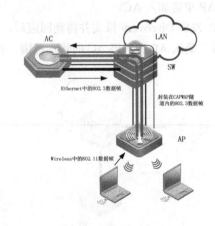

图 10.8　无线网络中 802.11 数据帧与 802.3 数据帧

3. 相关配置命令

（1）配置 DHCP 的 option 字段（指定 AC 的地址）。

DHCP 提供了一种允许在 TCP/IP 网络中将配置信息传送给主机的机制。DHCP 报文具有专门的 option 字段，该字段内容为可变化内容，用户可以根据实际情况对其进行定义。DHCP 客户端必须能够接收最少携带 312 字节 option 信息的 DHCP 报文。锐捷公司将 option 138 定义为 AC 的 IP 地址。设置 AC 的 IP 地址的命令如下：

ruijie(config-dhcp)#option 138 ip *ip-address*

- 配置AC的IP地址
- 控制器名称为ruijie 处于DHCP配置模式
- AC的IP地址

其中，*ip-address* 为 AC 的 IP 地址（Loopback0 接口的 IP 地址）。

示例：在 DHCP 中设置 AC 的 IP 地址为 1.1.1.1，代码如下。

ruijie(config-dhcp)#option 138 ip 1.1.1.1

（2）在 AC 上配置 AP 系列名称、产品名称和硬件版本。

为了能够通过 AC 升级 AP 固件版本，必须事先在 AC 上将 AP 硬件版本、产品型号配置到某个 AP 系列名称中，配置命令如下：

ruijie(config-ac)#ap-serial *serial-name ap-pid1 ap-pid2 ... ap-pidn* [hw-ver *hardware-version*]

- 配置AP系列名称-产品型号-硬件版本
- 硬件版本
- 控制器名称为ruijie 处于AC配置模式
- AP系列名称
- 产品型号列表

其中，*serial-name* 表示要创建的 AP 系列名称；*ap-pid1 ap-pid2 ... ap-pidn* 表示要加入该 AP 系列的产品型号列表；*hardware-version* 表示指定 AP 的硬件版本。

示例：在 AC 上创建一个名称为 AP-3220 的 AP 系列，其包括产品型号为 AP3220-S、硬件版本为 hw-ver 1.0 的产品，具体代码如下。

AC(config-ac)#ap-serial AP-3220 AP3220-S hw-ver 1.0

（3）在 AC 上激活 AP 固件版本。

通过 AC 升级 AP 固件版本必须要在 AC 上配置激活 AP 固件版本，只有被激活的 AP 固件版本才可用于升级。在默认情况下，未激活 AP 固件版本。激活 AP 固件版本的命令如下：

ruijie(config-ac)#active-bin-file *filename*

- 激活AP固件版本
- 控制器名称为ruijie 处于AC配置模式
- AP版本号

其中，*filename* 表示指定的 AP 固件版本名称。

示例：激活文件名称为 ap3220-1.bin 的 AP 固件版本，代码如下。

AC(config-ac)#active-bin-file ap3220-1.bin

（4）关联 AP 固件版本名称和 AP 系列名称。

在配置 AC 升级时，对指定系列的 AP 使用指定固件升级。关联 AP 固件版本和 AP 系列名称命令会对连接到本 AC 的所有 AP 起作用，该命令如下：

ruijie(config-ac)#ap-image *filename serial-name*

- 关联AP固件版本-系列名称
- 控制器名称为ruijie 处于AC配置模式
- 固件名称
- 系列名称

其中，*filename* 为指定的 AP 固件版本名称（包括后缀），该文件名与 active-bin-file 命令指定的文件名一致；*serial-name* 为将要升级的 AP 系列名称。

示例：使用 ap3220-1.bin 固件升级系列名称为 AP-3220 的 AP 产品，代码如下。

AC(config-ac)#ap-image ap3220-1.bin AP-3220

(5) 创建 WLAN。

在一个 AC 上可以创建多个 WLAN，并进入指定 WLAN 的配置模式，根据实际网络需要配置该 WLAN 的相关功能属性，形成特定的 WLAN 服务模块。将完成配置的 WLAN 应用到指定的 AP 组方可生效，无线用户通过选择相应的 AP 实现接入 WLAN。

通过创建 WLAN，每个 WLAN 对应一个 VLAN，创建 WLAN 将网络划分成多个子网，可以将每个 WLAN 配置成特定功能属性，为无线用户提供不同的网络服务。

每个 WLAN 必须关联一个 SSID，无线用户通过 SSID 接入 WLAN。一个 SSID 也可以关联多个 WLAN。创建 WLAN 的命令如下：

```
                    创建WLAN          ssid字符串
AC(config)#wlan-config wlan-id ssid-string
控制器名称为AC         WLAN的ID
处于AC配置模式
```

其中，*wlan-id* 为要创建的 WLAN 的 ID，取值范围为 1～4094；*ssid-string* 为该 WLAN 对应的 ssid 字符串，最大长度为 32 字符。

示例：创建 WLAN 1，将其 SSID 设置为 ruijie，代码如下。

```
AC(config)#wlan-config 1 Ruijie
AC(config-wlan)#
```

(6) 广播 SSID。

在 AC 的 WLAN 配置模式下使用 enable-broad-ssid 命令可以开启 SSID 广播。在默认情况下，为开启 SSID 广播状态。配置 SSID 广播状态的命令如下：

```
                              使能广播SSID
AC(config-wlan)#enable-broad-ssid
控制器名称为AC
处于AC的WLAN配置模式
```

(7) 创建 AP 组。

利用 AP 组对多个 AP 进行统一管理，通过 AP 组可以对该 AP 组内所有 AP 进行统一配置，从而减少配置工作量。AP 组的属性配置对组内所有 AP 生效。

在 AC 配置模式下创建 AP 组的命令如下：

```
                  创建AP组
AC(config)#ap-group ap-group-name
控制器名称为AC           AP组名称
处于AC配置模式
```

其中，*ap-group-name* 为 AP 组名。在删除 AP 组时，属于该 AP 组的 AP 将自动切换到 default 组。在默认情况下，系统在启动后会自动创建一个组名为 default 的默认 AP 组。用户不可创建、删除默认 AP 组。

示例：创建一个名称为 APG-1 的 AP 组，代码如下。

```
AC(config)#ap-group APG-1
AC(config-ap-group)#
```

(8) 关联 wlan-config 和用户 VLAN。

在 AP 组配置模式下将 WLAN 与 VLAN 映射到 AP 组内所有 AP 的广播上的命令如下：

AC(config-group)#interface-mapping *wlan-id* [*vlan-id*]

（关联WLAN与VLAN；控制器名称为AC，处于AP组配置模式；WLAN的ID；VLAN的ID）

其中，*wlan-id* 为被映射 WLAN 的 ID，该 WLAN 必须已经创建完成，取值范围为 1～4094；*vlan-id* 为被映射 VLAN 的 ID，取值范围为 1～4094。

示例：创建 VLAN 2 和一个 ID 为 4094 的 WLAN，并将 WLAN 与 VLAN 的关联应用到默认 AP 组内所有 AP 上，具体代码如下。

AC(config)#vlan 2
AC(config-vlan)#exit
AC(config)#wlan-config 4094 ssid-4094
AC(config-wlan)#exit
AC(config)#ap-group default
AC(config-ap-group)#interface-mapping 4094 2

（9）配置 AP 所属的 AP 组。

为了使 AP 继承 AP 组的配置属性，需要将 AP 加入相关的 AP 组中。在默认情况下，AP 属于组名为 default 的 AP 组。将 AP 加入 AP 组的步骤如下。

第 1 步：进入 AP 配置模式，实现命令如下：

AC(config)#ap-config *ap-name*

（进入AP配置模式；控制器名称为AC，处于AC配置模式；AP名称）

其中，*ap-name* 为 AP 名称。使用 **no ap-config** *ap-name* 命令可以删除已经存在的 AP 配置。

示例：进入名称为 AP0001 的 AP 配置模式下，代码如下。

AC(config)#ap-config AP0001
AC(config-ap)#

第 2 步：在 AP 配置模式下，设置 AP 所属 AP 组，命令如下：

AC(config-ap)#ap-group *ap-group-name*

（设置AP所属AP组；控制器名称为AC，处于AP配置模式；AP组名）

其中，*ap-group-name* 为 AP 组名。

示例：将名称为 AP0001 的 AP 加入名称为 APG-1 的 AP 组中，代码如下。

AC(config)#ap-config AP0001
AC(config-ap)#ap-group APG-1
AC(config-ap)#

（10）在 AC 上修改 AP 名称。

为了便于管理，可以将 AP 名称简化。在 AC 上修改 AP 名称的命令如下：

```
                          修改AP名称
           AC(config-ap)#ap-name ap-name
           控制器名称为AC          新设置的AP名称
           处于AP配置模式
```

其中，*ap-name* 为 AP 名称。在默认情况下，AP 采用 MAC 地址作为名称。使用 **no ap-name** 命令可以删除 AP 名称。

示例：将 MAC 地址为 0669.6c51.e718 的 AP 名称修改为 ap3220-1，代码如下。

AC(config)#ap-config 0669.6c51.e718
AC(config-ap)#ap-name ap3220-1
AC(config-ap)#

在 AC 上使用 show ap-config running 命令可以查看当前 AP 的配置情况。

10.3 扩展知识

AP 通过无线介质接收的是 802.11 数据帧，通过有线介质传输的是 802.3 数据帧。802.11 数据帧与 802.3 数据帧之间进行格式转发的方式有两种：集中转发和本地转发。在使用集中转发方式时，无线用户的所有数据流量都需要先通过 CAPWAP 隧道传递到 AC，然后在 AC 上完成 802.11 数据帧与 802.3 数据帧的格式转发。在使用集中转发方式时，无线用户的所有数据（控制数据、用户数据）都由 AC 统一管理，如图 10.9 所示。

在使用本地转发方式时，无线用户的所有数据都不经过 AC 转发，而是在本地 AP 上在 802.11 数据帧与 802.3 数据帧之间转发。本地转发方式减少了 AC 和 AP 之间数据转发负担，也减少了数据流量，但是增加了额外配置，连接 AP 的交换机需要支持多 VLAN 转发，如图 10.10 所示。

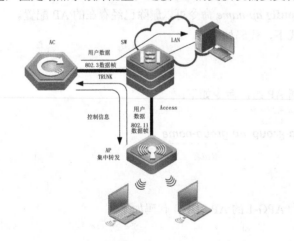

图 10.9 集中转发方式

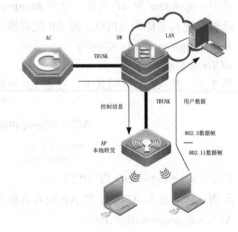

图 10.10 本地转发方式

10.4 演示实例

▶ 1. 背景介绍

当无线网络中的 AP 数量众多，而且需要进行统一管理和配置时，可采用瘦 AP 组网模式，通过

AC 统一配置和管理 AP，包括配置下发、固件升级、重启等。

所有无线 AP 都是通过 AC 下发配置和管理的，而且都能发出信号和接入无线客户端。瘦 AP 单信号接无线网络如 10.11 所示。

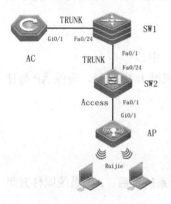

VLAN 及 IP 地址分配如下。

- AP：VLAN10 的 192.168.10.0/24 网关在三层交换机 SW2 上；
- 无线用户：VLAN20 的 192.168.20.0/24 网关在三层交换机 SW2 上；
- AC 与核心交换机 SW1 互联：VLAN30 的网关为 192.168.30.0/24。

图 10.11 瘦 AP 单信号接无线网络

2. 操作提示

（1）准备工作。

第 1 步：使用 ruijie#show verison 命令确认 AC 固件版本，代码如下。

```
ruijie#show version
System description          : Ruijie Gigabit Wireless Switch(WS6008) By Ruijie Networks.
System uptime               : 0:03:47:03
System hardware version : 1.02
System software version : AC_RGOS 11.1(5)B80P3, Release(04131820)
System patch number         : NA
System serial number        : G1K9084001210
System boot version         : 1.2.9
```

从上述显示结果可以看出，该 AC 的固件版本为"11.1(5)B80P3"。

第 2 步：使用 ruijie#show verison 命令确认 AP 固件版本，代码如下。

```
ruijie#show version
System description          : Ruijie Indoor AP3220-S (802.11b/g/n) By Ruijie Networks.
System start time           : 1969-12-31 23:59:59
System uptime               : 0:00:02:21
System hardware version : 1.00
System software version : AP_RGOS 11.1(5)B4, Release(02170704)
System patch number         : NA
System serial number        : G1JDB1Z055932
System boot version         : 2.0.5
```

从上述显示结果可以看出，该 AP 的固件版本为"11.1(5)B4"。

第 3 步：AP 固件版本升级。

若 AP 固件版本低或与 AC 固件版本不一致，可以升级 AP 固件版本。胖 AP 和瘦 AP 的固件版本升级方法不同。

首先，可以使用 ruijie>show ap-mode 命令验证 AP 工作在瘦 AP 模式还是工作在胖 AP 模式。也可以使用 ruijie>ap-mode fit 命令将 AP 切换为瘦 AP 或使用 ruijie>ap-mode fat 命令将 AP 切换为胖 AP，切换完成后系统将重启。

在胖 AP 模式下，固件版本升级过程如下。

第 1 步：将最新版本固件下载到计算机 TFTP 软件目录（E:\TFTP）中。

第 2 步：通过 Console 接口登录 AP，设置 AP 接口 IP 地址及计算机网卡 IP 地址，确保 AP 与计算机能 ping 通。

第 3 步：在计算机上启动 TFTP 软件，确保主目录为 E:\TFTP。

第 4 步：在 AP 上执行升级命令，代码如下。

AP#upgrade download tftp://192.168.110.2/ AP_3220_11.1(5)B8P3.bin

上述命令中的 192.168.110.2 是计算机网卡 IP 地址。升级完成后，系统重启。AC 系统固件升级方法与胖 AP 固件升级方法相同。

在瘦 AP 模式下，固件版本升级过程如下。

第 1 步：将最新版本固件下载到计算机 TFTP 软件目录（E:\TFTP）中。

第 2 步：在 TFTP 软件中，使用 copy 命令将该固件复制到 AC 中，具体代码如下。

ruijie#copy tftp://192.168.110.2/AP_3220_11.1(5)B8P3.bin flash:ap3220-1.bin

上述命令中的 192.168.110.2 是计算机网卡 IP 地址。

第 3 步：对 AC 进行如下配置。

ruijie(config)#ac-controller
ruijie(config-ac)#ap-serial AP-3220 AP3220-S hw-ver 1.0

上述命令中的"AP-3220"表示系列名称；AP3220-S 是产品名称，必须以"AP"开头，可使用 show version 命令进行确认；"hw-ver 1.0"表示硬件版本。

Ruijie(config-ac)#active-bin-file ap3220-1.bin

上述命令的作用是激活 AP 固件版本，"ap3220-1.bin"表示 AP 的版本在 AC 的 Flash 中保存的名称是 ap3220-1.bin。

Ruijie(config-ac)#ap-image ap3220-1.bin AP-3220

上述命令用于将 AP 固件版本名称和 AP 产品名称进行关联。

在完成上述配置后，AP3220-S 型号的瘦 AP 一旦登录 AC 就可以自动将系统固件版本升级为"11.1(5)B8P3"。其他型号的 AP 固件版本升级方法类同。

（2）核心交换机 SW1 的配置。

第 1 步：创建 VLAN。

创建 VLAN10、VLAN20 和 VLAN30，代码如下。

SW1(config)#vlan 10
SW1(config-vlan)#exit
SW1(config)#vlan 20
SW1(config-vlan)#exit
SW1(config)#vlan 30
SW1(config-vlan)#exit

第 2 步：配置接口和接口地址。

相关配置代码如下。

```
SW1(config)#interface FastEthernet 0/1
SW1(config-if-FastEthernet 0/1)#switchport mode trunk
SW1(config-if-FastEthernet 0/1)#exit
SW1(config)#interface FastEthernet 0/24
SW1(config-if-FastEthernet 0/24)#switchport mode trunk
SW1(config-if-FastEthernet 0/24)#exit
SW1(config)#interface vlan 10
SW1(config-if-vlan)#ip address 192.168.10.1 255.255.255.0
```

上述 SVI10 地址作为 AP 建立隧道的网关，用于 AP 的 DHCP 寻址，如果不配置该地址，那么 AP 将无法获取 IP。

```
SW1(config-if-vlan)#interface vlan 20
SW1(config-if-vlan)#ip address 192.168.20.1 255.255.255.0
```

上述 SVI20 地址作为无线用户的网关地址，如果不配置该地址，那么无线用户将无法获取 IP。

```
SW1(config-if-vlan)#interface vlan 30
SW1(config-if-vlan)#ip address 192.168.30.1 255.255.255.0
SW1(config-if-vlan)#
```

上述 SVI30 地址作为与 AC 无线交换机互联的地址。

```
SW1(config)#ip route 1.1.1.1 255.255.255.255 192.168.30.2
SW1(config)#
```

第 3 步：配置 AP 的 DCHP。

首先，开启 DHCP 服务；其次，创建 DHCP 地址池，名称为 ap_SW1；最后，配置 option 字段，指定 AC 的地址，包括 AC 的 Loopback0 地址、分配给 AP 的地址、分配给 AP 的网关地址等，具体代码如下。

```
SW1(config)#service dhcp
SW1(config)#ip dhcp pool ap_ruijie
SW1(config-dhcp)#option 138 ip 1.1.1.1
SW1(config-dhcp)#network 192.168.10.0 255.255.255.0
SW1(config-dhcp)#default-route 192.168.10.1
SW1(config-dhcp)#
```

注意：AP 的 DHCP 中的 option 字段、网段、网关要配置正确，否则 AP 无法获取 DHCP 信息，也无法建立 CAPWAP 隧道。

第 4 步：配置无线用户的 DHCP，代码如下。

```
SW1(config)#ip dhcp pool user_ruijie
SW1(config-dhcp)#network 192.168.20.0 255.255.255.0
SW1(config-dhcp)#default-route 192.168.20.1
SW1(config-dhcp)#dns-server 202.199.184.3
SW1(config-dhcp)#
```

(3) 三层交换机 SW2 的配置。

创建 VLAN10，将与 AP 相连的接口分配到 VLAN10 中；将与核心交换机 SW1 相连的接口设置为 TRUNK 接口，具体代码如下。

```
SW2(config)#vlan 10
```

```
SW2(config-vlan)#exit
SW2(config)#interface FastEthernet 0/1
SW2(config-if-FastEthernet 0/1)#switchport access vlan 10
SW2(config-if-FastEthernet 0/1)#exit
SW2(config)#interface FastEthernet 0/24
SW2(config-if-FastEthernet 0/24)#switchport mode trunk
SW2(config-if-FastEthernet 0/24)#
```

(4) AC 的配置。

第 1 步：创建 VLAN。

在 AC 上，创建 VLAN20 和 VLAN30，代码如下。

```
AC#configure terminal
AC(config)#vlan 20
AC(config-vlan)#exit
AC(config)#vlan 30
AC(config-vlan)#
```

配置 VLAN 的 SVI，代码如下。

```
AC(config)#interface vlan 20
AC(config-if-vlan)#ip add 192.168.20.2 255.255.255.0
AC(config-if-vlan)#exit
AC(config)#interface vlan 30
AC(config-if-vlan)#ip address 192.168.30.2 255.255.255.0
AC(config-if-vlan)#exit
AC(config)#interface loopback 0
AC(config-if-loopback)#ip address 1.1.1.1 255.255.255.0
AC(config-if-loopback)#exit
AC(config)#ip route 0.0.0.0 0.0.0.0 192.168.30.1
```

在默认情况下，Loopback0 地址是 DHCP 中 option 138 字段指定的 AC 地址，AP 寻找 AC 使用该地址。

```
AC(config)#interface GigabitEthernet 0/1
AC(config-if-GigabitEthernet 0/1)#switchport mode trunk
AC(config-if-GigabitEthernet 0/1)#
```

第 2 步：创建 WLAN。

配置 wlan-config，ID 为 1，SSID 名称为 Ruijie，允许广播 SSID，具体代码如下。

```
AC(config)#wlan-config 1 Ruijie
AC(config-wlan)#enable-broad-ssid
AC(config-wlan)#
```

第 3 步：创建 ap-group。

配置默认 ap-group 实现 AP 组关联 WLAN 和 VLAN。默认组关联到所有 AP 上，具体代码如下。

```
AC(config)#ap-group default
AC(config-group)#interface-mapping 1 20
AC(config-group)#
```

在上述配置中，将 WLAN1 和 VLAN20 关联到默认 AP 组，"1"表示 WLAN1，"20"表示

VLAN20。

注意：在默认情况下，所有 AP 都关联到 default 组，如果要调用新定义的 ap-group，需要在相应的 ap-config 中配置 ap-group xx。在第一次部署时，每个 AP 的 ap-config 名称默认是 AP 的 MAC 地址（背面的贴纸 mac，非以太网接口 mac）。

例如，定义一个名称为 ap-group-1 的组，然后将 MAC 地址为 0669.6c51.e718 的 AP 加入 ap-group-1 组中，配置代码如下。

```
AC(config)#ap-group ap-group-1
AC(config-group)#interface-mapping 1 20    //"1"为 WLAN ID，"20"为用户对应的 VLAN ID
AC(config-group)#exit
AC(config)#ap-config 0669.6c51.e718        //进入 MAC 地址为 0669.6c51.e718 的 AP 配置模式
AC(config-ap)#ap-group-1
AC(config-ap)#ap-name ap3220-1             //将 MAC 地址为 0669.6c51.e718 的 AP 名称改为 ap3320-1
AC(config-ap)#
```

（5）验证测试。

在客户端选择无线网络 Ruijie，并连接至该无线网络。然后进行如下查看操作。

第 1 步：查看 AP 状态。

在 AC 上查看 AP 配置情况，具体信息如下。

```
AC#sh ap-config summary
========= show ap status =========
Radio: Radio ID or Band: 2.4G = 1#, 5G = 2#
        E = enabled, D = disabled, N = Not exist
        Current Sta number
        Channel: * = Global
        Power Level = Percent
Online AP number: 1
Offline AP number: 0
AP Name          IP Address      Mac Address      Radio         Radio
Up/Off time      State
5869.6c51.e715   192.168.10.2    5869.6c51.e715  1  E  1   1*   100 2 N  -   -
0:00:07:05       Run
AC#
```

第 2 步：查看客户端状态，具体信息如下。

```
AC#sh ac-config client by-ap-name
========= show sta status =========
AP       : ap name/radio id
Status: Speed/Power Save/Work Mode/Roaming State, E = enable power save, D = dis
able power save
Total Sta Num : 1
 STA MAC          IPV4 Address    AP                    Wlan   Vlan   Status       Asso Auth
Net Auth          Up time
 0014.7871.8d0e   192.168.20.3    5869.6c51.e715/1      1      20     54.0M/D/g    OPEN
OPEN              0:00:07:39
AC#
```

第3步：查看 DHCP 状态，具体信息如下。

```
sw1#sh ip dhcp binding
IP address          Client-Identifier/Hardware address    Lease expiration            Type

192.168.10.2        0158.696c.51e7.1642.5649.31           000 days 23 hours 48 mins   Automatic

192.168.20.3        0100.1478.718d.0e                     000 days 23 hours 51 mins   Automatic
sw1#
```

第4步：查看 MAC 地址表。

查看 AC 的 MAC 地址表，具体信息如下。

```
AC#sh mac-address-table
Vlan       MAC Address            Type         Interface
----------  --------------------  --------    --------------------
1          001a.a908.3d96         DYNAMIC      GigabitEthernet 0/1
20         0014.7871.8d0e         DYNAMIC      CAPWAP-Tunnel 1
20         001a.a908.3d97         DYNAMIC      GigabitEthernet 0/1
30         001a.a908.3d97         DYNAMIC      GigabitEthernet 0/1
```

从上述结果可以看出，客户端 MAC 地址 0014.7871.8d0e 是从 CAPWAP-Tunnel 1 端口学习到的，这说明 AP 采用集中转发方式进行格式转发，直接将用户数据通过 CAPWAP 隧道传递至 AC，由 AC 进行转发。

核心交换机 SW1 的 MAC 地址表信息如下。

```
SW1#sh mac-address-table
Vlan       MAC Address            Type         Interface
----------  --------------------  --------    --------------------
1          00d0.f8ef.b001         DYNAMIC      FastEthernet 0/1
10         5869.6c56.7a1f         DYNAMIC      FastEthernet 0/1
20         0014.7871.8d0e         DYNAMIC      FastEthernet 0/24
30         5869.6cb4.afa0         DYNAMIC      FastEthernet 0/24
```

三层交换机 SW2 的 MAC 地址表信息如下。

```
SW2#sh mac-address-table
Vlan       MAC Address            Type         Interface
----------  --------------------  --------    --------------------
1          001a.a908.3d96         DYNAMIC      Fa0/24
10         001a.a908.3d97         DYNAMIC      Fa0/24
10         5869.6c56.7a1f         DYNAMIC      Fa0/1
20         0014.7871.8d0e         DYNAMIC      Fa0/24
20         001a.a908.3d97         DYNAMIC      Fa0/24
```

10.5 训练任务

▶ 1. 背景描述

当无线网络中的 AP 数量众多，且需要统一管理和配置时，可以通过 AC 统一配置和管理 AP，包括配置下发、固件升级、重启等。

所有无线 AP 都是通过 AC 下发配置和管理的,且都能发出信号和接入无线客户端。瘦 AP 多信号接无线网络如 10.12 所示。

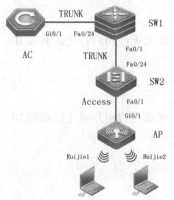

图 10.12　瘦 AP 多信号接无线网络

VLAN 及 IP 地址分配如下。

- AP:VLAN10 的 192.168.10.0/24 网关在三层交换机 SW2 上;
- 无线用户 1:VLAN20 的 192.168.20.0/24 网关在三层交换机 SW2 上;
- 无线用户 2:VLAN30 的 192.168.30.0/24 网关在三层交换机 SW2 上;
- AC 与核心交换机 SW1 互联:VLAN40 的网关为 192.168.40.0/24;

2. 操作提示

(1)准备工作。

第 1 步:使用 ruijie#show verison 命令判断 AC 和 AP 的固件版本是否相同,如果不相同,使用前面介绍方法进行固件升级。

第 2 步:使用 ruijie#show ap-mode 命令判断 AP 是否工作在瘦 AP 模式下,如果不是,使用 ruijie(config)#ap-mode fit 命令修改为瘦 AP 模式。

(2)核心交换机 SW1 的配置。

第 1 步:创建 VLAN。

创建 VLAN10、VLAN20 和 VLAN30,代码如下。

```
SW1(config)#vlan 10
SW1(config-vlan)#exit
SW1(config)#vlan 20
SW1(config-vlan)#exit
SW1(config)#vlan 30
SW1(config-vlan)#exit
SW1(config)#vlan 40
SW1(config-vlan)#
```

第 2 步:配置接口。相关配置代码如下。

```
SW1(config)#interface FastEthernet 0/1
SW1(config-if-FastEthernet 0/1)#switchport mode trunk
SW1(config-if-FastEthernet 0/1)#exit
SW1(config)#interface FastEthernet 0/24
SW1(config-if-FastEthernet 0/24)#switchport mode trunk
SW1(config-if-FastEthernet 0/24)#exit
SW1(config)#interface vlan 10
SW1(config-if-vlan)#ip address  192.168.10.1 255.255.255.0
```

上述 SVI10 地址作为 AP 建立隧道的网关,用于 AP 的 DHCP 寻址,如果不配置该地址,那么 AP 将无法获取 IP。

```
SW1(config-if-vlan)#interface vlan 20
SW1(config-if-vlan)#ip address 192.168.20.1 255.255.255.0
SW1(config-if-vlan)#
```

上述 SVI20 地址作为无线用户 1 的网关地址,如果不配置该地址,那么无线用户将无法获取 IP。

```
SW1(config-if-vlan)#interface vlan 30
SW1(config-if-vlan)#ip address 192.168.30.1 255.255.255.0
SW1(config-if-vlan)#
```

上述 SVI30 地址作为无线用户 2 的网关地址,如果不配置该地址,那么无线用户将无法获取 IP。

```
SW1(config-if-vlan)#interface vlan 40
SW1(config-if-vlan)#ip address 192.168.40.1 255.255.255.0
SW1(config-if-vlan)#
```

上述 SVI40 地址作为与 AC 无线交换机互联的地址。

第 3 步:配置 AP 的 DCHP。

首先,开启 DHCP 服务;其次,创建 DHCP 地址池,名称为 ap_ruijie;最后,配置 option 字段,指定 AC 的地址,包括 AC 的 Loopback 0 地址、分配给 AP 的地址、分配给 AP 的网关地址等,具体代码如下。

```
SW1(config)#service dhcp
SW1(config)#ip dhcp pool ap_ruijie
SW1(config-dhcp)#option 138 ip 1.1.1.1
SW1(config-dhcp)#network 192.168.10.0 255.255.255.0
SW1(config-dhcp)#default-route 192.168.10.1
SW1(config-dhcp)#
```

注意:AP 的 DHCP 中的 option 字段、网段、网关要配置正确,否则 AP 无法获取 DHCP 信息,也无法建立 CAPWAP 隧道。

第 4 步:配置无线用户 1 的 DHCP,代码如下。

```
SW1(config)#ip dhcp pool user1_ruijie
SW1(config-dhcp)#network 192.168.20.0 255.255.255.0
SW1(config-dhcp)#default-route 192.168.20.1
SW1(config-dhcp)#dns-server 202.199.184.3
SW1(config-dhcp)#
```

第 5 步:配置无线用户 2 的 DHCP,代码如下。

```
SW1(config)#ip dhcp pool user2_ruijie
SW1(config-dhcp)#network 192.168.30.0 255.255.255.0
SW1(config-dhcp)#default-route 192.168.30.1
SW1(config-dhcp)#dns-server 202.199.184.3
SW1(config-dhcp)#
```

第 6 步:配置静态路由,代码如下。

```
SW1(config)#ip route 1.1.1.1 255.255.255.255 192.168.40.2
SW1(config)#
```

(3)三层交换机 SW2 的配置。

创建 APVLAN10，将与 AP 相连的接口分配到 VLAN10 中；将与核心交换机 SW1 相连的接口设置为 TRUNK 接口，具体代码如下。

```
SW2(config)#vlan 10
SW2(config-vlan)#exit
SW2(config)#interface FastEthernet 0/1
SW2(config-if-FastEthernet 0/1)#switchport access vlan 10
SW2(config-if-FastEthernet 0/1)#exit
SW2(config)#interface FastEthernet 0/24
SW2(config-if-FastEthernet 0/24)#switchport mode trunk
SW2(config-if-FastEthernet 0/24)#
```

（4）AC 的配置。

第 1 步：创建 VLAN。

在 AC 上，创建 VLAN20、VLAN30 和 VLAN40，代码如下。

```
AC(config)#vlan 20
AC(config-vlan)#exit
AC(config)#vlan 30
AC(config-vlan)#exit
AC(config)#vlan 40
AC(config-vlan)#
```

配置用户 VLAN 的 SVI，代码如下。

```
AC(config)#interface vlan 20
AC(config-if-vlan)#ip add 192.168.20.2 255.255.255.0
AC(config-if-vlan)#exit
AC(config)#interface vlan 30
AC(config-if-vlan)#ip address 192.168.30.2 255.255.255.0
AC(config-if-vlan)#exit
AC(config)#interface vlan 40
AC(config-if-vlan)#ip address 192.168.40.2 255.255.255.0
AC(config-if-vlan)#exit
AC(config)#interface loopback 0
AC(config-if-loopback)#ip address 1.1.1.1 255.255.255.0
AC(config-if-loopback)#exit
AC(config)#ip route 0.0.0.0 0.0.0.0 192.168.40.1
```

在默认情况下，Loopback 0 地址是 DHCP 中 option 138 字段指定的 AC 地址，AP 寻找 AC 使用该地址。

```
AC(config)#interface GigabitEthernet 0/1
AC(config-if-GigabitEthernet 0/1)#switchport mode trunk
AC(config-if-GigabitEthernet 0/1)#
```

第 2 步：创建 WLAN。

配置 wlan-config，ID 为 1，SSID 名称为 Ruijie1，允许广播 SSID，具体代码如下。

```
AC(config)#wlan-config 1 Ruijie1
AC(config-wlan)#enable-broad-ssid
```

```
AC(config-wlan)#
```
配置 wlan-config，ID 为 2，SSID 名称为 Ruijie2，允许广播 SSID，具体代码如下。
```
AC(config)#wlan-config 2 Ruijie2
AC(config-wlan)#enable-broad-ssid
AC(config-wlan)#
```
第 3 步：创建 AP 组。

配置默认 AP 组，实现 AP 组关联 WLAN 和 VLAN。在默认情况下，所有 AP 关联到默认 AP 组上，具体代码如下。
```
AC(config)#ap-group default
AC(config-group)#interface-mapping 1 20
AC(config-group)#interface-mapping 2 30
AC(config-group)#
```
在上述配置中，将 WLAN 1 和 VLAN20 进行关联，"1"表示 WLAN 1，"20"表示 VLAN20；将 WLAN 2 和 VLAN 30 进行关联，"2"表示 WLAN 2，"30"表示 VLAN 30。

（5）验证测试。

在客户端选择无线网络 Ruijie，并连接至该无线网络。然后进行如下查看操作。

第 1 步：查看 AP 状态。

在 AC 上查看 AP 配置情况，具体信息如下。
```
AC#sh ap-config summary
========= show ap status =========
Radio: Radio ID or Band: 2.4G = 1#, 5G = 2#
       E = enabled, D = disabled, N = Not exist
       Current Sta number
       Channel: * = Global
       Power Level = Percent
Online AP number: 1
Offline AP number: 0
AP Name            IP Address       Mac Address       Radio            Radio      Up/Off time       State
5869.6c51.e715     192.168.10.2     5869.6c51.e715    1 E 1 1*         100 2 N -  0:00:07:05        Run
AC#
```
第 2 步：查看客户端状态，具体信息如下。
```
AC#sh ac-config client by-ap-name
========= show sta status =========
AP     : ap name/radio id
Status: Speed/Power Save/Work Mode/Roaming State, E = enable power save, D = disable power save
Total Sta Num : 1
STA MAC          IPV4 Address      AP                  Wlan    Vlan   Status         Asso Auth  Net Auth         Up time
0014.7871.8d0e   192.168.20.3      5869.6c51.e715/1    1       20     54.0M/D/g      OPEN
```

OPEN	0:00:07:39		

AC#

第 3 步：查看 DHCP 状态，具体信息如下。

sw1#sh ip dhcp binding

IP address	Client-Identifier/Hardware address	Lease expiration	Type
192.168.10.2	0158.696c.51e7.1642.5649.31	000 days 23 hours 48 mins	Automatic
192.168.20.3	0100.1478.718d.0e	000 days 23 hours 51 mins	Automatic

sw1#

练习题

1. 简答题

（1）简述瘦 AP 组建的 WLAN 的工作过程。
（2）AC 的作用是什么？
（3）简述 DHCP 中 option 138 传递参数的含义。

项目 11　AAA 机制与 RADIUS 应用

访问控制是用来控制哪些人可以接入网络及在网络上可以使用哪些服务资源的。AAA 是进行访问控制的一种主要的安全机制,可以对单个用户进行动态身份验证、授权及记账。AAA 通过创建方法列表来定义身份验证、记账、授权,然后将定义的方法列表应用于特定的服务或接口。

> 知识点、技能点

1. 了解 AAA 的基本原理。
2. 掌握 AAA 的特性及配置技能。

11.1　问题提出

某单位的计算机网络需要对登录该网络的用户进行集中管理,首先需要对用户身份进行验证,然后为不同的用户赋予不同的访问权限,在必要时对通过身份验证的用户进行记账管理。

11.2　相关知识

11.2.1　AAA 概述

AAA(Authentication Authorization and Accounting,验证、授权和记账)提供了对验证、授权和记账功能进行配置的一致性框架。

AAA 以模块方式提供如下服务。

(1)验证(Authentication)服务:验证用户是否可获得访问权,可选择使用 RADIUS 协议或 Local 进行身份验证。身份验证是在允许用户访问网络和网络服务之前对其身份进行识别的一种方法。配置 AAA 就是定义一个身份验证方法列表并将其应用于各个接口的过程。

(2)授权(Authorization)服务:授权用户可使用哪些服务。AAA 授权是通过定义一系列的属性对来实现的,这些属性对描述了用户被授权执行的操作。这些属性对可以存放在网络设备上,也可以存放在远程 RADIUS 服务器上。

(3)记账(Accounting)服务:记录用户使用网络资源的情况。当 AAA 记账功能被启用后,网络设备便开始以统计、记录的方式向 RADIUS 服务器发送用户使用网络资源的情况。每个记账记录都是以属性对的方式组成的,并存放在 RADIUS 服务器中。这些记账记录可以通过专门的软件进行读取分析,从而实现对用户使用网络资源的情况进行记账、统计、跟踪。

实际上,除了 AAA 访问控制方法,对网络进行接入控制的方法还有很多,如本地用户名身份验证、线路密码身份验证等。这些安全验证方法与 AAA 的区别在于它们对网络提供的安全保护程度较低,AAA 提供的安全保护程度更高。

AAA 提供的服务具有灵活性强、可控制性强、可扩充性、标准化验证等特点。AAA 基本拓扑结构如图 11.1 所示。

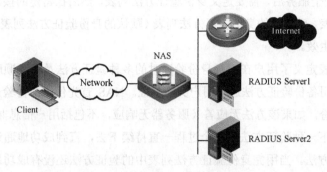

图 11.1　AAA 基本拓扑结构

当用户需要接入网络时，首先向 NAS（Network Access Server，网络接入服务器）发起请求。NAS 是一种提供网络接入或网络服务的设备（如交换机、路由器或服务器）。NAS 在收到用户的接入请求后，将用户的请求发送至验证服务器（一台或多台 RADIUS 服务器）。当有多台验证服务器时，NAS 会首先将用户请求信息发送给主验证服务器，由主验证服务器对用户身份进行验证，然后主验证服务器将验证结果（接受或拒绝）信息反馈给 NAS，NAS 依据反馈信息对用户进行相应操作（接受或拒绝）。

当主验证服务器出现某种故障（如线路故障、设备故障等）而响应超时时，NAS 会将验证请求信息发送至备份验证服务器，由备份验证服务器进行用户身份验证。如果在 NAS 和验证服务器上配置了授权、记账功能，那么用户通过验证后将进行相应的授权和记账工作。

11.2.2　配置 AAA 的验证功能

在 NAS 上配置 AAA 的验证功能需要如下步骤。
第 1 步：启用 AAA 安全服务。
第 2 步：定义身份验证方法列表。
第 3 步：应用身份验证方法列表。

1. 启用 AAA 安全服务

为了实现 AAA 安全服务功能，首先需要在 NAS 上启用 AAA 安全服务。启用 AAA 安全服务的命令如下：

　　　　　　　　　　　启用AAA安全服务
　　　　ruijie(config)# aaa new-model
　　　　　　交换机名称为ruijie
　　　　　　处于全局配置模式

使用该命令的 no 选项可以关闭 AAA 安全服务，如 ruijie(config)#no aaa new-model。在默认情况下，AAA 安全服务是关闭的。

示例：启用 AAA 安全服务，代码如下。
ruijie(config)#aaa new-model

示例：关闭 AAA 安全服务，代码如下。
ruijie(config)#no aaa new-model

2. 定义身份验证方法列表

在启用了 AAA 安全服务后，需要定义身份验证方法列表，然后在特定的接口或服务上应用已定义的身份验证方法列表。已定义的身份验证方法列表（默认的身份验证方法列表除外）必须应用于特定的接口或服务才能生效。

身份验证方法列表定义了用户在进行身份验证时的多种验证方法及验证顺序，可以确保在第一种验证方法失败后启用备份验证方法进行用户身份验证。NAS 首先使用身份验证方法列表中的第一种方法验证用户的身份，如果该方法无应答（服务器无响应，不包括用户信息非法情况），将选择身份验证方法列表中的下一种验证方法。这个过程一直持续下去，直到成功地通过验证或用完身份验证方法列表中的验证方法。当用完身份验证方法列表中的验证方法还没有成功地通过验证时，则身份验证失败。

定义用户身份验证方法列表的命令如下：

ruijie(config)# aaa authentication {dot1x | enable | ppp | login} {default | *list-name*} *method1* [*method2*...]

（设备名称为 ruijie，处于全局配置模式；定义验证的用户行为；定义方法列表名称；定义验证的方法）

其中，dot1x 表示针对 IEEE 802.1X 接入用户进行身份验证；enable 表示针对已登录 NAS 的命令行界面（CLI）用户终端在需要提升 CLI 执行权限时进行身份验证，如从用户模式进入特权模式；ppp 表示针对 PPP 拨号用户进行身份验证；login 表示针对已登录 NAS 的命令行界面用户终端在登录时进行身份验证，如 Telnet；default 表示默认身份验证方法列表名称，在默认情况下，默认身份验证方法列表应用到所有的接口、线路和服务；*list-name* 表示用户自定义的身份验证方法列表名称，可以通过该名称引用该身份验证方法列表；*method1*、*method2* 等为关键字 group radius、group group-name、local、none 之一，在实际使用过程中，可根据需要进行选用。

- group radius：使用所有的 RADIUS 服务器进行验证。
- group group-name：使用 RADIUS 服务器组中的 RADIUS 服务器进行验证。
- local：使用本地用户数据库进行验证。当配置 local 参数使用本地用户数据库进行身份验证时，需要使用 username password 命令预先在本地创建用户信息数据库。
- none：不验证，此参数可以作为最后的备用验证方法。如果由于网络线路或设备故障而无法进行正常验证时，在身份验证列表中的最后一步可以使用 none 不对用户进行验证。但当配置 none 后，在其后配置的其他验证方法将失效。

使用定义用户身份验证方法列表命令的 no 选项可以删除用户的身份验证方法列表，如 ruijie(config)# no aaa authentication {dot1x | enable | ppp | login} {default |list-name}。

示例：将身份验证方法列表应用于线路 2，代码如下。

```
ruijie(config)#aaa new-model
ruijie(config)#username ruijie password key123
ruijie(config)#aaa authentication login test group radius local
ruijie(config)#line vty 2
ruijie(config-line)#login    authentication test
```

在上述示例中，将身份验证方法列表名称定义为 test，对 login 本地登录行为进行身份验证。首先使用（group radius）RADIUS 服务器进行身份验证，如果验证失败则使用（local）本地用户数据库进行身份验证。本地验证的用户名为 ruijie，密码为 key123。

示例：删除前面定义的名称为 test 的身份验证方法列表，代码如下。

```
ruijie(config)#no aaa authentication login test
```

▶ 3. 应用身份验证方法列表

定义的身份验证方法列表必须应用于接口或服务才能生效。

（1）将身份验证方法列表应用于远程登录行为。在很多情况下，用户需要通过 Telnet 方式来访问 NAS，一旦建立了相关连接，就可以远程配置 NAS。为了防止未经授权的用户登录 NAS，需要对用户远程登录行为进行身份验证。

在预先定义了身份验证方法列表后，将身份验证方法列表应用到 login 登录行为上，实现通过 AAA 方式对远程登录的用户进行身份验证。

将身份验证方法列表应用到 login 远程登录行为的命令如下：

```
                                            定义的方法列表名称
                                                   ↓
ruijie(config-line)#login authentication {default | list-name}
    ↑
设备名称为 ruijie
处于线路配置模式
```

其中，default 为默认的身份验证方法列表名称；list-name 为自定义的身份验证方法列表名称。使用该命令的 no 选项可以删除应用的身份验证方法列表，如 ruijie(config-line)#no login authentication {default | list-name}。

示例：在交换机线路 line0～4 上对 Telnet 远程登录的用户进行 AAA 本地身份验证，如图 11.2 所示。

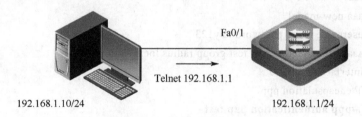

图 11.2 配置 Telnet 验证实例

交换机配置代码如下。

```
ruijie(config)#aaa new-model
ruijie(config)#username ruijie password key123
ruijie(config)#aaa authentication login test local
ruijie(config)#interface VLAN 1
ruijie(config-if)#ip address 192.168.1.1 255.255.255.0
ruijie(config-if)#exit
ruijie(config)#line vty 0 4
ruijie(config-line)#login authentication test
ruijie(config-line)#
```

在配置完上述代码，并确认计算机的 IP 地址为 192.168.1.10 后，通过 ping 192.168.1.1 命令验证链路连通性,之后在计算机上执行如下命令。

```
C:\>telnet 192.168.1.1
username:ruijie
Password:key123
ruijie>
```

示例:删除应用在交换机线路 line0~4 上的身份验证方法列表 test,代码如下。

```
ruijie(config)#line vty 0 4
ruijie(config-line)#no login authentication test
```

(2)将身份验证方法列表应用于 PPP 协议。PPP 协议是一种用于提供在点到点链路上承载网络层数据包的链路层协议。在很多情况下,用户需要通过异步或 ISDN 拨号方式访问 NAS,一旦建立了相关连接,就会启动 PPP 协商。为了防止未经授权的用户访问网络,PPP 协议在协商过程中要对拨号用户进行身份验证。

为了进行 PPP 协议用户身份的验证,需要将前面定义的身份验证方法列表应用到 PPP 协议接口上,具体应用命令如下:

```
                                     验证方法
ruijie(config-if)# ppp authentication {chap | pap} {default | list-name}
路由器名称为ruijie                              验证方法列表名称
处于接口配置模式
```

其中,default 为默认的身份验证方法列表名称;list-name 为定义的身份验证方法列表名称。使用该命令的 no 选项可以删除应用的身份验证方法列表,如 ruijie(config-if)#no ppp authentication chap {chap|pap} {default|list-name}。

示例:在 S2/0 接口上对 PPP 协议用户进行 AAA 身份验证,首先进行 RADIUS 验证,如果验证失败则进行本地验证,具体代码如下。

```
ruijie(config)#aaa new-model
ruijie(config)#username ruijie password key123
ruijie(config)#aaa authentication ppp test group radius local
ruijie(config)#interface serial 2/0
ruijie(config-if)#encapsulation ppp
ruijie(config-if)#ppp authentication pap test
ruijie(config-if)#
```

示例:删除前面应用在 S2/0 接口上名为 test 的身份验证方法列表,代码如下。

```
ruijie(config)#interface serial 2/0
ruijie(config-if)#encapsulation ppp
ruijie(config-if)#no ppp authentication pap test
```

(3)将身份验证方法列表应用于 Enable。

当登录命令行界面后,如果初始权限过低,不能执行某些命令,则可以使用 enable 命令来提升权限,从用户模式进入特权模式。为了防止网络被未经授权的用户访问,在提升权限的时候,需要进行身份验证,即 Enable 验证。

定义 Enable 验证方法列表的命令如下:

```
                                    定义验证的方法
                                  ┌──────────────────┐
ruijie(config)# aaa authentication enable default method1 [method2...]
└────────┬────────┘
  设备名称为ruijie
  处于全局配置模式
```

由于全局只能定义一个 Enable 验证方法列表，因此不需要定义 Enable 验证方法列表的名称；关键字 method 指的是实际验证的方法。Enable 验证方法列表定义完成后立即自动生效。当 Enable 验证方法列表生效后，在特权模式下执行 enable 命令时，如果要切换的级别比当前级别高，则会提示进行验证；如果要切换的级别小于或等于当前级别，则直接切换，不需要进行验证。

如果采用本地验证，还需要建立本用户数据库。建立用户名称及密码的命令如下：

```
                           定义用户名称
                         ┌──────┐         ┌────────────────┐
ruijie(config)# username name  password encrypted-password
└────────┬────────┘                        └──────┬──────┘
  设备名称为ruijie                          定义用户密码
  处于全局配置模式
```

其中，name 为用户名称；encrypted-password 为用户密码。

在默认情况下，每个系统只有两个受口令保护的授权级别：普通用户级别（1 级）和特权用户级别（15 级）。但是用户可以为每个模式的命令划分 15 个授权级别。通过定义用户级别，可以限制用户使用命令的权限，在默认情况下，用户处于 1 级。设置用户所处级别的命令如下：

```
                           定义用户名称
                         ┌──────┐
ruijie(config)# username name privilege privilege-level
└────────┬────────┘                     └──────┬──────┘
  设备名称为ruijie                         定义用户级别
  处于全局配置模式
```

其中，name 为用户名称；privilege-level 为用户级别。

示例：定义用户 user1 的密码为 pass1，处于 14 级，代码如下。

ruijie(config)#username user1 password pass1
ruijie(config)#username user1 privilege 14

不同权限级别包含不同的命令集合，若要将一条命令的执行权限授予某个命令级别，可以在全局配置模式下使用如下命令：

```
                    命令模式（config、exec、interface 等）
                    ┌────────────────────────────────┐                   命令字符串
                                                                      ┌──────────────┐
ruijie(config)# privilege mode [all] {level level | reset} command-string
└────────┬────────┘                        └──────┬──────┘
  设备名称为ruijie                           定义的命令级别
  处于全局配置模式
```

其中，mode 为要授权的命令所属的 CLI 命令模式；[all]为将指定命令的所有子命令的权限变为相同的权限级别；**level** level 为指定命令或子命令的运行权限级别，级别的范围为 0～15；**reset** 为将命令的执行权限恢复为默认级别；command-string 为要授权的命令字符串。使用该命令的 no 选项可以将一条命令的执行权限恢复为默认值，如 ruijie(config)#privilege config all reset username 用于将 username 命令恢复为 15 级。

示例：定义 Enable 验证方法列表，使本地用户 user14、密码为 pass14 的用户的级别为 14 级。可以使用 username 命令。

第 1 步：启动 AAA，配置 14 级用户 user14 及密码 pass14，15 级用户 user15 及密码 pass15，具

体代码如下。

```
ruijie(config)#aaa authentication enable default local
ruijie(config)#username user14 password pass14
ruijie(config)#username user15 password pass15
ruijie(config)#username user14 privilege 14
ruijie(config)#username user15 privilege 15
ruijie(config)#end
ruijie#exit
ruijie>enable 14
username：user14
password：pass14
ruijie#show privilege
Current privilege level is 14
```

从上述显示结果可以看出，用户user14处于14级别。在全局配置模式下使用?命令查看username命令，代码如下。

```
ruijie(config)#?
Configure commands:
…
track              Object tracking configuration commands
udp-helper         UDP broadcast packet relay
virtual-group      Virtual group bundling configuration
VLAN               Configure VLAN
```

从上述显示结果可以看出，14级中不包含username命令。

第2步：进入15级，代码如下。

```
ruijie#enable 15
username:user15
password:pass15
ruijie#show privilege
Current privilege level is 15
ruijie#config
ruijie(config)#?
Configure commands:
…
track              Object tracking configuration commands
udp-helper         UDP broadcast packet relay
username           Establish User Name Authentication
virtual-group      Virtual group bundling configuration
VLAN               Configure VLAN
```

从上述显示结果可以看出，15级中包含username命令。

第3步：设置username命令级别为14级，代码如下。

```
ruijie(config)#privilege config all level 14 username
ruijie(config)#end
ruijie#disable 14        //将当前级别降为14级
ruijie#show privilege
```

Current privilege level is 14

从上显示结果可以看出，当前处于 14 级。在全局配置模式下使用？命令查看 username 命令，代码如下。

```
ruijie(config)#?
Configure commands:
…
track              Object tracking configuration commands
udp-helper         UDP broadcast packet relay
username           Establish User Name Authentication
virtual-group      Virtual group bundling configuration
VLAN               Configure VLAN
```

从上述显示结果知道，14 级中包含 username 命令。

（4）将身份验证方法列表应用于 dot1x。IEEE 802.1X（Port-Based Network Access Control）是一种基于接口的网络访问控制标准，为 LAN 提供点对点的安全接入，提供了一种对连接到局域网设备的用户进行身份验证的手段。在端口配置模式下使用如下命令应用身份验证方法列表：

定义的方法列表名称

ruijie(config-if)#dot1x authentication {default | *list-name*}

设备名称为 *ruijie*
处于端口配置模式

其中，default 为默认的身份验证方法列表名称；*list-name* 为用户自定义的身份验证方法列表名称。

示例：在接口上应用身份验证方法列表并先进行 group radius 验证，若失败则进行本地验证，具体代码如下。

```
ruijie(config)#aaa new-model
ruijie(config)#username ruijie password key123
ruijie(config)#aaa authentication dot1x list1 group radius local
ruijie(config-if)#dot1x authentication list1
ruijie(config)#interface fastEthernet0/1
ruijie(config-if)#dot1x portcontrol auto
ruijie(config-if)#
```

11.2.3 RADIUS 服务

1. RADIUS 概述

RADIUS（Remote Authentication Dial-In User Service，远程验证拨号用户服务）是一种分布式的客户机/服务器系统，与 AAA 配合使用可以对试图连接网络的用户进行身份验证，防止未经授权的用户访问网络。NAS 向远程 RADIUS 服务器发出身份验证请求，远程 RADIUS 服务器包含了所有的用户身份验证和网络服务信息。由于 RADIUS 协议是一种完全开放的协议，很多系统（如 UNIX、Windows 2000 等）都将 RADIUS 服务器作为组件安装，因此 RADIUS 服务器是目前应用最广泛的安全服务器。

典型 RADIUS 协议模型通常由 3 部分构成：RADIUS 服务器、NAS 和验证客户端，如图 11.3 所示。NAS 作为 RADIUS 服务器的客户端，同时也作为验证客户端的服务器。当验证客户需要连接网络时，客户按照 NAS 要求格式将用户名称及密码发送给 NAS，NAS 再将身份信息发送给 RADIUS

服务器，RADIUS 服务器根据数据库中的记录信息返回验证结果。

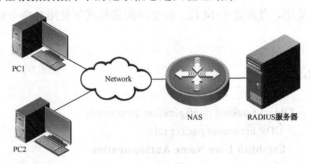

图 11.3　典型 RADIUS 协议模型

2. RADIUS 验证过程

RADIUS 验证过程如下。

（1）用户在接入 NAS 时，NAS 会为用户提供接入界面，使用户可以输入自己的账户和密码。这个过程通常以终端方式（未进行数据链路层的协议连接）进行，用户设备以远程终端方式挂接在 NAS 终端服务器上，如图 11.4 所示。

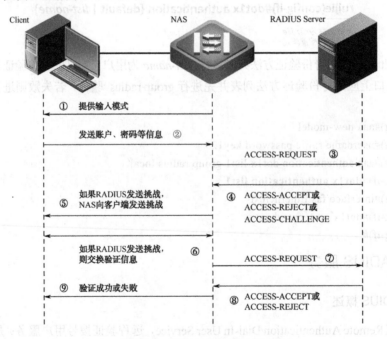

图 11.4　RADIUS 验证过程

（2）NAS 得到用户输入的账户和密码后，生成包含相关验证信息（用户名、密码、NAS 的 IP 地址、NAS 的接口号等）的 RADIUS 数据包，RADIUS 协议使用 MD5 算法对该数据包进行加密。NAS 将这个加密的数据包发送给 RADIUS 服务器，这个报文称为 Access-Request 报文。

（3）Access-Request 报文通过网络从 NAS 传输至 RADIUS 服务器，并等待应答。

如果 NAS 在一段时间内未收到应答报文，则做出如下处理。

第 1 步：重复将 Access-Request 报文发送至同一个 RADIUS 服务器。

第 2 步：若超过重试次数，则切换 RADIUS 服务器，重复第 1 步。

第 3 步：若前两步失败，则认为 RADIUS 网络连接失败。

当 RADIUS 服务器接收到客户的 Access-Request 报文后，做出如下处理。

第 1 步：首先进行客户身份验证。只有合法客户的请求才做处理。RADIUS 服务器检查用户信息数据库，用户信息数据库包含合法客户的 IP 地址、对称密钥、客户类型等信息。

第 2 步：如果客户是合法的，当用户（用户密码、被叫号码、主叫号码、NAS 的 IP 地址、NAS 接口号等）满足条件时，RADIUS 服务器向 NAS 发送 Access-Accept 报文或挑战报文；当用户不满足条件时，RADIUS 服务器向 NAS 发送 Access-Reject 报文。Access-Reject 报文包含字符串提示信息。NAS 接收到 Access-Reject 报文后，拒绝用户连接请求，并向用户表明拒绝访问的提示信息。

（4）如果发送的是 Access-Accept 报文，则由 NAS 向用户返回验证成功信息。
（5）如果发送的是挑战报文，则由 NAS 向客户端发起挑战。
（6）客户端接收到挑战报文后，与 NAS 交换验证信息。
（7）NAS 向 RADIUS 服务器发送 Access-Request 报文，请求验证。
（8）RADIUS 服务器向 NAS 返回验证结果，发送 Access-Accept 报文或 Access-Reject 报文。
（9）NAS 向客户端返回验证成功或失败信息。

▶ 3. RADIUS 授权过程

RADIUS 的授权过程和验证过程是协同进行的。当 RADIUS 服务器返回一个 Access-Accept 报文（对 NAS 进行授权的报文）时，该报文也包含了一系列的描述用户具有的会话属性（在 RADIUS 属性域内），NAS 实现授权，并通知用户相应的成功或失败信息，如图 11.5 所示。NAS 接收的消息中包含的授权数据一般为用户可以访问的服务（包括 Telnet、rlogin、PPP、SlIP、EXEC 等服务）及连接参数（包括主机或客户端 IP 地址、访问列表和用户超时值）。

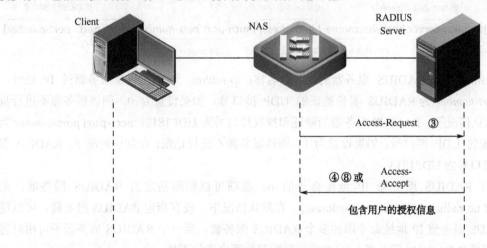

图 11.5　RADIUS 授权过程

▶ 4. RADIUS 计费过程

若一个客户端使用 RADIUS 计费，在服务传送开始时，NAS 将产生一个计费开始请求包并向 RADIUS 服务器发送该计费开始请求包（Accounting-Request），当 RADIUS 服务器收到并成功记录该请求包后回应一个计费响应（Accounting-Response）；当用户断开连接时，NAS 向 RADIUS 服务器发送一个计费停止请求包，RADIUS 服务器会返回对该计费停止请求包的确认，如图 11.6 所示。

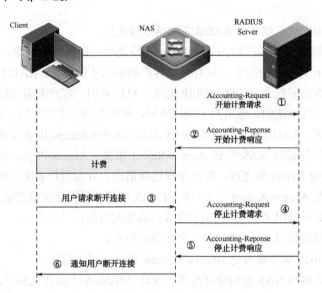

图 11.6　RADIUS 计费过程

5. RADIUS 基本配置

如果在部署 AAA 时采用 RADIUS 进行验证，则需要在 NAS 上对 RADIUS 进行相关配置，以实现当 NAS 接收到用户的访问请求时将验证请求发送给相应的 RADIUS 服务器。

（1）配置 RADIUS 服务器 IP 地址。若要指定 RADIUS 服务器 IP 地址，可以在全局配置模式下执行如下命令：

ruijie(config)# radius-server host {*hostname* | *ip-address*} [auth-port *port-number*] [acct-port *port-number*]

其中，*hostname* 为 RADIUS 服务器的 DNS 名称；*ip-address* 为 RADIUS 服务器的 IP 地址；**auth-port** *port-number* 为 RADIUS 身份验证的 UDP 接口号，如果设置为 0，则该服务器不进行身份验证，在默认情况下，RADIUS 服务器的验证和授权接口号为 UDP1812；**acct-port** *port-number* 为 RADIUS 记账的 UDP 接口号，如果设置为 0，则该服务器不进行记账，在默认情况下，RADIUS 服务器的记账接口号为 UDP1813。

使用指定 RADIUS 服务器 IP 地址命令的 no 选项可以删除指定的 RADIUS 服务器，如 ruijie(config)# no radius-server host {ip-address}。在默认情况下，没有指定 RADIUS 服务器。可以使用指定 RADIUS 服务器 IP 地址命令添加多个 RADIUS 服务器，当一个 RADIUS 服务器不可用时将使用下一个配置的 RADIUS 服务器，NAS 将按照配置的顺序进行查找。

示例：将一个 RADIUS 服务器 IP 地址配置为 192.168.12.1，代码如下。

ruijie(config)#radius-server host 192.168.12.1

示例：删除上述示例配置的 RADIUS 服务器 IP 地址，代码如下。

ruijie(config)#no radius-server host 192.168.12.1

（2）配置 RADIUS 服务器密码。为了保证 NAS 与 RADIUS 服务器之间通信的安全，可以配置 RADIUS 服务器验证密码，此密码用来增强 NAS 与 RADIUS 服务器之间通信的安全性。为了配置

RADIUS 服务器密码，需要在全局配置模式下执行如下命令：

配置RADIUS服务器验证密码命令

ruijie(config)# radius-server key *text-string*

设备名称为*ruijie*　　　　　　　　　　　　　密码值
处于全局配置模式

其中，*text-string* 为 RADIUS 服务器密码字符串。

使用配置 RADIUS 服务器密码命令的 no 选项可以取消指定的验证密码，如 ruijie(config)# no radius-server key。在默认情况下，没有指定任何验证密码。此命令设置的密码必须与 RADIUS 服务器中设置的密码完全匹配，否则 RADIUS 服务器将丢弃验证报文。

示例：定义 RADIUS 服务器的验证密码为 key123，代码如下。

ruijie(config)#radius-server key key123

示例：取消上述示例定义的 RADIUS 服务器的验证密码，代码如下。

ruijie(config)#no radius-server key

（3）创建 RADIUS 服务器组。当使用 radius-server host 命令配置完 RADIUS 服务器后，可以将多个 RADIUS 服务器放置到同一个 RADIUS 服务器组中。

在全局配置模式下，使用如下命令创建 RADIUS 服务器组：

定义RADIUS服务器组命令

ruijie(config)# aaa group server radius *name*

设备名称为*ruijie*　　　　　　　　服务器组名称
处于全局配置模式

其中，*name* 为 RADIUS 服务器组名称，不能设置为关键字"radius"和"tacacs+"。

使用创建 RADIUS 服务器组命令的 no 选项可以删除 RADIUS 服务器组，如 ruijie(config)# no aaa group server {radius | tacacs+} name。

示例：创建一个名称为 ss 的 RADIUS 服务器组，代码如下。

ruijie(config)#aaa group server radius ss
ruijie(config-gs-radius)#

示例：删除名称为 ss 的 RADIUS 服务器组，代码如下。

ruijie(config)#no aaa group server radius ss

在配置完 RADIUS 服务器组后，系统进入服务器组配置模式。在服务器组配置模式下使用如下命令将 RADIUS 服务器加入 RADIUS 服务器组中：

配置RADIUS服务器地址命令　　*RADIUS服务器IP地址*　　　　　　　　　*指定记账UDP接口号*

ruijie(config-gs-radius)# radius-server host *{hostname | ip-address}* **[auth-port** *port-number***] [acct-port** *port-number***]**

设备名称为*ruijie*　　　　　*RADIUS服务器DNS名称*　　*指定验证UDP接口号*
处于服务器组配置模式

其中，*hostname* 为 RADIUS 服务器的 DNS 名称；*ip-address* 为 RADIUS 服务器的 IP 地址；**Auth-port** *port-number* 为 RADIUS 身份验证的 UDP 接口号，如果设置为 0，则该服务器不进行身份验证；**Acct-port** *port-number* 为 RADIUS 记账的 UDP 接口号，如果设置为 0，则该服务器不进行记账。

使用该命令的 no 选项可以删除指定的 RADIUS 服务器，如 ruijie(config-gs-radius)# no radius-server host {ip-address}。加入 RADIUS 服务器组中的 RADIUS 服务器必须已经在全局配置模式下使用 radius-server host 命令定义过。

在配置完 RADIUS 服务器后，还需要在 AAA 的验证方法列表中配置 RADIUS 的验证方法（**group radius** 或 **group** *group-name*），这样 NAS 才会将请求发送给配置的 RADIUS 服务器进行验证。在使用 RADIUS 服务器进行验证时，要确保 NAS 与 RADIUS 服务器之间数据可达，并且 RADIUS 服务器上已经启用了 RADIUS 相关服务。

示例：将预先配置的 IP 地址为 192.168.12.1、172.16.1.1 的 RADIUS 服务器加入名称为 RS 的 RADIUS 服务器组中，具体代码如下。

```
ruijie(config)#radius-server host 192.168.12.1
ruijie(config)#radius-server host 172.16.1.1
ruijie(config)#aaa group server radius RS
ruijie(config-gs-radius)#radius-server host 192.168.12.1
ruijie(config-gs-radius)#radius-server host 172.16.1.1
ruijie(config-gs-radius)#
```

6. RADIUS 高级配置

（1）配置 RADIUS 超时时间。当 NAS 向 RADIUS 服务器发出请求后，如果在超时时间（timeout）内没有收到 RADIUS 服务器的响应，则 NAS 会重传请求。在全局配置模式下可以使用如下命令设置 NAS 等待 RADIUS 服务器的响应超时时间：

配置 RADIUS 服务器超时时间命令

ruijie(config)# radius-server timeout *seconds*

设备名称为 ruijie 处于全局配置模式　　　　　　定义的超时时间

其中，*seconds* 为超时时间（单位为 s），可设置的取值范围为 1～1000s，默认的超时时间为 5s。使用该命令的 no 选项可以恢复默认值，如 ruijie(config)# no radius-server timeout。

示例：将 RADIUS 服务器超时时间定义为 10s，代码如下。

```
ruijie(config)#radius-server timeout 10
```

示例：将 RADIUS 服务器超时时间恢复为默认值 5s，代码如下。

```
ruijie(config)#no radius-server timeout
```

（2）配置 RADIUS 服务器重传次数。若 NAS 在超时时间内没有收到 RADIUS 服务器的响应，则将向 RADIUS 服务器重传请求报文。在全局配置模式下可以通过如下命令设置重传次数：

配置 RADIUS 服务器重传次数命令

ruijie(config)# radius-server retransmit *retries*

设备名称为 ruijie 处于全局配置模式　　　　　　定义的重传次数

其中，*retries* 为 RADIUS 服务器尝试重传次数。

使用该命令的 no 选项可以恢复默认重传次数，如 ruijie(config)#no radius-server retransmit。默认的重传次数为 3 次。

示例：指定 RADIUS 服务器重传次数为 6 次，代码如下。

```
ruijie(config)#radius-server retransmit 6
```

示例：恢复 RADIUS 服务器重传次数为默认值 3，代码如下。

```
ruijie(config)#no radius-server retransmit
```

（3）配置 RADIUS 服务器的死亡时间。当 NAS 向 RADIUS 服务器发送请求报文的重传次数已经达到设置的最大值后仍没有收到 RADIUS 服务器的响应，则认为该 RADIUS 服务器已死亡。在死亡时间内，NAS 不会向该 RADIUS 服务器发送请求报文，该 RADIUS 服务器被立即跳过。设置 RADIUS 服务器的死亡时间的命令如下：

配置RADIUS服务器死亡时间命令

ruijie(config)# radius-server deadtime *minutes*

设备名称为*ruijie*处于全局配置模式　　　　　　　　　　　　定义的死亡时间

其中，*minutes* 为死亡时间（单位为 min），取值范围为 1～1000min。

使用该命令的 no 选项可以恢复默认值，如 ruijie(config)# no radius-server deadtime。默认的死亡时间为 5min。

示例：将 RADIUS 服务器的死亡时间定义为 10min，代码如下。

ruijie(config)#radius-server deadtime 10

示例：将上述示例定义 RADIUS 服务器的死亡时间恢复为默认值 5min，代码如下。

ruijie(config)#no radius-server deadtime

7. 应用实例

在某公司网络中，需要对远程登录 NAS 的用户进行 AAA 验证，首先使用 RADIUS 进行验证，如果 RADIUS 无法访问，则进行本地验证，如图 11.7 所示。

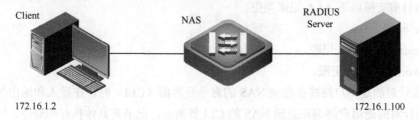

图 11.7　AAA 与 RADIUS 配置

NAS 的配置代码如下：

```
ruijie(config)#aaa new-model
ruijie(config)#username ruijie password 123456
ruijie(config)#aaa authentication login test group radius local
ruijie(config)#radius-server host 172.16.1.100
ruijie(config)#radius-server key key123
ruijie(config)#line vty 0 4
ruijie(config-line)#login authentication test
ruijie(config-line)#
```

上面代码中的 123456 为用户 ruijie 的登录密码，key123 为 NAS 与 RADIUS 服务器之间的验证密码。

11.3 扩展知识

11.3.1 配置 AAA 的授权功能

在启用了 AAA 授权服务以后，网络设备通过本地或远程服务器中的用户配置文件信息对用户的会话进行配置。在完成授权以后，该用户只能使用配置文件中允许的网络服务或只具备许可的权限。

目前锐捷设备支持以下 AAA 授权类型。

（1）Exec 授权：针对的是用户终端在登录 NAS 的 CLI 界面时，授予用户终端的权限级别（分为 0～15 级）。

（2）Command（命令）授权：针对的是当用户终端登录 NAS 的 CLI 界面后，针对具体命令的执行授权。

（3）Network（网络）授权：针对的是授予网络中的用户会话可使用的网络服务。

在配置 AAA 授权功能之前，必须完成启用 AAA 服务、配置 AAA 验证、配置安全协议参数等。

11.3.2 配置 AAA 的记账功能

当启用了记账功能以后，NAS 以属性对的方式实时将用户访问网络的情况发送给 RADIUS 服务器，这些信息包括报文的个数及字节数、IP 地址、用户名等。可以使用相关分析软件对这些信息进行分析，实现对用户的活动进行计费、审计及跟踪等。

锐捷设备目前支持以下 AAA 记账类型。

（1）Exec 记账。

（2）Command（命令）记账。

（3）Network（网络）记账。

Exec 记账针对的是用户终端在登录 NAS 的命令行界面（CLI）时，在登入和退出时分别进行记账。命令记账针对的是用户终端在登录 NAS 的 CLI 界面后，记录其具体执行的命令。网络记账针对的是与网络中的用户会话有关的信息。

在配置 AAA 记账功能之前，需要启用 AAA 安全服务、配置 AAA 验证、配置安全协议参数等。

11.4 演示实例

1. 任务描述

某公司网络拓扑图如图 11.8 所示。在网络设备上启用了远程登录功能，但是出于安全考虑，管理员计划对远程登录用户进行 AAA 验证，以提高网络安全性。

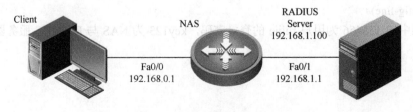

图 11.8 某公司网络拓扑图

2. 操作步骤

可以利用网络设备的 AAA 验证功能实现远程登录用户的安全访问。出于可用性考虑，在 AAA 验证方法列表中配置两种验证方法：RADIUS 服务器验证和本地验证。优先选择 RADIUS 服务器验证，当 RADIUS 服务器没有响应时选择本地验证。

第 1 步：配置路由器接口 IP 地址，代码如下。

```
ruijie(config)#interface Fastethernet 0/0
ruijie(config-if)#ip address 192.168.0.1 255.255.255.0
ruijie(config-if)#no shutdown
ruijie(config-if)#exit
ruijie(config)#interface Fastethernet 0/1
ruijie(config-if)#ip address 192.168.1.1 255.255.255.0
ruijie(config-if)#no shutdown
ruijie(config-if)#
```

第 2 步：配置路由器 AAA 验证方法列表，代码如下。

```
ruijie(config)#username ruijie password 123456
ruijie(config)#aaa authentication login test group radius local
ruijie(config)#radius-server host 192.168.1.100
ruijie(config)#radius-server key key123
```

第 3 步：在线路上应用 AAA 验证方法列表，代码如下。

```
ruijie(config)#line vty 0 4
ruijie(config-line)#login authentication test
ruijie(config-line)#
```

第 4 步：搭建 RADIUS 服务器。

可以启用相关的 RADIUS 应用软件，也可以自行配置 RADIUS 服务器的 IP 地址、与 NAS 连接的密码 key123，同时还要添加用户名称、登录密码等参数。

第 5 步：测试。

当配置完成后，在主机上使用命令 telnet 192.168.0.1 远程登录路由器，同时在路由器上使用 debug aaa 命令观察 AAA 验证调试信息。

11.5 训练任务

1. 背景描述

某公司总部网络与分公司网络之间通过 PPP 链路相连，为了提高接入安全性，公司要求各分公司网络在通过 PPP 链路接入公司总部网络时都要进行身份验证，为了不影响路由器的性能，公司考虑通过 RADIUS 服务器进行 AAA 验证，如图 11.9 所示。

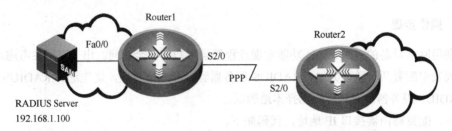

图 11.9 AAA 验证功能技能训练

📌 2. 操作提示

在公司总部网络接入服务器上配置基于 PPP 协议的 AAA 验证功能，当分公司请求连接时，发送用户名和密码给公司总部路由器，公司总部路由器将这些信息发送给 AAA 验证服务器，验证通过则建立连接，否则连接失败。

第 1 步：在公司总部路由器 Router1 上启动 AAA 验证功能、定义验证方法列表、设置 RADIUS 服务器 IP 地址及验证密码，具体代码如下。

```
Router1(config)#aaa new-model
Router1(config)#aaa authentication ppp test group radius
Router1(config)#radius-server host 192.168.1.100
Router1(config)#radius-server key key123
```

第 2 步：在 Router1 的接口上应用 AAA 验证，代码如下。

```
Router1(config)#interface serial 2/0
Router1(config-if)#encapsulation ppp
Router1(config-if)#ppp authentication pap test
```

第 3 步：在客户端路由器 Router2 上封装 PPP 协议，发送验证用户名及密码，具体代码如下。

```
Router2(config)#interface serial 2/0
Router2(config-if)#encapsulation ppp
Router2(config-if)#ppp pap sent-username ruijie password 0 key123
Router2(config-if)#
```

练习题

1. 选择题

（1）下面说法是错误的是（　　）。
    A．AAA 是 AuthenticationAuthorization and Accounting 的缩写
    B．AAA 是对验证、授权和记账功能进行配置的一致性框架
    C．AAA 是一种必须使用 RADIUS 服务器的验证、授权、计费的安全模式
    D．AAA 通过创建方法列表来定义身份验证、记账、授权类型，然后将这些方法列表应用于特定的服务或接口

（2）下面不属于 AAA 安全认证系统中的设备是（　　）。
    A．RADIUS 服务器　　B．Client（NAS）　　C．验证客户端　　D．调制解调器

（3）若定义 telnet 对登录行为进行验证，需要选择（　　）验证操作。

A. dot1x B. enable C. ppp D. login

(4) 配置 RADIUS 服务器密钥用于（　　）加密。

A. NAS 与 RADIUS 服务器之间 B. 客户端与 NAS 之间
C. 客户端与 RADIUS 服务器之间 D. 客户端与客户端之间

(5) 在默认情况下，RADIUS 服务器的认证和授权接口是（　　）。

A. TCP 1812 B. UDP 1812 C. TCP 1813 D. UDP1813

(6) 在默认情况下，RADIUS 服务器的计费接口是（　　）。

A. TCP 1812 B. UDP 1812 C. TCP 1813 D. UDP1813

2. 简答题

(1) 简述 AAA 提供的主要服务有哪些。
(2) 说明配置 AAA 的步骤。
(3) 典型 RADIUS 协议模型通常由哪几部分构成？
(4) 说明 RADIUS 验证过程。

项目 12　IEEE 802.1X 安全访问控制

安全访问控制是网络安全的重要组成部分。虽然前面项目中介绍的安全接口、地址绑定、限制最大连接数等方法可以实现网络接入安全控制，但这些方法使用不够灵活，无法针对客户实施网络接入管理，本项目介绍的 IEEE 802.1X 技术可以解决这些问题。

知识点、技能点

1. 了解 IEEE 802.1X 的验证体系构成及工作机制。
2. 掌握 IEEE 802.1X 的配置技能。

12.1　问题提出

为了防止非法人员私自将计算机接入公司网络中，造成公司机密信息外泄，要求员工在登录公司网络时进行身份验证，只有具有合法身份的人员才能访问公司网络。

12.2　相关知识

1. IEEE 802.1X 概述

IEEE 802.1X 是一种基于接口的网络访问控制（Port-Based Network Access Control）标准，可以为局域网提供点对点式的安全接入控制。IEEE 802.1X 是 IEEE 标准委员会针对以太网的安全缺陷而专门制定的标准，是一种对连接到局域网设备的用户进行身份验证的手段。

2. IEEE 802.1X 验证体系的构成

IEEE 802.1X 是建立在 AAA 机制基础上，并采用基于"客户端-服务器"（Client-Server）模式限制非法用户对网络进行访问的。客户端在通过身份验证之前，网络端口只允许携带用户身份信息的 EAPoL 报文（Extensible Authentication Protocol over LAN）通过，当身份验证成功之后，网络端口才允许传输正常的数据流。

IEEE 802.1X 验证体系由恳请者、验证者、验证服务器 3 种角色构成。在实际应用中，这 3 种角色分别对应客户端（Client）、NAS、RADIUS 服务器，如图 12.1 所示。

（1）恳请者：用户，一般为计算机。恳请者必须运行符合 IEEE 802.1X 客户端标准的软件，如 Windows 操作系统自带的 IEEE 802.1X 客户端软件。目前，锐捷公司也推出了符合 IEEE 802.1X 客户端标准的 STAR Supplicant 软件。

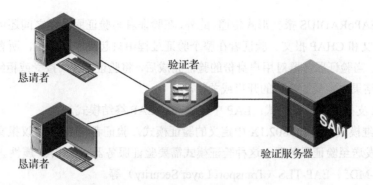

图 12.1　IEEE 802.1X 验证体系

（2）验证者：交换机等接入设备，这些设备也称 NAS。验证者一方面接收恳请者提交的身份信息，并将其上传至验证服务器；另一方面接收验证服务器响应信息，并将这些信息发送至恳请者。

验证者有两种类型的接口：受控接口（Controlled Port）和非受控接口（Uncontrolled Port）。连接在受控接口的设备只有通过验证才能访问网络资源；而连接在非受控接口的设备无须经过验证便可直接访问网络资源。将用户端设备连接在受控接口可以实现对用户的控制；非受控接口主要用来连接验证服务器，以保证验证服务器与设备的正常通信，如图 12.2 所示。

图 12.2　IEEE 802.1X 验证接口

（3）验证服务器：通常为 RADIUS 服务器，用于为用户提供身份验证服务。验证服务器保存用户名、密码及授权信息，并负责管理从验证者发来的记账数据。

3. IEEE 802.1X 工作过程

恳请者和验证者之间通过 EAPoL 协议交换信息，而验证者和验证服务器之间通过 RADIUS 协议交换信息，如图 12.3 所示。

图 12.3　IEEE 802.1X 工作机制

在恳请者与验证者之间，EAP（Extensible Authentication Protocol）报文被封装在 LAN 协议（Ethernet）中，以 EAPoL 报文形式传递。在验证者与验证服务器之间，EAP 协议报文被封装在 RADIUS

协议报文中，以 EAPoRADIUS 报文形式传递。此外，在验证者与验证服务器之间还可以使用 RADIUS 协议传递 PAP 报文和 CHAP 报文。验证者在整个验证过程中只起到中介作用，所有的验证工作都由验证服务器完成。当验证服务器对用户身份的验证完成后，将验证结果（接受或拒绝）返回验证者，验证者根据验证结果决定受控接口的开启或关闭。

IEEE 802.1X 支持两种验证模式：EAP 中继模式和 EAP 终结模式。

（1）EAP 中继模式是 IEEE 802.1X 中定义的验证模式，验证者将 EAP 协议报文封装到 RADIUS 协议报文中，并发送至验证服务器。这种验证模式需要验证服务器支持 EAP 属性。EAP 中继模式的验证方式有 EAP-MD5、EAP-TLS（Transport Layer Security）等。

EAP 中继模式（EAP-MD5）验证过程如图 12.4 所示。

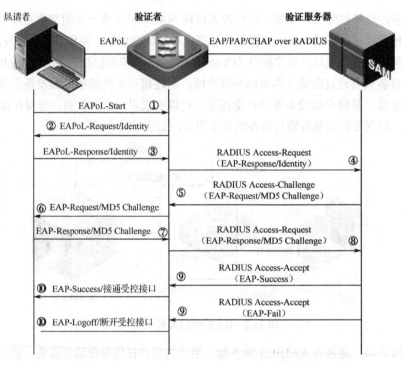

图 12.4　EAP 中继模式（EAP-MD5）验证过程

EAP 中继模式具体验证过程如下。

① 恳请者启动 IEEE 802.1X 客户端软件，向验证者发送 EAPoL 报文，进行 IEEE 802.1X 接入验证。

② 如果验证者接口启用了 IEEE 802.1X 验证，将向客户端发送 EAP-Request/Identity 报文，要求客户端发送其使用的用户名（ID 信息）。

② 客户端响应验证者发送的请求，并向验证者发送 EAP-Response/Identity 报文，该报文中包含客户端使用的用户名。

③ 验证者将 EAP-Response/Identity 报文封装到 RADIUS 的 Access-Request 报文中，并发送至验证服务器。

④ 当验证服务器收到验证者发送的 RADIUS 协议报文后，根据报文中的用户名信息在本地用户数据库中查找对应的密码，之后用随机生成的挑战值（MD5 Challenge）与密码进行 MD5 运算，产生 128bit 的散列值。同时验证服务器也将此挑战值通过 RADIUS 协议报文中的 Access-Challenge 报文发

送给验证者。

⑥ 验证者从 RADIUS 协议报文中提取出 EAP 信息（其中包含挑战值），并将其封装到 EAP-Request/MD5 Challenge 报文中发送给客户端。

⑦ 客户端将 PADIUS 协议报文中的挑战值与本地密码进行 MD5 运算，产生 128bit 的散列值，并将其封装到 EAP-Response/MD5 Challenge 报文中发送给验证者。

⑧ 验证者将 EAP-Response/MD5 Challenge 报文中的信息封装到 RADIUS 协议报文中的 Access-Request 报文中发送给验证服务器。

⑨ 验证服务器将收到的客户端的散列值与本地计算的散列值进行比较，如果相同则表示用户合法，验证通过，并返回 RADIUS Accept 报文，其中包含 EAP-Success 信息。

⑩ 验证者在收到验证通过的信息后，开放连接客户端的接口，并发送 EAP-Success 报文给客户端，以通过客户端验证。如果验证失败，验证者受控接口就会处于断开状态。

从 EAP 中继模式的验证过程可以看出，验证者在整个验证过程中扮演着的是"中间人"角色，对 EAPoL 报文进行透传。

（2）EAP 终结模式：在这种模式下，验证者将 EAP 信息终结，验证者与验证服务器之间无须交互 EAP 信息，也就是说，验证服务器无须支持 EAP 属性。如果网络中的验证服务器不支持 EAP 属性，则可以使用这种验证模式。

在 EAP 终结模式下可以使用 PAP 与 CHAP 两种验证方式。建议使用 CHAP 验证方式，因为 PAP 使用明文传送用户名和密码信息。

EAP 终结模式（CHAP 方式）验证过程如图 12.5 所示。

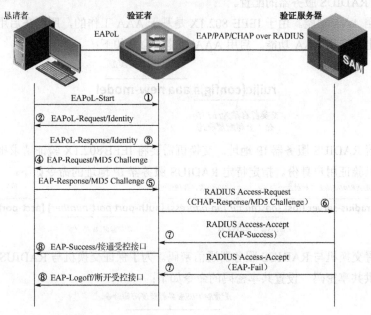

图 12.5　EAP 终结模式（CHAP 方式）验证过程

EAP 终结模式具体验证过程如下。

① 恳请者启动 IEEE 802.1X 客户端软件，向验证者发送 EAPoL 报文，开始进行 IEEE 802.1X 接入验证。

② 如果验证者接口启用了 IEEE 802.1X 验证，将向客户端发送 EAP-Request/Identity 报文，要求客户端发送其使用的用户名（ID 信息）。

③ 客户端响应验证者发送的请求，并向验证者发送 EAP-Response/Identity 报文，该报文中包含客户端使用的用户名。

④ 验证者将随机生成的挑战值（MD5 Challenge）封装到 EAP-Request/MD5 Challenge 报文中发送给客户端。

⑤ 客户端将报文中的挑战值与本地的密码进行 MD5 运算，产生 128bit 的散列值，并将其封装到 EAP-Response/MD5 Challenge 报文中发送给验证者。

⑥ 验证者将客户端的用户名、挑战值和客户端计算的散列值一同发送给验证服务器。

⑦ 验证服务器将收到的客户端的散列值与本地计算的散列值进行比较，如果相同则表示用户合法，验证通过，并返回 RADIUS Accept 报文，其中包含 EAP-Success 信息。

⑧ 验证者在收到验证通过的信息后，开放连接客户端的接口，并发送 EAP-Success 报文给客户端，以通过客户端验证。如果验证失败，验证者受控接口就会处于断开状态。

从 EAP 终结模式的验证过程可以看出，在该模式中，挑战值由验证者生成，随后验证者会将客户端的用户名、挑战值和客户端计算的散列值一同发送给验证服务器，再由验证服务器进行验证。在 EAP 终结模式下，验证者与验证服务器之间只交换两条消息，减少了两者之间的信息交互量，减轻了验证服务器的负担。

4. IEEE 802.1X 基本配置

（1）AAA 与 RADIUS 服务器的配置。

第 1 步：启用 AAA 功能。由于 IEEE 802.1X 是基于 AAA 工作的，所以在启用 IEEE 802.1X 之前需要在交换机上先启用 AAA 功能。启用 AAA 功能的命令如下：

```
ruijie(config)# aaa new-model
```
（启用AAA安全模型；交换机名称为ruijie，处于全局配置模式）

第 2 步：配置 RADIUS 服务器 IP 地址。交换机需要将 IEEE 802.1X 验证请求报文发送至特定的 RADIUS 服务器以验证用户身份。指定特定 RADIUS 服务器 IP 地址的命令如下：

```
ruijie(config)# radius-server host {hostname | ip-address} [auth-port port-number] [acct-port port-number]
```
（配置RADIUS服务器地址命令；RADIUS服务器IP地址；指定记账UDP接口号；设备名称为ruijie，处于全局配置模式；RADIUS服务器DNS名称；指定验证UDP接口号）

第 3 步：设置交换机与 RADIUS 服务器通信密码。为了保证交换机与 RADIUS 服务器之间通信的安全，需要提供共享密码。设置共享密码的命令如下：

```
ruijie(config)# radius-server key text-string
```
（配置RADIUS服务器验证密码命令；设备名称为ruijie，处于全局配置模式；密码值）

第 4 步：定义 IEEE 802.1X 验证方法列表。使用如下命令定义 IEEE 802.1X 验证方法列表：

定义验证的用户行为　　　　　　　　　*定义验证的方法*

ruijie(config)# aaa authentication dot1x {default | *list-name*}*method1* [*method2*...]

设备名称为ruijie　　　　　　　　　　*定义方法列表名称*
处于全局配置模式

以上命令在前面项目已经详细介绍过，这里不再赘述。

（2）启用 IEEE 802.1X。在配置完 RADIUS 服务器相关参数后，就完成了 IEEE 802.1X 的准备工作后。接下来需要启用交换机接口的 IEEE 802.1X 验证功能。启用了 IEEE 802.1X 验证功能的接口则成为受控接口，连接在该接口的用户要通过验证才能访问网络，连接在非受控接口的用户可以直接访问网络。

使用如下命令启用交换机接口的 IEEE 802.1X 验证功能：

启用端口IEEE 802.1X验证功能

ruijie(config-if)# dot1x port-control auto

设备名称为ruijie
处于接口配置模式

当交换机接口配置了此命令后，该接口将只接收 EAPoL 报文，并且只有验证通过后，接口才会接收其他报文。在默认情况下，接口不进行 IEEE 802.1X 验证。使用该命令的 no 选项可以恢复接口的 IEEE 802.1X 默认功能，如 ruijie(config-if)#no dot1x port-control。

示例：将交换机 Fa0/1 接口设置为受控接口，代码如下。

ruijie(config)#interface fa 0/1
ruijie(config-if)#dot1x port-control auto
ruijie(config-if)#

示例：将交换机 Fa0/1 接口恢复为非受控接口，代码如下。

ruijie(config)#interface fa 0/1
ruijie(config-if)#no dot1x port-control
ruijie(config-if)#

（3）应用 IEEE 802.1X 验证方法列表。当启用 IEEE 802.1X 验证功能后，在默认情况下，交换机将使用默认的验证方法列表（default）进行验证。可以在全局配置模式下使用如下命令关联 IEEE 802.1X 验证方法列表：

定义的方法列表名称

ruijie(config)#dot1x authentication {default | *list-name*}

设备名称为ruijie
处于全局配置模式

其中，*list-name* 为定义的 IEEE 802.1X 验证方法列表名称。如果 AAA 打开，则登录验证使用默认验证方法列表。使用该命令的 no 选项可以删除已设置的验证方法列表，如 ruijie(config)# no dot1x authentication {default | list-name}。

示例：在交换机 Fa0/1 接口及 Fa0/10 接口上实施 IEEE 802.1X 验证功能，代码如下。

ruijie(config)#aaa new-model
ruijie(config)#radius-server host 192.168.217.64
ruijie(config)#radius-server key key123
ruijie(config)#aaa authentication dot1x authen group radius

ruijie(config)#dot1x authentication authen
ruijie(config)#interface fa 0/1
ruijie(config-if)#dot1x port-control auto
ruijie(config-if)#exit
ruijie(config)#interface fa 0/10
ruijie(config-if)#dot1x port-control auto
ruijie(config-if)#

示例：将交换机 Fa0/10 接口恢复为非受控接口，代码如下。

ruijie(config)#interface fa 0/10
ruijie(config-if)#no dot1x port-control
ruijie(config-if)#

（4）配置 IEEE 802.1X 验证方式。IEEE 802.1X 标准规定的验证方式为 EAP-MD5，此外还提供了 PAP 和 CHAP 两种验证方式。CHAP 比 PAP 安全性高些，PAP 采用明文传递用户名和密码，CHAP 采用密文传递密码信息。

在使用 PAP 或 CHAP 验证方式时，交换机执行 EAP 终结模式，即 EAP 协议在交换机侧终结，所以 RADIUS 服务器无须支持 EAP 属性。如前所述，对于 EAP 终结模式，交换机与 RADIUS 服务器之间只交换两条信息，减少了信息交互量，减轻了 RADIUS 服务器负担。

配置交换机 IEEE 802.1X 验证方式的命令如下：

ruijie(config)# dot1x auth-mode {eap-md5 | chap | pap}

其中，*eap-md5* 表示 IEEE 802.1X 采用 EAP-MD5 方式验证；*chap* 表示 IEEE 802.1X 采用 CHAP 方式验证；*pap* 表示 IEEE 802.1X 采用 PAP 方式验证；默认验证方式为 EAP-MD5。使用该命令的 no 选项可以恢复默认设置方式，如 ruijie(config)# no dot1x auth-mode。

示例：设置交换机的 IEEE 802.1X 验证方式为 CHAP，代码如下。

ruijie(config)#dot1x auth-mode chap
ruijie(config)#

示例：将交换机的 IEEE 802.1X 验证方式恢复为默认方式 EAP-MD5，代码如下。

ruijie(config)#no dot1x auth-mode

（5）配置 EAPoL 帧携带 VLAN TAG 标记。IEEE 802.1X 规定 EAPoL 报文不能携带 VLAN TAG 标记。但是在某些应用环境下，需要 EAPoL 帧携带 VLAN TAG 标记，以使 EAPoL 帧能够被发送至相应的 VLAN。典型应用是在汇聚层交换机上启用 IEEE 802.1X 验证功能。

使用如下命令启用 EAPoL 帧携带 VLAN TAG 功能：

ruijie(config)# dot1x eapol-tag

在默认情况下，EAPoL 帧不携带 VLAN TAG 标记。使用该命令的 no 选项可以恢复默认设置值，如 ruijie(config)# no dot1x eapol-tag。

示例：设置 IEEE 802.1X 帧携带 VLAN TAG，代码如下。

```
ruijie(config)#dot1x eapol-tag
ruijie(config)#
```

（6）IEEE 802.1X 监控与维护。

查看 IEEE 802.1X 的运行状态及配置信息，代码如下。

```
ruijie#show dot1x
```

查看 IEEE 802.1X 定时器信息，代码如下。

```
ruijie#show dot1x timeout quiet-period
ruijie#show dot1x timeout re-authperiod
ruijie#show dot1x timeout server-timeout
ruijie#show dot1x timeout supp-timeout
ruijie#show dot1x timeout tx-period
```

查看 IEEE802.1X 计数器信息，代码如下。

```
ruijie#show dot1x reauth-max
ruijie#show dot1x max-req
```

查看交换机接口控制信息，代码如下。

```
ruijie#show dot1x port-control [interface interface]
```

12.3 扩展知识

IEEE 802.1X 使用多个定时器来保证验证过程的正常进行及验证组件间的故障检测等，下面介绍各定时器的功能。

1. 静止定时器（quiet-period）

当用户第一次验证失败后，设备将等待一段时间才允许用户进行再次验证。静止定时器的定时时间长度是允许再次验证的时间间隔。静止定时器的作用是避免设备受恶意攻击。静止定时器的默认定时时间为 10s，可以通过设定较短的重新验证等待时间，使用户可以更快地进行再次验证。

设置静止定时器的命令如下：

ruijie(config)# dot1x timeout quiet-period *seconds*

（交换机名称为*ruijie* 处于全局配置模式；设置静止定时器命令；等待时间）

其中，seconds 为设备验证失败后到允许尝试重新验证的等待时间，取值范围为 0～65535，单位为 s，默认值为 10s。使用该命令的 no 选项可以将设置值恢复为默认值，如 ruijie(config)#no dot1x timeout quiet-period。

示例：设置重新验证等待时间为 1000s，代码如下。

```
ruijie(config)#dot1x timeout quiet-period 1000
ruijie(config)#
```

示例：将重新验证等待时间恢复为默认值 10s，代码如下。

```
ruijie(config)#no dot1x timeout quiet-period
```

2. 重验证定时器（re-authperiod）

IEEE 802.1X 能定时主动要求用户重新验证，这样可以防止已通过验证的用户被其他用户冒用，还可以检测用户是否断线,使计费更准确。IEEE 802.1X 除了可以设定重新验证的开关,还可以定义重新验证的时间间隔。

打开定时重新验证功能的命令如下:

启动定时重新验证命令
ruijie(config)#dot1x re-authentication
交换机名称为ruijie
处于全局配置模式

在默认情况下不要求恳请者定时重新验证。使用该命令的 no 选项可以将设置值恢复为默认值,如 ruijie(config)#no dot1x re-authentication。

在启动定时重新验证功能后,系统每到默认重新验证时间 3600s 就要求客户端进行重新验证身份。重新验证时间间隔也可以通过如下命令设置:

设置重新验证时间间隔命令
ruijie(config)# dot1x timeout re-authperiod *seconds*
交换机名称为ruijie　　　　　　　　　　　　　等待时间
处于全局配置模式

其中,seconds 为验证周期,取值范围为 0～65535,单位为 s,默认值为 3600s。使用该命令的 no 选项可以将设置值恢复为默认值,如 ruijie(config)# no dot1x timeout re-authperiod。

示例:设置重新验证时间间隔为 1000s,代码如下。

ruijie(config)#dot1x timeout re-authperiod 1000
ruijie(config)#

示例:将重新验证时间间隔恢复为默认值 3600s,代码如下。

ruijie(config)#no dot1x timeout re-authperiod

当交换机在进行重新验证,但到达重新验证间隔时间还没有收到客户端响应时,交换机将重新发送验证请求。设置可以发送的重新验证次数的命令如下:

设置重新验证次数命令
ruijie(config)#dot1x reauth-max *count*
交换机名称为ruijie　　　　最大验证次数
处于全局配置模式

其中,count 为最大重验证次数,默认值为 3。使用该命令的 no 选项可以将设置值恢复为默认值,如 ruijie(config)# no dot1x reauth-max。

示例:设置重新验证最大次数为 5,代码如下。

ruijie(config)#dot1x reauth-max 5
ruijie(config)#end

示例:将重新验证最大次数恢复为默认值 3,代码如下。

ruijie(config)#no dot1x reauth-max

▶3. 服务器超时定时器(server-timeout)

服务器超时定时器的值表示的是 RADIUS 服务器的最大响应时间,若在该时间内,设备没有收到 RADIUS 服务器的响应,将认为本次验证失败。

设置服务器最大响应时间的命令如下:

设置服务器最大响应时间命令

ruijie(config)#dot1x timeout server-timeout *seconds*

交换机名称为ruijie处于全局配置模式　　　　　　　　*最大响应时间*

其中，seconds 为设备和验证服务器之间验证交互的超时时间，取值范围为 0~65535，单位为 s，默认值为 5s。使用该命令的 no 选项可以将设置值恢复为默认值，如 ruijie(config)# no dot1x timeout server-timeout。

示例：设置服务器交互超时时间为 10s，代码如下。

ruijie(config)#dot1x timeout server-timeout 10
ruijie(config)#

示例：将服务器的最大响应时间恢复为默认值 5s，代码如下。

ruijie(config)#no dot1x timeout server-timeout

在 dot1x 设备和服务器交互过程中，如果 dot1x 设备在一定时间内没有收到服务器的响应，则 dot1x 设备将再次向服务器发起请求。可以使用如下命令设置向服务器发送验证请求的最大次数：

设置服务器重新验证次数命令

ruijie(config)#dot1x max-req *count*

交换机名称为ruijie处于全局配置模式　　　　　　　*最多验证次数*

其中，count 为允许的最大验证请求的次数，默认值为 3。使用该命令的 no 选项可以将设置值恢复为默认值，如 ruijie(config)# no dot1x max-req。当重发验证请求次数达到设定值后，交换机将认为服务器不可用。

示例：设置 IEEE 802.1X 设备与验证服务器之间的最大验证重传次数为 7 次，超过 7 次后认为服务器不可用，具体代码如下。

ruijie(config)#dot1x max-req 7

示例：将 IEEE 802.1X 设备的最大验证重传次数恢复为默认值 3，代码如下。

ruijie(config)#no dot1x max-req

▶4. 客户端超时定时器（supp-timeout）

客户端超时定时器的值表示当交换机向客户端发送 EAP-Request/MD5Challenge 报文请求散列值后，等待客户端最大响应时间。

设置等待客户端最大响应时间的命令如下：

设置等待客户端最大响应时间命令

ruijie(config)#dot1x timeout supp-timeout *seconds*

交换机名称为ruijie处于全局配置模式　　　　　　　　*超时时间*

其中，seconds 为设备和恳请者之间验证交互的超时时间，取值范围为 0~65535，单位为 s，默认值为 3s。使用该命令的 no 选项可以将设置值恢复为默认值，如 ruijie(config)#no dot1x timeout supp-timeout。

示例：设置客户端交互超时时间为 10s，代码如下。

ruijie(config)#dot1x timeout supp-timeout 10
ruijie(config)#

示例：将交换机等待客户端最大响应时间恢复为默认值 3s，代码如下：

ruijie(config)#no dot1x timeout supp-timeout

5. 发送超时定时器（tx-period）

当客户端发起验证请求后，交换机需要向客户端发送 EAP-Request/Identity 报文，请客户端发送用户名信息。当交换机超过了发送超时定时器设定的时间间隔还没有收到客户端的 EAP-Response/Identity 响应报文时，交换机则重新发送请求报文。

设置发送超时定时器的命令如下：

设置发送超时定时器命令

ruijie(config)# dot1x timeout tx-period *seconds*

交换机名称为 *ruijie* 处于全局配置模式　　　　　　　　　　超时时间

其中，*seconds* 为重传周期，取值范围为 0～65535，单位为 s，默认值为 3s。使用该命令的 no 选项可以将设置值恢复为默认值，如 ruijie(config)# no dot1x timeout tx-period。

示例：配置发送超时定时器，代码如下：

ruijie(config)#dot1x timeout quiet-period 5
ruijie(config)#dot1x timeout server-timeout 3
ruijie(config)#dot1x timeout supp-timeout 2
ruijie(config)#dot1x timeout tx-period 5

12.4 演示实例

1. 背景描述

在接入层交换机接口启用 IEEE 802.1X 验证，实现对接入网络的用户进行控制，该方案在实际应用中被普遍采用，如图 12.6 所示。

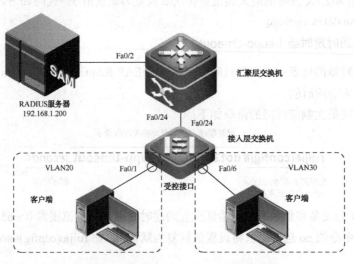

图 12.6　接入层接口启用 IEEE 802.1X

具体要求如下。

（1）用户支持 IEEE 802.1X，即要装有 IEEE 802.1X 客户端软件（Windows XP 自带，Star-supplicant

或其他符合 IEEE 802.1X 标准的客户端软件）。

（2）接入层设备支持 IEEE 802.1X。

（3）有一台（或多台）支持标准 RADIUS 协议的服务器作为验证服务器。

该方案的配置要点如下。

（1）与 RADIUS 服务器相连的接口及上联接口需要配置成非受控接口，以使设备能正常地与 RADIUS 服务器进行通信，同时使已验证用户能通过上联接口访问网络资源。

（2）与用户相连的接口需要设置为受控接口，以实现对接入用户的控制，用户必须通过验证才能访问网络资源。

该方案的特点如下。

（1）每台支持 IEEE 802.1X 的设备所负责的客户端少，验证速度快。各台设备之间相互独立，设备的重启等操作不会影响其他设备所连接的用户。

（2）用户的管理集中于 RADIUS 服务器，管理员不需要考虑用户连接在哪台设备上，便于管理员实施管理。

（3）管理员可以通过网络管理接入层的设备。

2. 操作步骤

接入层交换机配置代码如下。

```
ruijie(config)# VLAN 20
ruijie(config-VLAN)#exit
ruijie(config)# VLAN 30
ruijie(config- VLAN)#exit
ruijie(config)#interface fastethernet 0/1
ruijie(config-if)#switchport access VLAN 20
ruijie(config-if)#exit
ruijie(config)#interface fastethernet 0/6
ruijie(config-if)#switchport access VLAN 30
ruijie(config-if)#exit
ruijie(config)#interface fastethernet 0/24
ruijie(config-if)#switchport mode trunk
ruijie(config-if)#exit
ruijie(config)#aaa new-model
ruijie(config)#aaa authentication dot1x test group radius
ruijie(config)#dot1x authentication test
ruijie(config)#radius-server host 192.168.1.200
ruijie(config)#radius-server key key123
ruijie(config)#interface fastethernet 0/1
ruijie(config-if)#dot1x port-control auto
ruijie(config-if)#exit
ruijie(config)#interface fastethernet 0/6
ruijie(config-if)#dot1x port-control auto
ruijie(config-if)#
```

汇聚层交换机配置代码如下。

```
ruijie(config)#VLAN 10
ruijie(config-VLAN)#exit
ruijie(config)# VLAN 20
ruijie(config- VLAN)#exit
ruijie(config)# VLAN 30
ruijie(config- VLAN)#exit
ruijie(config)#interface fastethernet 0/2
ruijie(config-if)#switchport access vlan 10
ruijie(config-if)#exit
ruijie(config)#interface fastethernet 0/24
ruijie(config-if)#switchport mode trunk
ruijie(config-if)#exit
ruijie(config)#interface VLAN 10
ruijie(config-if)#ip address 192.168.1.1 255.255.255.0
ruijie(config-if)#no shutdown
ruijie(config)#interface VLAN 20
ruijie(config-if)#ip address 192.168.2.1 255.255.255.0
ruijie(config-if)#no shutdown
ruijie(config)#interface VLAN 30
ruijie(config-if)#ip address 192.168.3.1 255.255.255.0
ruijie(config-if)#no shutdown
ruijie(config-if)#
```

12.5 训练任务

1. 背景描述

在网络工程中，有时接入层交换机不支持 IEEE 802.1X，此时需要在汇聚层交换机上启用 IEEE 802.1X 验证，以实现对用户的验证，如图 12.7 所示。

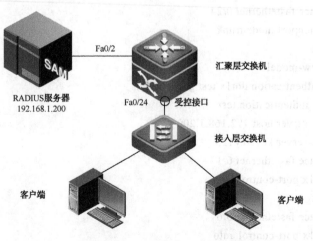

图 12.7　汇聚层接口启用 802.1X

具体要求如下。

(1) 用户支持 IEEE 802.1X, 即要装有 IEEE 802.1X 客户端软件（Windows XP 自带，Star-supplicant 或其他符合 IEEE 802.1X 标准的客户端软件）。

(2) 接入层设备支持透传 IEEE 802.1X 帧（EAPoL 帧）。

(3) 汇聚层设备支持 IEEE 802.1X（作为验证者）。

(4) 有一台（或多台）支持标准 RADIUS 协议的服务器作为验证服务器。

该方案的配置要点如下。

(1) 与 RADIUS 服务器相连的接口及上联接口需要配置成非受控端口，以使设备能正常地与 RADIUS 服务器进行通信，同时使已验证用户能通过上联接口访问网络资源。

(2) 与接入层设备相连的接口需要设置为受控接口，以实现对接入用户的控制，用户必须通过验证才能访问网络资源。

该方案的特点如下。

(1) 由于启用 IEEE 802.1X 的是汇聚层设备，因此网络规模大，下接用户数量多，对设备的要求高，若该层设备发生故障，将导致大量用户不能正常访问网络。

(2) 用户的管理集中于 RADIUS 服务器，管理员无须考虑用户连接在哪台设备上，便于管理员实施管理。

(3) 接入层设备可以使用较廉价的非网管型设备（只要支持 EAPoL 帧透传即可）。

(4) 管理员不能通过网络直接管理接入层设备。

2. 操作提示

汇聚层交换机配置代码如下。

```
ruijie(config)#VLAN 10
ruijie(config-VLAN)#exit
ruijie(config)#interface fastethernet 0/2
ruijie(config-if)#switchport access VLAN 10
ruijie(config-if)#exit
ruijie(config)#interface fastethernet 0/24
ruijie(config-if)#switchport mode trunk
ruijie(config-if)#exit
ruijie(config)#interface VLAN 10
ruijie(config-if)#ip address 192.168.1.1 255.255.255.0
ruijie(config-if)#no shutdown
ruijie(config-if)#exit
ruijie(config)#aaa new-model
ruijie(config)#aaa authentication dot1x test group radius
ruijie(config)#dot1x authentication test
ruijie(config)#radius-server host 192.168.1.200
ruijie(config)#radius-server key key123
ruijie(config)#interface fastethernet 0/24
ruijie(config-if)#dot1x port-control auto
ruijie(config-if)#exit
ruijie(config)#dot1x eapol-tag
ruijie(config)#
```

练习题

1. 选择题

（1）IEEE 802.1X 是一种基于（　　）的网络访问控制标准。
　　A．接口　　　　B．命令行　　　　C．服务　　　　D．服务器

（2）下面不是 IEEE 802.1X 验证体系中的组成部分的是（　　）。
　　A．恳请者　　　B．验证者　　　　C．验证服务器　　D．接入集线器

（3）下面说法错误的是（　　）。
　　A．在客户端与交换机之间，EAP 报文直接被封装到 LAN 协议中，形成 EAPoL 报文
　　B．在交换机与 RADIUS 服务器之间，EAP 协议报文被封装到 RADIUS 报文中
　　C．在交换机与 RADIUS 服务器之间还可以使用 RADIUS 协议交互 PAP 报文和 CHAP 报文
　　D．交换机在整个验证过程中参与验证，验证通过后才打开交换机接口

2. 简答题

（1）简述 IEEE 802.1X 验证体系的构成。
（2）说明 IEEE 802.1X 的两种验证模式的区别。
（3）说明配置 IEEE 802.1X 的主要步骤。

项目 13　GRE 协议

在网络工程中，经常需要将分布在不同地理位置的总公司网络与分公司网络通过 ISP 公共网络进行连接，实现公司内部资源共享。这时可以在 ISP 公共网络中建立一条隧道，实现总公司与分公司的路由信息的交换，达到相互通信的目的。本项目介绍 GRE 协议的工作原理及相关配置命令的使用方法。

> **知识点、技能点**
>
> 1. 了解 GRE 协议工作原理。
> 2. 掌握 GRE 协议配置技能。

13.1　问题提出

若要利用 ISP 公共网络将总公司网络与分公司网络连接起来，实现全网络路由互通，可以通过建立 GRE 协议隧道，实现网络路由信息的交换。

13.2　相关知识

1. GRE 协议工作原理

GRE（Generic Routing Encapsulation，通用路由协议封装）协议是由 Cisco 和 Net-Smiths 等公司于 1994 年提交给 IETF 的，标号为 RFC1701 和 RFC1702，是用于传输三层网络协议的隧道协议。目前多数厂商的网络设备均支持 GRE 协议。

当路由器收到一个需要封装和进行路由的原始数据报文（Payload）时，这个报文首先被 GRE 协议封装成 GRE 协议报文，然后又被封装成 IP 协议报文，由 IP 协议负责此报文的转发。

GRE 协议报文格式如图 13.1 所示。原始报文的协议称为乘客协议，GRE 协议称为隧道协议，而负责转发的 IP 协议称为传输协议。

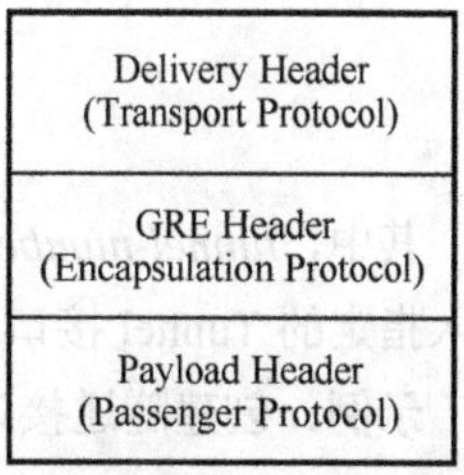

GRE 协议规定了如何用一种网络协议去封装另一种网络协议的方法。GRE 协议的隧道由两端的源 IP 地址和目的 IP 地址定义，允许用户使用 IP 包封装 IP 包、IPX 包、AppleTalk 包，并支持全部的路由协议（如 RIP2、OSPF 等）。通过 GRE 协议，用户可以利用公共 IP 网络连接 IPX 网络、AppleTalk 网络等，还可以使用保留地址进行网络互联，或者对公共网络隐藏企业网络的 IP 地址，如图 13.2 所示。

| Delivery Header (Transport Protocol) |
| GRE Header (Encapsulation Protocol) |
| Payload Header (Passenger Protocol) |

图 13.1　GRE 协议报文格式

GRE 协议只提供了数据包的封装，而不具备加密功能，无法防止网络侦听和攻击。因此在实际环境中，GRE 协议通常与 IPSec 结合使用，由 IPSec 对用户数据进行加密，从而为用户提供更强的安全性。

GRE 协议具有如下优点。

(1) 多协议的本地网络可以通过单一协议的骨干网络实现数据传输。

(2) 将一些不能连续的子网连接起来，用于组建 VPN。

(3) 扩大网络的工作范围。例如，RIP 最多 16 跳，GRE 协议连接隧道计 1 跳。

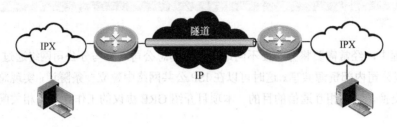

图 13.2　GRE 协议隧道

2. GRE 协议配置命令

GRE 协议主要应用于 Tunnel（隧道）接口。路由器通过 Tunnel 接口实现隧道功能，允许利用传输协议（如 IP 协议）来传送任意协议的网络数据包。同其他逻辑接口一样，Tunnel 接口也是系统虚拟的接口。Tunnel 接口并不特别指定传输协议或负载协议，它提供一种标准的点对点的传输模式。由于 Tunnel 接口实现的是点对点的传输，所以每一条单独的链路都必须设置一个 Tunnel 接口。

实现 Tunnel 接口功能需要以下 3 个协议。

- 乘客协议：通过 Tunnel 接口传输的负载（网络数据）封装协议。目前锐捷产品在 Tunnel 接口只支持将 IP 协议作为乘客协议。
- 封装协议：用来二次封装并辨识待传输负载的协议。锐捷产品在 Tunnel 接口支持的封装模式包括 GRE、IPIP。
- 传输协议：实际上传输的是经过载体协议二次封装后的网络协议。锐捷产品使用 IP 协议作为传输协议。

(1) 创建 Tunnel 接口。进入全局配置模式，使用如下命令创建 Tunnel 接口：

```
ruijie(config)#interface tunnel tunnel-number
```

设备名称为 ruijie 处于全局配置模式　　指定接口类型为 Tunnel　　接口编号

其中，tunnel-number 为 Tunnel 接口编号，取值范围为 1～255。同其他逻辑接口一样，在第一次进入指定的 Tunnel 接口时就创建了一个 Tunnel 接口。

示例：创建隧道接口 Tunnel 1，并将该接口 IP 地址设置为 192.168.1.1，代码如下。

```
ruijie(config)#interface tunnel 1
ruijie(config-if)#ip address 192.168.1.1 255.255.255.0
```

(2) 设置 Tunnel 接口源地址。一个 Tunnel 接口需要明确配置隧道的源地址和目的地址，为了保证隧道接口的稳定性，一般将 Loopback 地址作为隧道的源地址和目的地址。在正常启用 Tunnel 接口之前，需要确认源地址和目的地址的连通性。

若要配置 Tunnel 接口的源地址，可以在接口配置模式下执行如下命令：

用IP地址方式指定Tunnel 接口源地址

ruijie(config-if)#tunnel source { *ip-address* | *interface-type interface-number* }

设备名称为ruijie
处于接口配置模式
用接口方式指定Tunnel接口源地址

其中，*ip-address* 为用来指定 Tunnel 接口源地址的 IP 地址，以及在设备上已经设置好的其他接口 IP 地址；*interface-type* 为通用的接口类型，如 Ethernet 接口、FastEthernet 接口、Loopback 接口、NULL 接口及其他 Tunnel 接口等；*interface-number* 为接口编号。此处设置的 Tunnel 接口源地址是 Tunnel 接口用来进行实际通信的源地址，也是 Tunnel 接口位于本地的端点。

在默认情况下，没有配置源地址。使用配置 Tunnel 接口源地址命令的 no 选项可以删除 Tunnel 接口的源地址，如 ruijie(config-if)# no tunnel source。

示例：在 Tunnel 0 接口上设置命令 tunnel source，以指定 S2/0 接口为源地址接口，代码如下。

ruijie(config)#interface tunnel 0
ruijie(config-if)#tunnel source serial 2/0

（3）设置 Tunnel 接口目的地址。若要设置 Tunnel 接口的目的地址，可以在接口配置模式下执行如下命令：

指定Tunnel接口目的地址

ruijie(config-if)#tunnel destination *ip-address*

设备名称为ruijie
处于接口配置模式

其中，*ip-address* 为指定的隧道目标的地址。在默认情况下，没有配置目的地址。使用该命令的 no 选项可以删除 Tunnel 接口的目的地址，如 ruijie(config-if)# no tunnel destination。此处设置的 Tunnel 接口目的地址是 Tunnel 接口用来进行实际通信的目的地址，也是 Tunnel 接口位于远程对端的端点。

示例：在 Tunnel 0 接口上配置目标地址 61.154.101.3，代码如下。

ruijie(config)#interface tunnel 0
ruijie(config-if)#tunnel destination 61.154.101.3

（4）设置 Tunnel 接口封装格式（可选）。Tunnel 接口的封装格式就是 Tunnel 接口的载体协议。Tunnel 接口的默认封装格式是 GRE 协议。用户也可以根据实际使用情况来选择 Tunnel 接口的封装格式。在默认情况下，不对封装格式做任何定义就可以实现 IP 隧道的 GRE 协议封装。设置 Tunnel 接口封装格式的命令如下：

指定Tunnel接口封装格式

ruijie(config-if)#tunnel mode { *gre* | *ipip* }

设备名称为ruijie
处于接口配置模式

其中，*gre* 为可以架构在 IP 层的通用路由封装 GRE 协议；*ipip* 为 IP over IP 的封装格式。在默认情况下，使用 GRE 协议封装。使用该命令的 no 选项可以恢复默认封装格式。

示例：在 Tunnel 0 接口上封装 IP over IP，代码如下。

ruijie(config)#interface tunnel 0
ruijie(config-if)#tunnel mode ipip

（5）设置认证密码（可选）。IP 隧道如果没有密钥保护，可能会受到非法入侵或非法报文的攻击。设置认证密码，使 IP 隧道只有在 GRE 协议封装时才生效，实现命令如下：

指定Tunnel接口认证密码

ruijie(config-if)#tunnel key *value*

设备名称为ruijie
处于接口配置模式

其中，*value* 为 Tunnel 接口的密钥值，取值范围为 0～4294967295。在默认情况下，没有设置认证密码。使用该命令的 no 选项可以删除配置的密钥，如 ruijie(config-if)# no tunnel key。

示例：在 Tunnel 0 接口上设置密钥 1234，代码如下。

ruijie(config)#interface tunnel 0
ruijie(config-if)#tunnel key 1234

（6）查看 Tunnel 接口状态。可以使用如下命令查看 Tunnel 接口状态：

Tunnel接口编号

ruijie#show interfaces tunnel *tunnel-number*

设备名称为ruijie
处于特权模式

其中，*tunnel-number* 为 Tunnel 接口编号。

示例：显示 Tunnel 1 接口的状态，代码如下。

ruijie#show interfaces tunnel 1
Tunnel 1 is UP , line protocol is UP
Hardware is Tunnel
Interface address is: 1.1.1.1/24
MTU 1500 bytes, BW 9 Kbit
Encapsulation protocol is Tunnel, loopback not set
Keepalive interval is 0 sec , no set
Carrier delay is 0 sec
RXload is 1 ,Txload is 1
Tunnel source 192.168.200.200 (FastEthernet 0/0), destination 192.168.200.100
Tunnel protocol/transport GRE/IP, key 0xea
Order sequence numbers 0/0 (tx/rx)
Checksumming of packets enabled Queueing strategy: WFQ
5 minutes input rate 0 bits/sec, 0 packets/sec
5 minutes output rate 0 bits/sec, 0 packets/sec
0 packets input, 0 bytes, 0 no buffer
Received 0 broadcasts, 0 runts, 0 giants
0 input errors, 0 CRC, 0 frame, 0 overrun, 0 abort
0 packets output, 0 bytes, 0 underruns
0 output errors, 0 collisions, 0 interface resets

从上面的显示结果可以看出 Tunnel 接口的参数设置及工作的情况，如接口与链路的状态、IP 地址设置、MTU 设置、带宽（Bandwidth）设置等。

3. GRE 协议配置实例

在如图 13.3 所示的网络中，路由器 R1 与路由器 R2 之间建立 GRE 协议隧道，R1 背后的子网 202.126.101.0/24 与 R2 背后的子网 67.151.69.0/24 通过 R1 与 R2 之间的 GRE 协议隧道进行通信。这种通信通过 Tunnel 接口进行，R1 与 R2 之间的外部网络是透明、不可见的，即外部网络是一种虚拟专用网（VPN）。

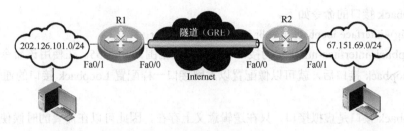

图 13.3　GRE 协议应用实例（一）

（1）R1 的相关配置代码如下。

```
R1(config)#interface Tunnel0
R1(config-if)#ip address 21.21.21.3 255.255.255.0
R1(config-if)#tunnel source 179.208.12.221
R1(config-if)#tunnel destination 179.208.12.55
R1(config-if)#exit
R1(config)#interface FastEthernet0/0
R1(config-if)#ip address 179.208.12.221 255.255.255.0
R1(config-if)#exit
R1(config)#interface FastEthernet0/1
R1(config-if)#ip address 202.106.101.2 255.255.255.0
R1(config-if)#
```

（2）R2 的相关配置代码如下。

```
R2(config)#interface Tunnel0
R2(config-if)#ip address 21.21.21.5 255.255.255.0
R2(config-if)#tunnel source 179.208.12.55
R2(config-if)#tunnel destination 179.208.12.221
R2(config-if)#exit
R2(config)#interface FastEthernet0/0
R2(config-if)#ip address 179.208.12.55 255.255.255.0
R2(config-if)#exit
R2(config)#interface FastEthernet0/1
R2(config-if)#ip address 67.151.69.202 255.255.255.0
R2(config-if)#
```

从上面的配置可以看出，R1 与 R2 均使用 Fa0/0 接口作为 Tunnel 接口，使用 Fa0/1 接口与内部网络相连并作为内部网络的网关。

13.3　扩展知识

1. Loopback 接口

Loopback（回环）接口是完全由软件模拟的设备本地接口，永远都处于 Up 状态。发往 Loopback 接口的数据包将会在设备本地进行处理，包括路由信息。Loopback 接口的 IP 地址可以用来作为 OSPF

的设备标志、实施发向 Telnet 或作为远程 Telnet 访问的网络接口等。配置一个 Loopback 接口类似于配置一个以太网接口,可以将其看作一个虚拟的以太网接口。

创建 Loopback 接口的命令如下。

ruijie(config)#interface loopback loopback-interface-number

其中,loopback-interface-number 为接口编号,取值范围为 0～255。在使用该命令创建了一个指定接口号的 Loopback 接口后,就可以像配置以太网接口一样配置 Loopback 接口的通信参数(如 IP 地址等)。

由于 Loopback 接口是虚拟接口,只在逻辑意义上存在,因此可以在需要的时候使用 no interface loopback loopback-interface-number 命令来删除指定的 Loopback 接口。系统提供了 show interfaces loopback loopback-interface-number 命令来监控与维护 Loopback 接口。

示例:创建 Loopback 0 接口,并设置该接口 IP 地址为 192.168.1.1,代码如下。

ruijie(config)#interface loopback 0
ruijie(config-if)#ip address 192.168.1.1 255.255.255.0

2. NULL 接口

路由器还提供了逻辑接口,即 NULL(空)接口。NULL 接口永远都处于 Up 状态,并且永远不会主动发送或接收网络数据,任何发往 NULL 接口的数据包都会被丢弃。在 NULL 接口上不能配置任何命令(不包括每个接口都有的 help 命令与 exit 命令)。

NULL 接口多用于网络数据流的过滤。可以将不希望被处理的网络数据流发送给 NULL 接口而不必使用访问列表。

示例:将去往 127.0.0.0 网络的流量过滤掉,代码如下。

ruijie(config)#ip route 127.0.0.0 255.0.0.0 null 0

13.4 演示实例

1. 项目描述

某公司新设立了一个分公司,分公司要能够访问总公司的各种网络资源,并且要求分公司和总公司之间共享路由信息。这家公司希望通过 VPN 技术实现两个站点的数据传输。

为了实现总公司与分公司之间通过互联网进行路由信息和数据信息的传输,需要使用 GRE 协议,利用隧道技术可以有效地保证数据在互联网中传输,并且 GRE 协议支持对组播数据和广播数据的封装,可用于封装路由协议报文,如图 13.4 所示。

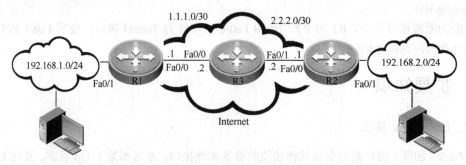

图 13.4 GRE 协议应用实例(二)

2. 操作步骤

第 1 步：配置路由器 R3，配置代码如下。

```
R3(config)#interface fastEthernet 0/0
R3(config-if)#ip address 1.1.1.2 255.255.255.252
R3(config-if)#exit
R3(config)#interface fastEthernet 0/1
R3(config-if)#ip address 2.2.2.2 255.255.255.252
R3(config-if)#
```

第 2 步：配置路由器 R1 与路由器 R2 的互联网连通性。

（1）配置 R1，配置代码如下。

```
R1(config)#interface fastEthernet 0/0
R1(config-if)#ip address 1.1.1.1 255.255.255.252
R1(config-if)#exit
R1(config)#interface fastEthernet 0/1
R1(config-if)#ip address 192.168.1.1 255.255.255.0
R1(config-if)#exit
R1(config)#ip route 0.0.0.0 0.0.0.0 1.1.1.2
```

（2）配置 R2，配置代码如下。

```
R2(config)#interface fastEthernet f0/0
R2(config-if)#ip address 2.2.2.1 255.255.255.252
R2(config-if)#exit
R2(config)#interface fastEthernet 0/1
R2(config-if)#ip address 192.168.2.1 255.255.255.0
R2(config-if)#exit
R2(config)#ip route 0.0.0.0 0.0.0.0 2.2.2.2
```

第 3 步：配置 R1 的 GRE 协议隧道，配置代码如下。

```
R1(config)#interface tunnel 1
R1(config-if)#ip address 10.1.1.1 255.255.255.0
R1(config-if)#tunnel source fastEthernet 0/0
R1(config-if)#tunnel destination 2.2.2.1
R1(config-if)#tunnel key 1234567
R1(config-if)#
```

第 4 步：在 R1 上启用 RIPv2 路由协议，具体代码如下。

```
R1(config)#router rip
R1(config-router)#version 2
R1(config-router)#no auto-summary
R1(config-router)#network 10.0.0.0
R1(config-router)#network 192.168.1.0
R1(config-router)#
```

第 5 步：配置 R2 的 GRE 协议隧道，配置代码如下。

```
R2(config)#interface tunnel1
R2(config-if)#ip address 10.1.1.2 255.255.255.0
```

```
R2(config-if)#tunnel source fastEthernet 0/0
R2(config-if)#tunnel destination 1.1.1.1
R2(config-if)#tunnel key 1234567
R2(config-if)#
```

第 6 步：在 R2 上启用 RIPv2 路由协议，具体代码如下。

```
R2(config)#router rip
R2(config-router)#version 2
R2(config-router)#no auto-summary
R2(config-router)#network 10.0.0.0
R2(config-router)#network 192.168.2.0
R2(config-router)#
```

第 7 步：配置主机 PC1 和主机 PC2。

PC1 的 IP 地址为 192.168.1.2，网关为 192.168.1.1。

PC2 的 IP 地址为 192.168.2.2，网关为 192.168.2.1。

第 8 步：验证测试路由器的配置。

分别在 R1 与 R2 上验证 GRE 协议隧道状态及路由表信息，分别通过 Tunnel 接口学习到对端局域网的路由。

显示 R1 上的 Tunnel 1 接口状态的相关代码如下。

```
R1#show interface tunnel 1
Tunnel 1 is UP, line protocol is UP
Hardware is Tunnel
Interface address is: 10.1.1.1/24
    MTU 1472 bytes, BW 9 Kbit
    Encapsulation protocol is Tunnel, loopback not set
    Keepalive interval is 0 sec , no set
    Carrier delay is 0 sec
    RXload is 1 ,Txload is 1
    Tunnel source 1.1.1.1 (FastEthernet 1/0), destination 2.2.2.1
    Tunnel protocol/transport GRE/IP, key 0x12d687, sequencing disabled
    Checksumming of packets disabled    Queueing strategy: WFQ
    5 minutes input rate 0 bits/sec, 0 packets/sec
    5 minutes output rate 12 bits/sec, 0 packets/sec
        0 packets input, 0 bytes, 0 no buffer
        Received 0 broadcasts, 0 runts, 0 giants
        0 input errors, 0 CRC, 0 frame, 0 overrun, 0 abort
        19 packets output, 988 bytes, 0 underruns
0 output errors, 0 collisions, 0 interface resets
```

显示 R1 的路由表的相关代码如下。

```
R1#show ip route
Codes:   C - connected, S - static,    R - RIP
         O - OSPF, IA - OSPF inter area
         N1 - OSPF NSSA external type 1, N2 - OSPF NSSA external type 2
```

```
             E1 - OSPF external type 1, E2 - OSPF external type 2
             * - candidate default
Gateway of last resort is 1.1.1.2 to network 0.0.0.0
S*      0.0.0.0/0 [1/0] via 1.1.1.2
C       1.1.1.0/30 is directly connected, FastEthernet 1/0
C       1.1.1.1/32 is local host.
C       10.1.1.0/24 is directly connected, Tunnel 1
C       10.1.1.1/32 is local host.
C       192.168.1.0/24 is directly connected, FastEthernet 1/1
C       192.168.1.1/32 is local host.
R       192.168.2.0/24 [120/1] via 10.1.1.2, 00:00:29, Tunnel 1
```

显示 R2 上的 Tunnel 1 接口状态的相关代码如下。

```
R2#show interface tunnel 1
Tunnel 1 is UP, line protocol is UP       ! 隧道状态为 Up
Hardware is Tunnel
Interface address is: 10.1.1.2/24
    MTU 1472 bytes, BW 9 Kbit
    Encapsulation protocol is Tunnel, loopback not set
    Keepalive interval is 0 sec , no set
    Carrier delay is 0 sec
    RXload is 1 ,Txload is 1
    Tunnel source 2.2.2.1 (FastEthernet 1/1), destination 1.1.1.1
    Tunnel protocol/transport GRE/IP, key 0x12d687, sequencing disabled
    Checksumming of packets disabled    Queueing strategy: WFQ
    5 minutes input rate 31 bits/sec, 0 packets/sec
    5 minutes output rate 36 bits/sec, 0 packets/sec
      55 packets input, 3700 bytes, 0 no buffer
      Received 0 broadcasts, 0 runts, 0 giants
      0 input errors, 0 CRC, 0 frame, 0 overrun, 0 abort
      58 packets output, 3980 bytes, 0 underruns
0 output errors, 0 collisions, 0 interface resets
```

显示 R2 的路由表的相关代码如下。

```
R2#show ip route
Codes:   C - connected, S - static,   R - RIP
         O - OSPF, IA - OSPF inter area
         N1 - OSPF NSSA external type 1, N2 - OSPF NSSA external type 2
         E1 - OSPF external type 1, E2 - OSPF external type 2
         * - candidate default
Gateway of last resort is 2.2.2.2 to network 0.0.0.0
S*      0.0.0.0/0 [1/0] via 2.2.2.2
C       2.2.2.0/30 is directly connected, FastEthernet 1/1
C       2.2.2.1/32 is local host.
C       10.1.1.0/24 is directly connected, Tunnel 1
```

C	10.1.1.2/32 is local host.
R	192.168.1.0/24 [120/1] via 10.1.1.1, 00:00:20, Tunnel 1
C	192.168.2.0/24 is directly connected, FastEthernet 1/0
C	192.168.2.1/32 is local host.

第 9 步：验证测试主机的连通性。

在 PC1 上 ping PC2，可以 ping 通。

注意事项：

（1）GRE 协议隧道两端的密钥要匹配。

（2）GRE 协议隧道两端的源地址和目的地址相互对应，即 R1 的源地址为 R2 的目的地址，R2 的源地址为 R1 的目的地址。

（3）需要在 Tunnel 接口启用路由，而非连接互联网的接口。

13.5 训练任务

模拟总公司网络与分公司网络通过互联网相连。为了实现公司内的路由信息更新，总公司网络与分公司网络建立 GRE 协议隧道。

要求如下：

（1）绘制网络拓扑图。

（2）配置路由器，包括基本配置、路由配置、GRE 协议配置等。通过查看路由表情况，验证 GRE 协议配置是否正确。

练习题

简答题

（1）说明 GRE 协议主要用于解决什么问题及其应用环境。

（2）简述 GRE 协议工作原理。

（3）说明 GRE 协议的配置命令及配置步骤。

项目 14 IPSec

GRE 协议可以在 LAN 之间通过互联网建立隧道，实现网络之间的资源共享，但其不具备加密功能，在其隧道中传输的数据不受加密保护。为了实现在隧道中传输的数据包受到加密保护，可以使用 IPSec。

本项目介绍 IPSec 的定义、工作原理及相关配置命令。

知识点、技能点

1. 了解 IPSec 的定义。
2. 掌握 IPSec 的工作原理。
3. 掌握 IPSec 的配置命令的使用方法。

14.1 问题提出

某公司网络由分布在不同城市的总公司网络及分公司网络构成。根据公司业务需要，总公司与分公司之间需要建立 VPN 网络，以传输公司专用数据。VPN 网络利用 IPSec 实现。

14.2 相关知识

VPN（Virtual Private Network，虚拟专用网络）提供了一种通过公共网络安全地对企业内部专用网络进行远程访问的连接方式。利用 VPN 技术，企业内部网络之间的数据流可以安全、透明地传输，从而提高网络系统的安全性和服务质量，如图 14.1 所示。

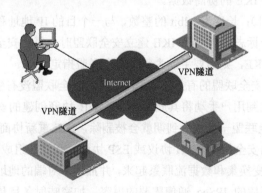

图 14.1 VPN 网络

VPN 提供的安全服务主要有以下 3 个方面。
- 机密性服务：保证通过公共网络（如互联网等）传输的信息即使被他人截获也不会泄露。
- 完整性服务：防止传输的数据被修改，保证数据的完整性、合理性。

● 验证服务：提供用户和设备的访问身份验证，鉴别用户真实身份，防止非法接入。

按照 VPN 在 TCP/IP 协议体系中的位置和实现方式的不同，可将其分为链路层 VPN、网络层 VPN 和传输层 VPN。

目前，常见的 VPN 实现方案有基于链路层的 VPN，如点对点隧道协议（PPTP）、二层转发协议（L2FP）、二层隧道协议（L2TP）等；基于网络层的 VPN，如 IP 安全协议（IPSec）；传输层 VPN，如安全套接字层协议（SSL）等。

实现 VPN 功能的关键技术是隧道协议，利用隧道协议可以实现数据封装。隧道协议包括二层隧道协议和三层隧道协议。二层隧道协议用于传输链路层协议；三层隧道协议用于传输网络层协议。下面主要介绍实现网络层 VPN 的三层隧道协议 IPSec。

1. IPSec 概述

IPsec（Internet Protocol Security，互联网安全协议）是一种采用开放标准的安全框架结构，基于 AH、ESP 等安全协议的网络层隧道协议。IPSec 能够在互联网协议（如 IP 协议）网络中建立保密、安全的隧道，实现身份验证、数据完整性检查、保密等安全功能。

启用了 IPSec 的两台设备在开始传递数据之前，它们之间通过协商创建安全联盟（Security Association，SA），以实现数据的安全传递。安全联盟既可以由管理员手动创建，也可以采用 IKE（Internet Key Exchange，互联网密钥交换协议）自动协商创建。

IPSec 中有两个主要的安全协议：AH（Authentication Header，认证头）协议和 ESP（Encapsulation Security Payload，封装安全有效载荷）协议。AH 协议提供源点身份鉴别和数据完整性检查，但不提供加密功能。ESP 协议比 AH 协议复杂得多，它除了提供源点身份鉴别及数据完整性检查，还提供加密功能。下面介绍几个主要术语。

（1）对等体（Peer）：是指启用了 IPSec 的设备或其他设备，如网关路由器、计算机等。

（2）安全联盟：为特定数据流提供安全服务的、具有某种约定的逻辑连接。这个逻辑连接中的约定参数包括特定的安全协议、安全算法、密钥及数据流描述。安全联盟分为 IPSec 安全联盟和 IKE 安全联盟两种。IPSec 安全联盟对数据提供 IPSec 保护，既可以由用户手动建立，也可以由 IKE 协商建立。IKE 安全联盟用于保护 IKE 的协商数据。

（3）SPI（安全参数索引）：长度为 32bit 的整数，与一个目的 IP 地址和一个安全协议类型结合可以构成一个安全联盟的唯一标志。当使用 IKE 建立安全联盟时，每个安全联盟的 SPI 都是一个唯一的随机数字。如果不使用 IKE，则需要手动为每个安全联盟指定 SPI。

（4）安全联盟生命期：安全联盟的有效期。手动建立的安全联盟没有生命期，也就是说该类型的安全联盟可以永久使用，直到用户手动将其删除为止。IKE 协商创建的安全联盟的生命期是与对端 IKE 实体协商出来的，安全联盟一旦生命到期就会被删除，IKE 重新协商新的安全联盟。

（5）变换集：描述了由安全协议（AH 协议或 ESP 协议）和算法组成的安全套件。

（6）加密映射条目：将变换集和数据流联系起来，并描述了对端的地址及通信所需的必要参数。它完整地描述了与远端对等体的 IPSec 通信需要的内容。加密映射条目是建立 IPSec 安全联盟必不可少的。

2. IPSec 工作过程

IKE 协商创建 IPSec 的过程如下。

（1）IPSec 的启动。当一个对等体向另一个对等体发送需要保护的数据流量时，IPSec 进程自动启动，也可以手动启动。

（2）建立 IKE 管理连接。当 IPSec 进程启动后，首先需要建立 IKE 管理连接，即 IKE 安全联盟。在这个阶段主要完成如下任务。

任务 1：策略协商。确认采用什么样的加密方法（AES-256、AES-192、AES-128、3DES、DES 等），采用什么样的完整性检查方法（SHA1、MD5 等），采用什么样的验证方法（KerberosV5、证书或预共享密钥等），采用什么样的创建密钥方法（DH Group14、DH Group2、DH Group1 等）。

任务 2：验证身份。设备之间通过相互交换对方身份信息验证对方身份，如共享密钥验证等。

任务 3：交换参数并创建管理密钥。IKE 的一个主要特性就是不在网络中传递密钥，只在网络中传递创建密钥需要的相关参数，由通信双方计算机根据交换的相关参数分别产生相同管理密钥。管理密钥主要用于对管理连接中交换的数据进行加密和解密。

在完成以上任务后，将建立一个安全的 IKE 管理连接，用于设备之间交换管理信息。管理连接是一种双向连接，两台设备之间可以使用该连接共享 IPSec 消息。

（3）建立 IPSec 数据连接。IKE 管理连接创建完成后，就可以创建 IPSec 数据连接了。在这个阶段主要完成如下任务。

任务 1：策略协商。确认 IPSec 采用什么样的安全协议（AH 协议、ESP 协议等），完整性与验证方法采用什么样的散列算法（MD5、SHA1 等），采用什么样的加密方法（AES-256、AES-192、AES-128、3DES、DES 等）。

任务 2：创建会话密钥。可以使用阶段（2）交换的相关参数建立会话密钥，也可以重新交换另一组相关参数，然后利用新的相关参数来创建会话密钥。会话密钥主要用于对参与会话连接的用户数据进行加密和解密。

任务 3：将 IKE 管理连接、密钥及 SPI 应用于驱动程序。SPI 是 IKE 管理连接的标志符，每对 IKE 管理连接都有唯一的 SPI 值。

在完成上述任务后，将建立一个安全的 IPSec 数据连接，用于传递用户数据信息。数据连接是一种单向连接，每个方向都需要建立一个单独的数据连接。

（4）传输数据。当 IPSec 数据连接创建完成后，对等体之间就可以通过该数据连接安全地传输用户数据。

3. IPSec 配置

IPSec 配置是为了建立 IPSec 安全联盟。创建 IPSec 安全联盟的方式有两种，即手动配置 IPSec 安全联盟及 IKE 协商自动创建 IPSec 安全联盟。手动配置 IPSec 安全联盟无须 IKE 介入，加密密钥由管理员手动设置，但需要指定更多的参数，安全性较低。当采用 IKE 自动协商方式创建 IPSec 安全联盟时，加密密钥由 IKE 产生，但需要对 IKE 参数进行配置，加密密钥可以定期自动协商更新，安全性较高。

IPSec 配置主要需要完成以下任务。

- 创建加密访问列表。加密访问列表用于定义敏感数据范围，告诉设备要保护什么样的数据流。当出现敏感数据流时启动 IPSec 保护功能。
- 定义变换集。变换集是安全协议、算法及封装模式的组合，告诉设备怎样保护敏感数据。当需要对数据进行保护时，对等体之间经协商采用一组相同的安全协议、算法及封装模式进行操作。
- 创建加密映射条目。创建加密映射条目就是将先前定义的加密访问列表和变换集关联起来，并定义密钥、对等体地址，形成一套完整的 IPSec 解决方案。
- 将加密映射条目应用到接口上。启动定义 IPSec 解决方案，使加密映射条目开始在接口上工作。
- 配置默认生命周期（可选）。可以通过相关命令修改系统默认的生命周期值。若无特别说明，IKE 将采用默认生命周期值进行协商，从而使 IPSec 安全联盟的生命周期不会超过默认生命周期的长度。
- 监视和维护 IPSec。查看和调整 IPSec 参数，确定 IPSec 是否正常工作。

（1）创建加密访问列表（必选）。

加密访问列表用于定义哪些数据流需要进行加密保护，哪些数据流不需要进行加密保护，即解决对哪些数据实施加密保护的问题。IPSec 加密映射条目指定的加密访问列表具有如下 4 种主要功能。
- 对于发送路由器，明确对满足设定条件的数据流是否进行 IPSec 加密保护，使用 permit 语句则进行加密保护，使用 deny 语句则不进行加密保护。
- 对于发送路由器，明确 IPSec 对什么样的数据流进行加密保护，使用 permit 语句定义需要加密保护数据流的范围。
- 对于接收路由器，加密访问列表对于应该受到 IPSec 加密保护而没有被保护的数据流进行过滤和丢弃处理。
- 在处理 IPSec 对等体发起的 IKE 协商时，确定是否接受代表所申请数据流的 IPSec 安全联盟申请（只有 ipsec-isakmp 加密映射条目需要协商）。必须确保两端对等体的访问列表匹配，建议两端对等体访问列表配置保持一致。

若要配置加密访问列表，可以在全局配置模式下执行如下命令：

ruijie(config)# access-list *access-list-number* {deny | permit}*protocol source source-wildcard destination destination-wildcard*

（*access-list-number* 为 ACL编号；*protocol* 为协议；*source* 为源地址；*destination* 为目的地址）

设备名称为ruijie，处于全局配置模式

其中，*access-list-number* 为加密访问列表编号；*protocol* 为定义的加密访问列表使用的协议类型；*source* 为源地址；*source-wildcard* 为源地址通配符；*destination* 为目标地址；*destination-wildacard* 为目标地址通配符。

加密访问列表使用数据流的通信协议、源地址、目的地址及通配符来描述数据流。使用 permit 语句将使满足指定条件的所有 IP 通信都受到相应加密映射条目中所描述策略的加密保护。使用 deny 语句可以防止通信受到特定加密映射条目的加密保护。

示例：创建加密访问列表保护子网 A（192.168.202.0/25）和子网 B（192.168.12.0/24）之间的所有 IP 通信，代码如下。

ruijie(config)#access-list 120 permit ip 192.168.12.0 0.0.0.255 192.168.202.0 0.0.0.255

示例：创建加密访问列表保护主机 A（2.2.2.2）和主机 B（2.2.2.1）之间的 IP 通信，代码如下。

ruijie(config)#access-list 101 permit ip host 2.2.2.2 host 2.2.2.1

示例：创建加密访问列表保护子网 A（192.168.12.0/24）和主机 C（202.101.11.3）之间的 TCP 通信，代码如下。

ruijie(config)#access-list 120 permit tcp 192.168.12.0 0.0.0.255 202.101.11.3 0.0.0.0

示例：创建加密访问列表保护主机 D（1.1.1.1）和主机 E（2.2.2.2）之间的 Telnet 通信，主机 E 提供 Telnet 服务。在设备上进行如下定义。

> ruijie(config)#access-list 133 permit tcp 1.1.1.1 0.0.0.0 2.2.2.2 0.0.0.0 eq telnet

在本地对等体上定义的所有加密访问列表都应该在远端对等体上定义镜像加密访问列表，否则会导致一些数据得不到保护或 IPSec 安全联盟无法建立。

（2）定义变换集（必选）。

变换集是 IPSec 使用的安全协议、算法及封装模式的组合，用于解决如何对加密数据进行保护的问题。在 IPSec 安全联盟协商过程中，对等体必须使用同一个特定的变换集来保护特定的数据流。

在加密映射条目中定义的变换集用于协商 IPSec 安全联盟，保护敏感数据流。在协商过程中，双方对等体会寻找双方都有的相同变换集。当找到一个这样的变换集时，该变换集将被选中，并作为双方对等体 IPSec 安全联盟共同使用的安全参数运用到受保护的通信中。

由于手动建立的安全联盟不协商参数，因此在两端对等体上必须指定一个具有相同参数的变换集。

改变变换集的定义并不会改变现存的安全联盟，这种改变只能应用于随后建立的新的安全联盟协商中。如果需要使新的设置立即生效，可以使用 clear crypto sa 命令将安全联盟数据库清除。

定义变换集的命令如下：

> ruijie(config)# crypto ipsec transform-set *transform-set-name transform1 [transform2 [transform3]]*

设备名称为 *ruijie* 处于全局配置模式，变换集名称，变换集组合

其中，*transform* 是系统支持的变换集。

常用的变换集及其说明如表 14.1 所示。

表 14.1　常用的变换集及其说明

变换集	说明
ah-md5-hmac	AH 协议，采用 MD5 HMAC 验证算法
ah-sha-hmac	AH 协议，采用 SHA HMAC 验证算法
esp-des	ESP 协议，采用 DES 加密算法
esp-3des	ESP 协议，采用 3DES 加密算法
esp-des esp-md5-hmac	ESP 协议，采用 DES 加密算法和 MD5 HMAC 验证算法
esp-des esp-sha-hmac	ESP 协议，采用 DES 加密算法和 SHA HMAC 验证算法
esp-3des esp-sha	ESP 协议，采用 3DES 加密算法和 SHA HMAC 验证算法
esp-3des esp-md5	ESP 协议，采用 3DES 加密算法和 MD5 HMAC 验证算法
ah-md5-hmac esp-des	AH 协议在外，采用 MD5 HMAC 验证算法；ESP 协议在内，采用 3DES 加密算法

在默认情况下，没有定义任何变换集。使用定义变换集命令的 no 选项可以删除某个变换集，如

> ruijie(config)# no crypto ipsec transform-set *transform-set-name*。

示例：定义一个名称为 myset 的变换集，保护方式为 ESP 协议，采用 DES 加密算法和 MD5 HMAC 验证算法，具体代码如下。

> ruijie(config)#crypto ipsec transform-set myset esp-des esp-md5-hmac

IPSec 提供两种封装模式，即传输（Transport）模式和隧道（Tunnel）模式。传输模式实现端到

端的通信。隧道模式实现站点到站点的通信。在变换集合配置模式下，可以修改 IPSec 的封装模式。修改 IPSec 封装模式的命令如下：

<u>ruijie(cfg-crypto-trans)</u>#mode {<u>tunnel</u> | <u>transport</u>}
　　设备名称为ruijie　　　　　隧道模式　　传输模式
　　处于变换集合配置模式

其中，tunnel 为隧道模式；transport 为传输模式。在默认情况下，系统为隧道模式。使用该命令的 no 选项可以恢复默认模式，如 ruijie(cfg-crypto-trans)# no mode。

设置的封装模式只对源地址和目标地址都是 IPSec 对等体的通信有效，对其他通信无效。

示例：指定变换集的封装模式为隧道模式，代码如下。
ruijie(config)#crypto ipsec transform-set myset esp-des esp-md5-hmac
ruijie(cfg-crypto-trans)#mode tunnel

（3）创建加密映射条目（必选）。

在完成加密访问列表和变换集配置的基础上，还需要配置加密映射条目。加密映射条目将加密访问列表、变换集与设备关联起来，用于解决在哪个设备上对哪些数据实施什么样的加密保护的问题。配置加密映射条目需要完成以下几个方面的任务。

① 明确哪些数据流应该受到 IPSec 加密保护，通过关联已配置好的加密访问列表来确定。

② 明确受到 IPSec 加密保护的数据流将被发送到哪里，即远端 IPSec 对等体的 IP 地址是什么。通过命令指定远端对等体的 IP 地址。

③ 明确用于 IPSec 通信的本地地址是什么。将加密映射集合应用到接口上，IPSec 使用通信接口的地址作为本地对等体的地址。

④ 明确 IPSec 对于受保护的数据流采取安全策略。从指定的一个或多个变换集中选择共同的安全协议、算法组合。

⑤ 安全联盟的生命周期是多少。如果没有特别设置，则采用默认的生命周期。

⑥ 安全联盟是手动建立还是通过 IKE 协商建立的，需要通过相关命令指定。

加密映射条目同加密访问列表一样，也可以由多条语句构成，具有相同加密映射条目名称（但映射序列号不同）的加密映射条目组成一个加密映射集。将加密映射集应用到接口上，这样所有通过该接口的敏感数据流都将被应用在接口上的加密映射集处理。

如果一个加密映射条目发现了应该受到保护的出站敏感数据流，并且加密映射指定了使用 IKE，则根据该加密映射条目所包含的参数与远端对等体进行安全联盟协商。如果加密映射条目指定了使用手动建立的安全联盟，那么一个安全联盟在进行配置时必须已经创建完成。无论是手动建立还是通过 IKE 协商建立的，只要安全联盟创建成功，数据将被加密传输，如果安全联盟协商失败，数据将被丢弃。

在加密映射条目中描述的策略将在安全联盟的协商过程中被使用。为了使两个 IPSec 对等体之间的 IPSec 创建工作能够顺利进行，两个对等体的加密映射条目必须包含互相兼容的配置语句。当两个对等体试图建立安全联盟时，双方都必须至少有一条加密映射条目和对方对等体的一条加密映射条目相互兼容，至少需要满足以下条件。

- 加密映射条目必须包含兼容的加密访问列表（如镜像映像访问列表）。

- 双方的加密映射条目都必须确定对方对等体地址（除非对等体正在使用动态加密映射）。
- 加密映射条目必须至少有一个相同的变换集。

安全联盟的加密映射条目既可以手动创建，也可以通过 IKE 协商创建，下面分别对其进行介绍。

方法一：手动创建安全联盟的加密映射条目。

第 1 步：创建加密映射条目。

指定要创建的加密映射条目，执行如下命令进入加密映射条目配置模式：

```
ruijie(config)#crypto map map-name seq-num ipsec-manual
```
（设备名称为ruijie，处于全局配置模式；map-name 加密映射条目名称；seq-num 加密映射条目序号）

其中，*map-name* 为加密映射条目的名称；*seq-num* 为加密映射条目的序列号；*ipsec-manual* 表示该映射条目用于手动创建 IPSec 安全联盟。在默认情况下，没有配置任何加密映射条目。使用该命令的 no 选项可以删除配置的加密映射条目，如 ruijie(config)# no crypto map map-name [seq-num]。

示例：手动创建一个名称为 mymap 的 IPSec 安全联盟，代码如下。

```
ruijie(config)#crypto map mymap 3 ipsec-manual
ruijie(config-crypto-map)#set peer 2.2.2.2
ruijie(config-crypto-map)#set session-key inbound esp 301 cipher abcdef1234567890
ruijie(config-crypto-map)#set sesession-key outbound esp 300 cipher abcdef1234567890
ruijie(config-crypto-map)#set transform-set myset
ruijie(config-crypto-map)#match address 101
```

第 2 步：指定受到 IPSec 加密保护的数据范围。

在进入加密映射条目配置模式后，使用访问列表定义哪些数据应该受到 IPSec 加密保护。这里指定的访问列表既用于出站通信也用于进站通信。若在出站时检测到匹配的数据，如果已经存在安全联盟，则对数据进行加密转发，如果没有建立安全联盟，将触发 IKE 协商创建安全联盟。若在进站时检测到匹配的数据，如果该数据已被加密，那么进行解密，如果是没有加密的数据，则直接丢弃。

指定加密映射条目关联的访问列表命令如下：

```
ruijie(config-crypto-map)# match address access-list-number
```
（设备名称为ruijie，处于加密映射条目配置模式；access-list-number 访问控制列表编号）

其中，*access-list-number* 为访问列表编号（100～199，2000～2699，2900～3899），加密映射条目只使用 IP 扩展访问列表。在默认情况下，加密映射条目没有指定的访问列表。使用该命令的 no 选项可以删除加密映射条目中的访问列表，如 ruijie(config-crypto-map)# no match address。

示例：通过访问列表 101 定义名称为 mymap 的加密映射条目的加密数据范围，代码如下。

```
ruijie(config)#crypto map mymap 4 ipsec-isakmp
ruijie(config-crypto-map)#match address 101
```

第 3 步：指定远端对等体的 IP 地址。

必须为使用的所有加密映射条目都指定一个远端对等体。指定加密映射条目中远端对等体的命令如下：

ruijie(config-crypto-map)# set peer {hostname | ip-address}

其中，hostname 为远端对等体的主机名称；ip-address 为远端对等体的 IP 地址。在默认情况下，不指定任何远端对等体。使用该命令的 no 选项可以删除加密映射条目中的远端对等体，如 ruijie(config-crypto-map)# no set peer { hostname | ip-address }。

示例：在加密映射条目 mymap 上指定一个远端对等体（2.2.2.2），代码如下。

ruijie(config)#crypto   map mymap 5 ipsec-isakmp
ruijie(config-crypto-map)#set peer 2.2.2.2

第 4 步：指定应用的变换集。

指定加密映射条目使用的变换集命令如下：

ruijie(config-crypto-map)# set transform-set transform-set-name1 [transform-set-name2] [...] [transform-set-name6]

其中，transform-set-name1 为变换集 1 的名称。最多可以为加密映射条目指定 6 个变换集。在默认情况下，没有指定任何变换集。使用该命令的 no 选项可以删除加密映射条目和变换集的关联，如 ruijie(config-crypto-map)# no set transform-set。

示例：指定加密映射条目的变换集为 myset，代码如下。

ruijie(config)#crypto ipsec transform-set   myset   esp-des esp-sha-hmac
ruijie(config)#crypto   map mymap 5 ipsec-isakmp
ruijie(config-crypto-map)#set transform-set myset

第 5 步：指定 SPI 和密码（手动配置 IPSec 安全联盟）。

上述指定的变换集中可以包含 AH 协议或 ESP 协议。AH 协议需要身份验证密码，ESP 协议需要身份验证密码及加密密码。另外，创建安全联盟需要使用 SPI 标志具体的安全联盟，以寻找合适的对等体建立 IPSec 安全联盟通信。对于 AH 协议和 ESP 协议，指定 SPI 和密码的命令不同。

对于 AH 协议，指定 SPI 及身份验证密码的配置命令如下：

ruijie(config-crypto-map)# set session-key { inbound | outbound} ah spi hex-key-data

其中，inbound 表示入站操作；outbound 表示出站操作；spi 为 SPI；hex-key-data 为十六进制密码。在默认情况下，不指定任何 SPI 和密码。使用该命令的 no 选项可以删除相关算法的 SPI 和密码，如 ruijie(config-crypto-map)# no set session-key { inbound | outbound} ah。

上述指定 SPI 和密码的命令只能在手动创建的 IPSec 安全联盟中使用。

示例：在加密映射条目 mymap 中指定 AH 协议使用的身份验证密码，代码如下。

ruijie(config)#crypto   map mymap 5 ipsec-manual
ruijie(config-crypto-map)#set session-key inbound ah 101 abcdef1234567890
ruijie(config-crypto-map)#set session-key outbound ah 100 abcdef1234567890

对于 ESP 协议，指定 SPI、加密密码及身份验证密码的命令如下：

```
ruijie(config-crypto-map)# set session-key { inbound | outbound} esp spi cipher hex-key-data[authenticator hex-key-data]
```
设备名称为 *ruijie*，处于加密映射条目配置模式；入站或出站操作；指定 SPI；十六进制表示的加密密码值；十六进制表示的验证密码值

其中，*inbound* 表示入站操作；*outbound* 表示出站操作；*spi* 为 SPI；*hex-key-data* 为十六进制加密密码；*hex-key-data* 为十六进制验证密码。

如果变换集包括 ESP 加密算法（如 DES、3DES、AES、SM1 和 3DES 等），则必须给出加密密码（cilher 后面的 hex-key-data 内容）。如果变换集包括 ESP 验证算法（如 SHA、MD5 等），则必须给出验证密码。这里的本地进站 SPI、协议和密码要与远端对等体的出站 SPI、协议和密码一致，反之亦然。

在默认情况下，不指定任何 SPI 和密码。使用指定 SPI、加密密码、身份验证密码命令的 no 选项可以删除相关算法的 SPI 和密码，如 ruijie(config-crypto-map)# no set session-key { inbound | outbound} esp。

上述指定 SPI 和密码的命令只能在手动创建的 IPSec 安全联盟中使用。

说明：hex-key-data 是十六进制的关键字，在进行具体配置时，只需要输入 1~9、a~f 的字符串即可，不用加 0x 标志。常用算法的密码长度及配置实例如表 14.2 所示。

表 14.2 常用算法的密码长度及配置实例

算法名称	密码长度（bit）	输入的十六进制字符串长度（按字节）	配置实例
DES	64	8	set session-key inbound esp 300 cipher abcdef1234567890
3DES	192	24	set session-key inbound esp 300 cipher abcdef1234567890 abcdef1234567890abcdef1234567890
AES	128	16	set session-key inbound esp 300 cipher abcdef1234567890abcdef1234567890
SM1	128	16	set session-key inbound esp 300 cipher abcdef1234567890abcdef1234567890
MD5	128	16	set session-key inbound esp 302 cipher abcdef1234567890 authenticator abcdef1234567890abcdef1234567890
SHA	160	20	set session-key inbound esp 302 cipher abcdef1234567890 authenticator abcdef1234567890abcdef1234567890abcd

示例：为加密映射条目 mymap 指定 ESP 使用的加密密码，代码如下。

```
ruijie(config)#crypto map mymap 5 ipsec-manual
ruijie(config-crypto-map)#set session-key inbound esp 301 cipher abcdef1234567890
ruijie(config-crypto-map)#set session-key outbound esp 300　cipher abcdef1234567890
```

示例：某网络中的路由器 A 和路由器 B 需要建立 IPSec 连接。

本地对等体（路由器 A）的配置如下。

定义一个变换集 myset 并创建访问控制列表，具体代码如下。

```
ruijie(config)#crypto ipsec transform-set myset esp-des
ruijie(config)#access-list 101 permit ip 192.168.12.0 0.0.0.255 192.168.202.0 0.0.0.255
```

定义一个手动加密映射条目 mymap，代码如下。

```
ruijie(config)#crypto map mymap 3 ipsec-manual
ruijie(config-crypto-map)#set peer 2.2.2.2
ruijie(config-crypto-map)#set session-key inbound esp 301 cipher abcdef1234567890
ruijie(config-crypto-map)#set session-key outbound esp 300 cipher abcdef1234567890
ruijie(config-crypto-map)#set transform-set myset
ruijie(config-crypto-map)#match address 101
ruijie(config-crypto-map)#
```

远端对等体（路由器 B）的配置如下。

定义一个变换集 myset 并创建访问控制列表，具体代码如下。

```
ruijie(config)#crypto ipsec transform-set myset    esp-des
ruijie(config)#access-list 101 permit ip 192.168.202.0 0.0.0.255 192.168.12.0 0.0.0.255
```

定义手动加密映射条目 mymap，代码如下。

```
ruijie(config)#crypto map mymap 3 ipsec-manual
ruijie(config-crypto-map)#set peer 2.2.2.1
ruijie(config-crypto-map)#set session-key inbound esp 300 cipher abcdef1234567890
ruijie(config-crypto-map)#set session-key outbound esp 301 cipher abcdef1234567890
ruijie(config-crypto-map)#set transform-set myset
ruijie(config-crypto-map)#match address 101
ruijie(config-crypto-map)#
```

方法二：通过 IKE 协商创建安全联盟的加密映射条目。

第 1 步：创建加密映射条目。

通过 IKE 协商创建安全联盟的加密映射条目的命令如下：

ruijie(config)#crypto map *map-name* *seq-num* **ipsec-isakmp**

设备名称为 *ruijie*，处于全局配置模式；加密映射条目名称；加密映射条目序号

其中，*map-name* 为加密映射条目的名称；*seq-num* 为加密映射条目的序列号；ipsec-isakmp 表示指定映射条目用于建立 IKE 协商的 IPSec 安全联盟。

互联网安全联盟与密码管理协议（Internet Security Association and Key Management Protocol，ISAKMP）是为 IPSec 提供的秘钥管理框架，并为安全属性的协商提供了协议支持，不同的秘钥管理算法都可以集成到这个框架中。

在默认情况下，没有配置任何加密映射条目。使用上述命令的 no 选项可以删除某个加密映射条目，如 ruijie(config)# no crypto map map-name [seq-num]。

示例：通过 IKE 协商创建 IPSec 安全联盟，代码如下。

```
ruijie(config)#crypto map mymap 4 ipsec-isakmp
ruijie(config-crypto-map)#set peer 2.2.2.2
ruijie(config-crypto-map)#set transform-set myset
ruijie(config-crypto-map)#match address 101
```

第 2 步：指定受到 IPSec 加密保护的数据范围。

同手动创建 IPSec 安全联盟的指定加密映射条目使用的访问列表命令。

第3步：指定远端对等体的 IP 地址。

同手动创建 IPSec 安全联盟的指定远端对等体的 IP 地址命令。

第4步：指定应用的变换集。

同手动创建 IPSec 安全联盟的指定应用的变换集命令。

在手动创建 IPSec 安全联盟时，需要手动设置 SPI 及密码。在通过 IKE 协商创建 IPSec 安全联盟时，不需要手动设置 SPI 及密码，但是需要对 IKE 进行相关配置。

（4）将加密映射条目应用到接口上。

在完成加密映射条目的配置后，需要将加密映射条目应用到接口上才能发挥其效用。将加密映射条目应用到接口上的配置命令如下：

ruijie(config-if)#crypto map *map-name*

（*map-name* 为加密映射条目名称；设备名称为ruijie，处于接口配置模式）

其中，*map-name* 为加密映射条目名称。在默认情况下，没有任何加密映射条目应用到接口上。使用该命令的 no 选项可以在一个接口上取消加密映射条目的关联，如 ruijie(config-if)#no crypto map [*map-name*]。

一个接口只能同时应用一个加密映射条目，而加密映射条目能同时应用到多个接口上。在处理通过此接口的 IPSec 通信时，将使用此接口的 IP 地址作为本地设备地址。

示例：将名称为 mymap 的加密映射条目应用到 S2/0 接口上，代码如下：

ruijie(config)#interface serial 2/0
ruijie(config-if)#crypto map mymap

（5）配置默认生命周期（可选）。

IPSec 安全联盟加密通信是建立在使用共享密钥的基础之上的。为了确保安全，安全联盟将在经过一定时间或通信量后超时，并重新协商，使用新的共享密钥。当设备在进行安全联盟协商时，使用对等体提议和本地设备配置的生命周期值中较小者作为新安全联盟的生命周期。

安全联盟生命周期有两种：按时间计算的生命周期和按通信量计算的生命周期。无论这两种生命周期中的哪种先到期，安全联盟都将超时。如果修改了生命周期，则改变的生命周期只在新协商的安全联盟出现时才生效，不会影响现存安全联盟。如果需要使新的生命周期立即生效，可以使用 clear crypto sa 命令清除现运行的安全联盟，重新建立新的安全联盟。

配置默认的生命周期的命令如下：

ruijie(config)#crypto ipsec security-association lifetime {seconds *seconds* |kilobytes *kilobytes*}

（超时时间（s）；超时通信量（千字节）；设备名称为ruijie，处于全局配置模式）

其中，*seconds* 为安全联盟超时时间（s），默认值为 3600s，可以配置为 0，表示不启用时间超时功能。*kilobytes* 为安全联盟的超时通信量（以千字节计），默认值为 4608 千字节（以每秒 10 兆字节的速度持续通信 1 小时），可配置为 0，表示不启用字节超时功能。使用该命令的 no 选项可以将生命周期值恢复为默认值，如 ruijie(config)#no crypto ipsec security-association lifetime {seconds|kilobytes }。

示例：将 IPSec 安全联盟的时间周期设为 2500s，通信量生命周期设为 2304 千字节（以每秒 5 兆字节的速率通信半小时），具体代码如下：

```
ruijie(config)#crypto ipsec security-association lifetime second 2500
ruijie(config)#crypto ipsec security-association lifetime kilobytes 2304000
```

安全联盟的生命周期越短，攻击者用来进行分析的同一密钥加密的数据越少，则破解密钥的攻击越难成功。但是，生命周期越短，用于建立新安全联盟的 CPU 处理时间就越多。手动建立的安全联盟是没有生命周期的。

生命周期的工作原理如下。

经过了一定时间（由 seconds 关键字指定）或已通信了一定字节的数据通信量（由 kilobytes 关键字指定），这两件事情无论哪件先发生，安全联盟及相应的密钥都将超时。新的安全联盟在原有安全联盟的生命周期极限值到达以前就开始进行协商，以确保当原有安全联盟超时的时候，已经存在一个可以使用的新的安全联盟。新的安全联盟在时间生命周期超时前 30s，或者经由这条隧道的数据通信量距通信量生命周期还有 256 字节时开始进行协商（根据哪个先发生）。如果在一个安全联盟的整个生命周期中都没有通信经过这条隧道，那么当此安全联盟超时的时候不会进行新安全联盟的协商。相应地，新的安全联盟只有在 IPSec 发现存在应该受到保护的分组时才开始进行协商。

时间生命周期和通信量生命周期不能同时为零，否则无法成功协商。本地配置不检查，需要用户自己保证。

清除现有的安全联盟的命令如下：

```
ruijie#clear crypto ipsec sa
```
*设备名称为*ruijie*处于特权模式*

若使用上述命令清除现有的安全联盟，将引起所有现存的安全联盟立即中断，而之后的安全联盟将使用新的生命周期，否则，所有现存的安全联盟将依据原来配置的生命周期超时。

示例：清除所有安全联盟，代码如下。

```
ruijie#clear crypto sa
```

（6）监视和维护 IPSec。

某些配置改变只能在协商后续安全联盟时生效。如果需要使新的设置立即生效，则必须删除现存的安全联盟。对于手动建立的安全联盟，必须删除和重新建立，否则改变永远都不会生效。

① 删除（并重新发起）IPSec 安全联盟的命令如下：

```
ruijie#clear crypto sa
```
*设备名称为*ruijie*处于特权模式*

执行上述命令会清空整个安全联盟数据库，也将删除所有活动的安全线程。

```
ruijie#clear crypto sa peer { ip-address | peer-name }
```
对等体IP地址或主机名称

*设备名称为*ruijie*处于特权模式*

执行上述命令会清空有特定对等体地址的安全联盟。

ruijie#clear crypto sa map *map-name*

映射条目名称

设备名称为ruijie处于特权模式

执行上述命令会清空特定加密映射条目的安全联盟。

ruijie#clear crypto sa spi *destination-address* {*ah* | *esp*} *spi*

设备名称为ruijie处于特权模式　*对等体IP地址*　*安全协议*　*SPI*

执行上述命令会清空特定对等体 IP 地址及 SPI 的安全联盟。

② 查看 IPSec 的配置信息的命令如下：

ruijie#show crypto ipsec transform-set

设备名称为ruijie处于特权模式

使用上述命令可以查看变换集的配置信息。

示例：使用 show crypto ipsec transform-set 命令显示变换集的配置信息，具体如下。

```
ruijie#show crypto ipsec transform-set
transform set myset3: { esp-des,}
    will negotiate = {Tunnel,}
```

ruijie#show crypto map [*map-name*]

映射条目名称

设备名称为ruijie处于特权模式

使用上述命令可以查看全部或指定的加密映射条目信息。

示例：显示全部加密映射条目信息，代码如下。

```
ruijie#show crypto map
  Crypto Map:"mymap1" 1 ipsec-isakmp, (Complete)
        Extended IP access list 100
        Security association lifetime: 0 kilobytes/120 seconds(id=2)
        PFS (Y/N): N
        Transform sets = { myset3,  }
        Interfaces using crypto map mymap1:
             GigabitEthernet 1/1/0
```

ruijie#show crypto ipsec sa

设备名称为ruijie处于特权模式

使用上述命令可以查看 IPSec 安全联盟信息。

示例：显示 IPSec 安全联盟信息，代码如下。

```
ruijie#show crypto ipsec sa
Interface: GigabitEthernet 1/0/0
    Crypto map tag:mymap, local addr 2.2.2.3     //目前的加密映射条目名称为 mymap，使用本地地址 2.2.2.3
    media mtu 1500
```

```
===================================
    sub_map type:static, seqno:7, id=0
    local    ident (addr/mask/prot/port): (2.2.2.3/0.0.0.0/0/0)
    remote   ident (addr/mask/prot/port): (2.2.2.2/0.0.0.0/0/0)
    PERMIT //保护 2.2.2.3 和 2.2.2.2 之间的通信
            #pkts encaps: 0, #pkts encrypt: 0, #pkts digest 0
            #pkts decaps: 0, #pkts decrypt: 0, #pkts verify 0
    #send errors 0, #recv errors 0
```
//统计数据，依次为封装包数、加密包数、摘要包数、拆封包数、解密包数、验证包数、发送错误，接收错误

```
        Inbound esp sas: //进入包处理的安全联盟，协议为 ESP
            spi:0x79b8e4bb (2042160315) //SPI 的值为 2042160315
            transform: esp-3des //变换集为 ESP-3DES
            in use settings={Tunnel,} //通道模式
            crypto map mymap 7
            sa timing: remaining key lifetime (k/sec): (4607000/3505)
            //距安全联盟的生命周期到期还有 4607000 千字节/3505s
            IV size: 8 bytes        //IV 向量长度为 8
        max reply windows size: 0
        Replay detection support:Y //抗重播处理

        Outbound esp sas:    //外出包处理的安全联盟，协议为 ESP
            spi:0x293b8b55 (691768149) //SPI 的值为 691768149
            transform: esp-3des    //变换集为 ESP-3DES
            in use settings={Tunnel,} //通道模式
            crypto map mymap 7
            sa timing: remaining key lifetime (k/sec): (4607000/3505)
            //距安全联盟的生命周期到期还有 4607000 千字节/3505s
            IV size: 8 bytes        //IV 向量长度为 8
        max reply windows size: 0
        Replay detection support:Y    //抗重播处理
```

4. IKE 配置

IKE 与 IPSec 结合使用。若 IPSec 配置为通过 IKE 协商创建安全联盟，当在接口上检测到敏感数据流时，IPSec 触发本地 IKE 和远端对等体 IKE 进行协商，在对等体之间建立 IKE 安全联盟。通过 IKE 安全联盟传递 IKE 支持的各种 IPSec 参数，最终在两端对等体上创建一致的 IPSec 安全联盟，实现对外出数据包的保护。经过一段时间，IPSec 安全联盟的生命周期到达，如果还有符合要求的数据需要传送，双方的 IKE 将重新开始协商 IPSec，这样周而复始。

使用 IKE 能够避免在通信双方的加密映射条目中手动指定所有的 IPSec 参数和密钥；能指定 IPSec 安全联盟的生命周期；使 IPSec 定期更换密钥，增加了安全性；使 IPSec 能提供抗重播服务。

IKE 配置任务包括以下几个方面。

- 启动 IKE。在使用 IKE 时，确保 IKE 正在工作，而没有被关闭。

- 确保加密访问列表与 IKE 兼容。如果设备配置了加密访问列表，确保没有将 IKE 的通信流禁止。
- 选择工作模式。IKE 协商存在两种工作模式，即主模式和积极模式。在某些文献中，积极模式也称野蛮模式。
- 创建 IKE 策略。指定 IKE 使用的参数。
- 配置预共享密钥。配置 IKE 和对等体之间共同的密钥。
- IKE 维护（可选）。对 IKE 进行维护，查看参数，确认 IKE 正常工作。

（1）开启 IKE。

在默认情况下，IKE 功能是打开的。如果不需要结合使用 IKE 与 IPSec，可以使用相关命令关闭 IKE，但此时只有手动创建的 IPSec 安全联盟才能工作。

执行以下命令启动 IKE：

ruijie(config)#crypto isakmp enable

设备名称为 ruijie
处于全局配置模式

使用该命令的 no 选项可以关闭 IKE，如 ruijie(config)# no crypto isakmp enable。

示例：启动 IKE，代码如下。

ruijie(config)#crypto isakmp enable

（2）确保 IKE 流量通过。

IKE 是运行在 UDP 上的应用程序，其通信报文为 UDP 数据，接口为 500。如果在设备上配置了加密访问列表（防火墙），并将 IKE 通信报文禁止，将导致 IKE 协商失败。所以，必须确保 IKE 的通信报文没有被禁止。

（3）选择 IKE 工作模式。

IKE 协商过程分为以下两个阶段。

第一阶段：实现在两个 ISAKMP 实体之间建立安全的、经过验证的通道进行通信。该阶段采用的模式有主模式和积极模式。

第二阶段：主要协商代表服务的安全联盟。

在默认的情况下，采用主模式，但在 IP 地址不固定的情况下，可以使用积极模式。

配置 IKE 工作模式的命令如下：

工作模式选项

ruijie(config-crypto-map)# set exchange-mode *{main | aggressive}*

设备名称为 ruijie
处于加密映射条目配置模式

其中，*main* 为主模式；*aggressive* 为积极模式。使用该命令的 no 选项可以恢复默认模式，如 ruijie(config-crypto-map)#no set exchange-mode。

示例：设置 IKE 的工作模式为积极模式，代码如下。

ruijie(config)#crypto map mymap 10   ipsec-isakmp
ruijie(config-crypto-map)#set exchange-mode aggressive

（4）创建 IKE 策略。

参与 IKE 协商的双方至少拥有一套一致的 IKE 策略，这是 IKE 协商成功的必要条件。必须在每台对等体上创建多个具有不同优先级的策略,以确保至少有一个策略能够匹配远端对等体的策略。在每个 IKE 策略中定义如表 14.3 所示的 5 个参数。

当 IKE 协商开始时,IKE 会试图寻找在两个对等体上一致的策略。发起协商的一方将策略全部发送给远端响应方,响应方在接收到的另一端对等体的策略中按优先级顺序寻找与本地匹配的策略。

表 14.3 IKE 策略参数表

参　数	关　键　字	可　取　值	默　认　值
加密算法	des	56bit DES-CBC	56bit DES-CBC
	3des	168bit 3DES-CBC	
HASH 算法	sha	SHA-1(HMAC 变体)	SHA-1(HMAC 变体)
	md5	MD5(HMAC 变体)	
验证方法	pre-share	预共享密钥	数字签名
	rsa-sig	数字签名	
Diffie-Hellman 组标志	1	768bit Diffie-Hellman 组	768bit Diffie-Hellman 组
	2	1024bit Diffie-Hellman 组	
IKE 安全联盟的生命周期	空	1 分钟到一天内的秒数	一天(86400 s)

当协商双方的策略均包括相同的加密算法、HASH 算法、验证方法及 Diffie-Hellman 参数值,并且远端对等体的策略所指定的生命周期小于或等于所比较的策略生命周期时做出匹配选择(如果没有指明生命周期,则将使用较短的远端对等体的策略生命周期)。如果没有发现可接受的匹配策略,IKE 拒绝协商,也就不会建立 IPSec 安全联盟。如果找到一种匹配的策略,IKE 将完成协商,并且创建 IPSec 安全联盟。

可以在安全性和性能之间进行平衡,选择需要协商的每个参数值。

- 加密算法:当前支持 56bit DES-CBC,168bit 3DES-CBC,128bit AES-CBC,128bit SM1-CBC。
- HASH 算法:SHA-1 和 MD5。MD5 的摘要信息较少,运算速度通常比 SHA-1 稍快一些,SHA-1 安全性更高。
- 验证方法:RGOS 目前支持预共享密钥验证和数字签名验证。预共享密钥验证双方需要配置正确的预共享密钥。数字签名验证双方需要正确配置证书(可自行参阅相关资料了解证书配置过程及配置命令)。
- Diffie-Hellman 组标志有两个选项:768bit Diffie-Hellman 组和 1024bit Diffie-Hellman 组。1024bit Diffie-Hellman 组较难攻克,但会占用更多的 CPU 时间。
- IKE 安全联盟的生命周期不同于 IPSec 安全联盟的生命周期,前者指的是 IKE 参数协商的有效期,可以设置为任意值。生命周期越短,IKE 协商越安全。

配置 IKE 策略的步骤如下:

第 1 步:创建 IKE 策略。为了配置 IKE 策略中的相关参数,需要创建一条具有一定优先级的策略语句,并进入 IKE 策略配置模式。创建 IKE 策略的命令如下:

IKE策略的优先级

ruijie(config)#crypto isakmp policy *priority*

设备名称为ruijie
处于全局配置模式

其中，*priority* 为 IKE 策略的优先级，取值范围为 1～10000 的整数，1 表示最高优先级，10000 表示最低优先级。在默认情况下，没有配置优先级。使用该命令的 no 选项可以删除某个优先级的策略，如 ruijie(config)# no crypto isakmp policy priority。

可以创建多个 IKE 策略，每个策略对应不同的参数值组合（如加密、HASH、验证及 Diffie-Hellman 等）。需要为创建的每一个策略分配唯一的优先级，从优先级高的开始检查匹配情况。如果不配置任何策略，则设备使用默认策略，该策略被设为最低优先级，并包含每个参数的默认值。

示例：配置一个优先级为 100 的 IKE 策略，代码如下。

ruijie(config)#crypto isakmp policy 100
ruijie(isakmp-policy)#authentication pre-share
ruijie(isakmp-policy)#encryption des
ruijie(isakmp-policy)#group   2
ruijie(isakmp-policy)#hash   sha
ruijie(isakmp-policy)#

第 2 步：指定加密算法。IKE 安全联盟需要指定对联盟传输数据进行加密的加密算法，该加密算法不同于 IPSec 安全联盟的加密算法。指定 IKE 安全联盟加密算法的命令如下：

IKE策略的加密算法

ruijie(isakmp-policy)#encryption *{des|3des|aes-128|aes-192|aes-256|sm1}*

设备名称为ruijie
处于IKE策略配置模式

其中，*des* 表示指定 56bit 的 DES-CBC 作为加密算法；*3des* 表示指定 168bit 的 3DES-CBC 作为加密算法；*aes-128* 表示指定 128bit 的 AES 作为加密算法；*aes-192* 表示指定 192bit 的 AES 作为加密算法；*aes-256* 表示指定 256bit 的 AES 作为加密算法；*sm1* 表示指定 128bit 的 SM1 作为加密算法。在默认情况下，指定 56bit 的 DES-CBC 作为加密算法。使用该命令的 no 选项可以恢复默认值，如 ruijie(isakmp-policy)# no encryption。

示例：指定 IKE 策略中的加密算法为 DES，代码如下。

ruijie(config)#crypto   isakmp policy 10
ruijie(isakmp-policy)#encryption des

第 3 步：指定 HASH 算法。指定 IKE 策略中的 HASH 算法的配置命令如下：

IKE策略的HASH算法

ruijie(isakmp-policy)#hash *{sha | md5}*

设备名称为ruijie
处于IKE策略配置模式

其中，*sha* 表示指定 SHA-1（HMAC 变体）作为 HASH 算法；*md5* 表示指定 MD5（HMAC 变体）作为 HASH 算法。在默认情况下，SHA-1 为指定 HASH 算法。使用该命令的 no 选项可以将 HASH 算法恢复为默认值，如 ruijie(isakmp-policy)# no hash。

示例：指定 IKE 策略中的 HASH 算法为 MD5，代码如下。

```
ruijie(config)#crypto    isakmp policy 10
ruijie(isakmp-policy)#hash md5
```

第 4 步：指定验证方法。目前，IKE 策略默认采用数字签名验证，如果希望采用预共享密钥验证方式则需要增加一个 IKE 策略（配置成预共享方式）。digital-email 验证模式仅用于在特殊场合下与通过 SM1 算法验证的设备互通，发起端需要预先配置对端证书。指定 IKE 策略的验证方法的命令如下：

ruijie(isakmp-policy)#authentication {pre-share | rsa-sig | digital-email}

（设备名称为 ruijie 处于 IKE 策略配置模式）

其中，pre-share 为预共享密钥验证；rsa-sig 为数字签名验证；digital-email 为数字信封验证（来自《IPSec VPN 技术规范》）。在默认情况下，8.31 版本以后的 RGOS 为数字签名验证，8.31 版本以前的 RGOS 为预共享密钥验证。使用该命令的 no 选项可以恢复默认验证方法，如 ruijie(isakmp-policy)#no authentication。

示例：指定 IKE 策略中的验证方法为预共享密钥验证，代码如下。

```
ruijie(config)#crypto    isakmp policy 10
ruijie(isakmp-policy)#authentication pre-share
```

第 5 步：指定 Diffie-Hellman 组标志。指定 IKE 策略中的 Diffie-Hellman 组标志的命令如下：

ruijie(isakmp-policy)#group {1 | 2}

（设备名称为 ruijie 处于 IKE 策略配置模式）

其中，1 表示指定 768bit Diffie-Hellman 组；2 表示指定 1024bit Diffie-Hellman 组。在默认情况下，指定 768bit Diffie-Hellman 组（group 1）。使用该命令的 no 选项可以恢复默认的 Diffie-Hellman 组标志，如 ruijie(isakmp-policy)# no group。

示例：指定 IKE 策略的 Diffie-Hellman 组为 1024bit，代码如下。

```
ruijie(config)#crypto    isakmp policy 10
ruijie(isakmp-policy)#group 2
```

第 6 步：指定 IKE 安全联盟的生命周期。当 IKE 开始协商时，首先使其对话在安全参数上达成一致。这些一致的参数就在每个对等体上由 IKE 安全联盟引用，在每个对等体上保留直到 IKE 安全联盟生命周期超时。配置 IKE 安全联盟生命周期的命令如下：

ruijie(isakmp-policy)#lifetime seconds

（设备名称为 ruijie 处于 IKE 策略配置模式）

其中，seconds 为 IKE 安全联盟生命周期值（s），取值范围为 60～86400 的整数。在默认情况下，IKE 安全联盟生命周期值为 86400s（1 天）。使用该命令的 no 选项可以将生命周期值恢复为默认值，如 ruijie(isakmp-policy)# no lifetime。

示例：设置 IKE 安全联盟的生命周期为 1000s，代码如下。

```
ruijie(config)#crypto    isakmp policy 10
ruijie(isakmp-policy)#lifetime 1000
```

（5）配置预共享密钥。

由于预共享密钥是参与 IKE 协商的两个对等体之间共有的密钥，因此每个预共享密钥对应一对 IKE 对等体。为了安全起见，可以在不同的对等体对之间配置不同的密钥。

在全局配置模式下使用如下命令配置预共享密钥：

ruijie(config)#crypto isakmp key { 0 | 7 } keystring { hostname peer-hostname |address peer-address [mask] }

设备名称为 ruijie 处于全局配置模式；明文或密文；密钥字符串；远端主机名称；远端主机 IP 地址及掩码

其中，0 表示密钥显示为明文；7 表示密钥显示为密文；keystring 为预共享密钥字符串，最长可以使用 128 个字符；peer-hostname 为远端对等体的主机名；peer-address 为远端对等体的 IP 地址；mask 为指定的 IP 地址为一个网段的地址时的子网掩码。在默认情况下，没有指定任何预共享密钥。使用该命令的 no 选项可以删除指定的预共享密钥，如 ruijie(config)#no crypto isakmp key { 0 | 7 } keystring { hostname peer-hostname |address peer-address [mask] }。

如果采用 hostname 标志对端身份，需要使用如下命令指定该 hostname 所对应的 IP 地址。

ruijie(config)#ip host *hostname address*

IKE 一般使用预共享密钥方式协商。若要使 IKE 成功建立 IKE 安全联盟，则必须使用上述命令在进行通信的两个对等体上配置相同的预共享密钥。如果指定的对等体为一个网段，采用 mask 来标志它的子网掩码。

示例：指定与对等体 172.16.1.1 进行 IKE 协商的预共享密钥为 mysecret，代码如下。

ruijie(config)#crypto isakmp key 0　mysecret address 172.16.1.1

（6）IKE 维护。

显示 IKE 安全联盟相关信息的命令如下：

ruijie#show crypto isakmp sa

设备名称为 ruijie 处于特权模式

示例：显示 IKE 安全联盟信息，代码如下。

```
ruijie#show crypto   isakmp sa
  destination    source      state       conn-id    lifetime(second)
  1.1.1.1        1.1.1.2     IKE_IDLE    59         32254
```

显示 IKE 策略参数的命令如下：

ruijie#show crypto isakmp policy

设备名称为 ruijie 处于特权模式

示例：显示 IKE 策略参数信息，代码如下。

```
ruijie#show crypto isakmp policy
Protection suite of priority 9
  encryption   algorithm:      3DES - Data Encryption Standard (56 bit keys)
  hash algorithm:              Message Digest 5
  authentication method:       Pre-Shared Key
  Diffie-Hellman group:        #2 (1024 bit)
  lifetime:                    1000 seconds
Protection suite of priority 10
  encryption   algorithm:      DES - Data Encryption Standard (56 bit keys)
```

```
    hash algorithm:            Message Digest 5
    authentication method:     Pre-Shared Key
    Diffie-Hellman group:      #2 (1024 bit)
    lifetime:                  1000 seconds
Default protection suite
    encryption algorithm:      DES - Data Encryption Standard (56 bit keys)
    hash algorithm:            Secure Hash Standard
    authentication method:     Rsa-Sig
    Diffie-Hellman group:      #1 (768 bit)
    lifetime:                  86400seconds
```

清除 IKE 安全联盟的命令如下：

ruijie#clear crypto isakmp *[connection-id]*

设备名称为ruijie处于特权模式

其中，connection-id 为 IKE 安全联盟的 ID 号。如果没有使用 connection-id 参数，则该命令清除所有存在的 IKE 安全联盟。

5. 配置实例

某公司的总公司网络地址为 202.126.101.0/24，分公司网络地址为 67.151.69.0/24。总公司网络与分公司网络通过互联网建立 IPSec 连接，保护两个子网之间的 IP 数据通信，路由器 R1 作为子网 202.126.101.0 的网关，路由器 R2 作为子网 67.151.69.0 的网关，如图 14.2 所示。

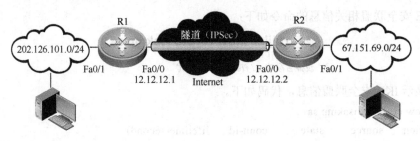

图 14.2　IPSec 应用实例

要求如下：
- 阶段一协商采用 3DES 算法加密。
- 采用隧道模式。
- 保护方式为 ESP-DES-MD5（提供加密和验证服务）。

R1 的参数配置如下。

（1）配置 IKE 安全联盟。

第 1 步：开启 IKE，代码如下。

```
R1(config)#crypto isakmp enable
```

第 2 步：配置 IKE 策略，代码如下。

```
R1(config)#crypto isakmp policy 1
R1(config-isakmp)#authentication pre-share
R1(config-isakmp)#encryption 3des
```

R1(config-isakmp)#
第3步：配置 IKE 预共享密钥。
R1(config)#crypto isakmp key preword address 12.12.12.2
（2）配置 IPSec 安全联盟。
第1步：配置变换集，代码如下。
R1(config)#crypto ipsec transform-set myset   esp-des esp-md5-hmac
第2步：定义一个加密映射条目，代码如下。
R1(config)#crypto map mymap   5   ipsec-isakmp
R1(config-crypto-map)#set peer 12.12.12.2
R1(config-crypto-map)#set transform-set myset
R1(config-crypto-map)#match address 101
R1(config-crypto-map)#
（3）配置接口 IP 地址及应用加密映射条目，代码如下。
R1(config)#interface FastEthernet 0/0
R1(config-if)#ip address 12.12.12.1 255.255.255.0
R1(config-if)#no shutdown
R1(config-if)#crypto map mymap
R1(config-if)#exit
R1(config)#interface FastEthernet 0/1
R1(config-if)#ip address 202.126.101.1 255.255.255.0
R1(config-if)#no shutdown
R1(config-if)#
（4）定义加密访问列表，代码如下。
R1(config)#access-list 101 permit ip 202.126.101.0 0.0.0.255   67.151.69.0 0.0.0.255
（5）设置默认路由，代码如下。
R1(config)#ip route 0.0.0.0 0.0.0.0 Fa 0/0
R1(config)#
R2 的参数配置如下。
（1）配置 IKE 安全联盟。
第1步：开启 IKE，代码如下。
R2(config)#crypto isakmp enable
第2步：配置 IKE 策略，代码如下。
R2(config)#crypto isakmp policy 1
R2(config-isakmp)#authentication pre-share
R2(config-isakmp)#encryption 3des
R2(config-isakmp)#
第3步：配置 IKE 预共享密钥，代码如下。
R2(config)#crypto isakmp key preword address 12.12.12.1
（2）配置 IPSec 安全联盟。
第1步：配置变换集，代码如下。
R2(config)#crypto ipsec transform-set myset   esp-des esp-md5-hmac
第2步：定义一个加密映射条目，代码如下。

```
R2(config)#crypto map mymap  5   ipsec-isakmp
R2(config-crypto-map)#set peer 12.12.12.1
R2(config-crypto-map)#set transform-set   myset
R2(config-crypto-map)#match address 101
R2(config-crypto-map)#
```

(3) 配置接口 IP 地址及应用加密映射条目，代码如下。

```
R2(config)#interface FastEthernet 0/0
R2(config-if)#ip address 12.12.12.2 255.255.255.0
R2(config-if)#no shutdown
R2(config-if)#crypto map mymap
R2(config-if)#
R2(config)#interface FastEthernet 0/1
R2(config-if)#ip address 67.151.69.1 255.255.255.0
R2(config-if)#no shutdown
R2(config-if)#
```

(4) 定义加密访问列表，代码如下。

```
R2(config)#access-list 101 permit ip 67.151.69.0 0.0.0.255 202.126.101.0 0.0.0.255
```

(5) 设置默认路由，代码如下。

```
R2(config)#ip route 0.0.0.0 0.0.0.0 Fa 0/0
R2(config)#
```

14.3　扩展知识

▶ 1．AH 协议

AH（Authentication Header，验证头）协议为 IP 通信提供数据源验证、数据完整性和抗重播保证，能保护通信免受篡改，但不能防止窃听，适用于传输非机密数据。AH 协议在工作时，在每个数据包上添加一个身份验证报头。每个身份验证报头包含一个带密钥的 HASH 散列（可以将其当作数字签名，不使用证书），此 HASH 散列在整个数据包中计算，因此对数据的任何更改将使散列无效，这样就提供了完整性保护。

（1）AH 协议报头。

AH 协议为了实现身份验证、数据完整性和抗重播功能，依据被保护的 IP 数据包构建 AH 协议报头。AH 协议报头结构如图 14.3 所示。

图 14.3　AH 协议报头结构

下一个报头（Next Header）：识别下一个使用 IP 协议号的报头。例如，下一个报头的值等于"6"，表示紧接其后的是 TCP 报头。

长度（Length）：AH 协议报头长度。

SPI：安全联盟的唯一标志号，32 位伪随机值。SPI 值为 0 被保留，表示没有创建安全联盟。

序列号（Sequence Number）：从 1 开始的 32 位单增序列号，不允许重复，唯一地标志了每个发送数据包，为安全联盟提供抗重播保护。接收端校验序列号为该字段值的数据包是否已经被接收过，若是，则拒收该数据包。

验证数据（Authentication Data）：包含完整性检验和。接收端在接收到数据包后，首先执行 HASH 计算，再与发送端所计算的该字段值比较，若两者相等，表示数据完整，若在传输过程中数据遭到修改，两个计算结果不一致，则丢弃该数据包。

（2）传输模式下的 AH 协议。

在传输模式下，AH 协议对 IP 数据包的数据部分及 IP 报头固定字段内容进行 MD5 或 SHA-1 完整性计算，产生验证数据（HASH 检验和）。也可以说，AH 协议在传输模式下，只对数据包及 IP 报头固定字段内容进行完整性保护。在传输模式下，AH 协议将 AH 协议报头添加到原 IP 报头与 IP 数据包数据部分之间。传输模式下的 AH 协议数据结构如图 14.4 所示。

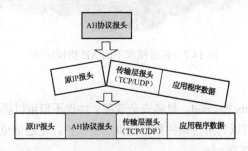

图 14.4　传输模式下的 AH 协议数据结构

从图 14.4 中可以看出，在传输模式下，IP 数据包的首部 IP 地址没有发生变化。传输模式适用于端到端的数据传输。传输模式下的 AH 协议应用如图 14.5 所示。

图 14.5　传输模式下的 AH 协议应用

（3）隧道模式下的 AH 协议。

在隧道模式下，AH 协议对整个 IP 数据包进行 MD5 或 SHA-1 完整性计算，产生验证数据（HASH 检验和）。也可以说，AH 协议在隧道模式下，只对整个 IP 数据包进行完整性保护。在隧道模式下，AH 协议将 AH 协议报头封装在 IP 数据包前面，然后重新封装一个新的 IP 报头。隧道模式下的 AH 协议数据结构如图 14.6 所示。

从图 14.6 中可以看出，在隧道模式下，原 IP 数据包的首部 IP 地址已经被封装起来了，新 IP 数据包的首部 IP 地址是在 AH 协议报头之前增加的。在隧道模式下，一方面对整个 IP 数据包进行完整性保护，另一方面增加了一个新的 IP 首部，改变了 IP 地址。隧道模式适用于站点到站点的数据传输。隧道模式下的 AH 协议应用如图 14.7 所示。

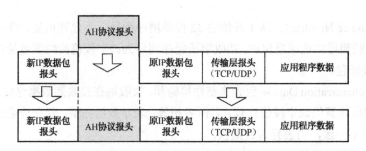

图 14.6 隧道模式下的 AH 协议数据结构

图 14.7 隧道模式下的 AH 协议应用

2. ESP 协议

ESP（Encapsulated Security Payload，封装安全载荷）协议不但可以提供 IP 通信的数据源验证、数据完整性和抗重播保证，还可以为所传输的数据提供加密保护，使通信免受篡改和泄露。

（1）ESP 协议的报头与报尾。

ESP 协议与 AH 协议的结构略有不同。ESP 协议分为 ESP 协议报头、ESP 协议报尾及 ESP 协议验证报尾 3 部分。ESP 协议报头结构如图 14.8 所示。

图 14.8 ESP 协议报头结构

SPI：安全联盟的唯一标志号，32 位伪随机值。SPI 值为 0 被保留，表示没有创建安全联盟。

序列号：从 1 开始的 32 位单增序列号，不允许重复，唯一地标志了每个发送数据包，为安全联盟提供抗重播保护。接收端校验序列号为该字段值的数据包是否已经被接收过，若是，则拒收该数据包。

ESP 协议报尾和 ESP 协议验证报尾结构如图 14.9 所示。

ESP 协议报尾			ESP 协议验证报尾
扩展位	扩展位长度	下一个报头（TCP/UDP）	验证数据（HASH检验和）

图 14.9 ESP 协议报尾及 ESP 协议验证报尾

扩展位（Paading）：用于当加密算法要求明文长度为某一整数倍长度时，则可以通过填充达到所需长度，取值范围为 0～255 字节。

扩展位长度（Pad Length）：指明扩展位的长度，接收端利用它恢复负载数据的真实长度，取值范围为 0～8bit。

下一个报头（TCP/UDP）：识别下一个使用 IP 协议号的报头。例如，下一个报头值等于"6"，表示紧接其后的是 TCP 报头。

验证数据（HASH 检验和）：包含完整性检验和。接收端在接收到数据包后，首先执行 HASH 计算，再与发送端所计算的该字段值比较，若两者相等，表示数据完整，若在传输过程中数据遭到修改，两个计算结果不一致，则丢弃该数据包。

（2）传输模式下的 ESP 协议。

在传输模式下，ESP 协议将 ESP 协议报头加入 IP 数据包报头与上层数据之间，将 ESP 协议报尾及 ESP 协议验证报尾添加到上层数据后面，如图 14.10 所示。

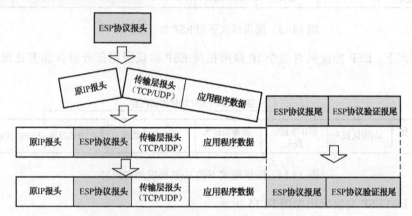

图 14.10　传输模式下的 ESP 协议数据结构

ESP 协议除了提供对传输的数据进行身份验证、完整性验证、防止重播服务，还提供数据加密功能。在传输模式下，ESP 协议只对 IP 数据包的数据部分及 ESP 协议报尾部分进行加密处理，如图 14.11 所示。

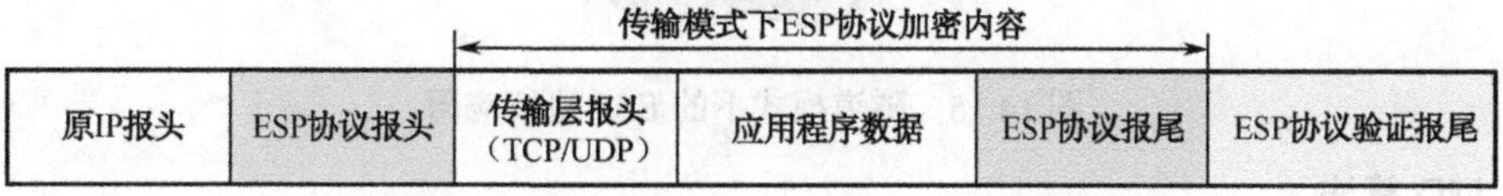

图 14.11　传输模式下的 ESP 协议加密内容

传输模式下的 ESP 协议应用如图 14.12 所示。

图 14.12　传输模式下的 ESP 协议应用

（3）隧道模式下的 ESP 协议。

在隧道模式下，ESP 协议对整个 IP 数据包进行 MD5 或 SHA-1 完整性计算，产生验证数据（HASH 检验和）。也可以说，ESP 协议在隧道模式下，只对整个 IP 数据包进行完整性保护。在隧道模式下，

ESP 协议将 ESP 协议报头封装在 IP 数据包前面，然后重新装一个新的 IP 报头，并将 ESP 协议报尾及 ESP 协议验证报尾添加到数据包后面。隧道模式下的 ESP 协议数据结构如图 14.13 所示。

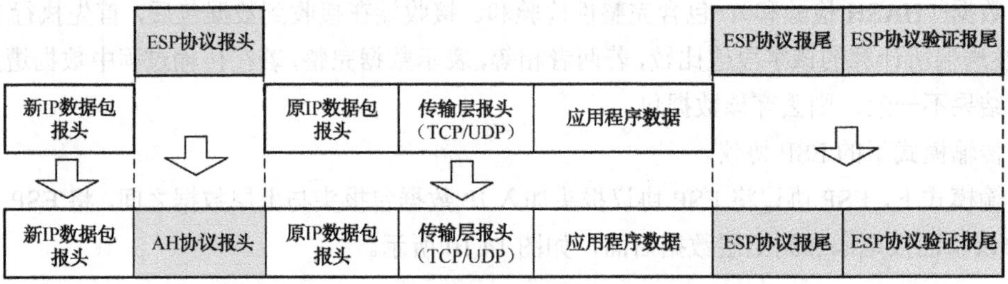

新IP数据包报头		原IP数据包报头	传输层报头（TCP/UDP）	应用程序数据		ESP协议报尾	ESP协议验证报尾
新IP数据包报头	AH协议报头	原IP数据包报头	传输层报头（TCP/UDP）	应用程序数据		ESP协议报尾	ESP协议验证报尾

图 14.13　隧道模式下的 ESP 协议数据结构

在隧道模式下，ESP 协议只对整个 IP 数据包及 ESP 协议报尾部分进行加密处理，如图 14.14 所示。

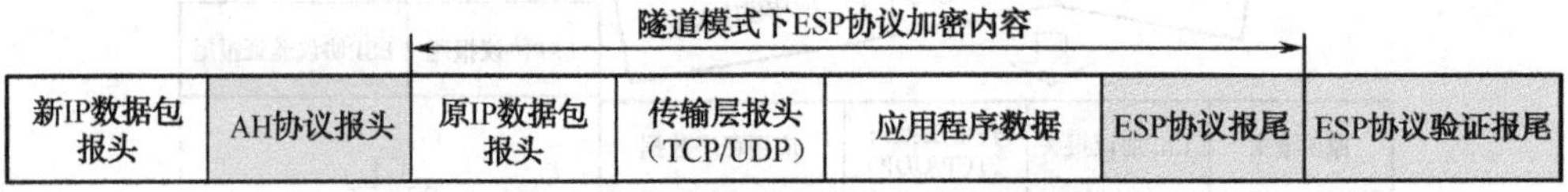

图 14.14　隧道模式下的 ESP 协议加密内容

隧道模式下的 ESP 协议应用如图 14.15 所示。

图 14.15　隧道模式下的 ESP 协议应用

3. MD 算法

MD（Message Digest，报文摘要）算法是一种简单的、进行报文身份验证及完整性验证的方法。为了描述 MD 的工作原理，可以假设用户 A 将一个较长的明文 X 加密后，发送给用户 B，如图 14.16 所示。

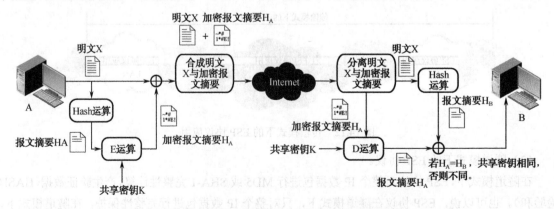

图 14.16　利用 MD 算法进行身份验证与完整性验证

具体工作过程如下。

第1步：用户A将较长的明文X经过MD运算后，得出很短的报文摘要H_A。

第2步：用户A利用自身的共享密钥K对很短的报文摘要H_A进行加密E运算，得出加密报文摘要H_A。

第3步：用户A将加密报文摘要H_A放置在明文X后面，合成一个新的报文"明文X+加密报文摘要H_A"，并将其发送给用户B。

第4步：用户B在收到合成报文"明文X+加密报文摘要H_A"后，将其重新分离成明文X及加密报文摘要H_A。

第5步：用户B利用共享密钥K对加密报文摘要H_A进行解密D运算，得出很短的报文摘要H_A。

第6步：用户B对分离出的明文X进行报文摘要运算，得出很短的报文摘要H_B。

第7步：比较在用户A侧计算的摘要H_A与在用户B侧计算的摘要H_B是否一致。如果一致，说明用户B收到的报文X是用户A发送的报文，且没有被修改过；否则收到的报文X不是用户A发送的报文或被修改过。

关于以上工作过程的几点说明如下。

（1）MD算法是一种散列算法（Hash），是一种单向函数。一个很长的报文X经过MD运算后能够得出唯一、较短的报文摘要H（有时也将报文摘要H称为Hash值）；反之，从报文摘要H是不能推导出报文X的。

（2）由于报文摘要H较短，因此对报文摘要H进行加密运算比对较长的报文X进行加密运算要节省很多资源，也容易得多。

（3）由于报文X与报文摘要H具有唯一性、单向性的特点，因此对较短的报文摘要H进行加密运算就相当于对较长的报文X进行加密运算，二者效果一样。

目前，MD算法中的MD5算法已得到广泛应用。MD5算法得出的报文摘要长度为128bit。另一种安全散列算法SHA（Secure Hash Algorithm）与MD5相似，但得出的报文摘要长度为160bit，安全性更高。

4. DH算法

DH（Diffie-Hellman，密钥交换协议）算法是基于离散对数实现密钥传输的。为了描述DH算法的工作原理，可以假设用户A和用户B是需要获得共享密钥的两个客户。在通信前，用户A和用户B双方约定两个整数n和g，且$1<g<n$，这两个整数可以公开。

（1）用户A随机产生一个自然数a，a对外保密，然后计算$K_a = g^a \bmod n$，将K_a发送给用户B。

（2）用户B随机产生一个自然数b，b对外保密，然后计算$K_b = g^b \bmod n$，将K_b发送给用户A。

（3）用户A在收到用户B发送的K_b后，计算出密钥$K = K_b^a \bmod n = (g^b \bmod n)^a \bmod n = g^{(b*a)} \bmod n$。

（4）用户B在收到用户A发送的K_a后，计算出密钥$K = K_a^b \bmod n = (g^a \bmod n)^b \bmod n = g^{(a*b)} \bmod n$。

由于$g^{(b*a)} \bmod n = g^{(a*b)} \bmod n$，因此可以保证双方得到的$K$（共享的密钥）是相同的，如图14.17所示。

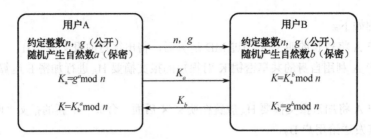

图 14.17　DH 算法工作原理

14.4　演示实例

▶ 1. 背景描述

某公司在外地新开了一家分公司，该分公司要远程访问总公司的各种网络资源。在互联网上传输数据存在安全隐患，这家公司希望通过 IPSec VPN 技术实现数据的安全传输。由于总公司和分公司之间需要共享路由信息，所以还要使用 GRE 协议，如图 14.18 所示。

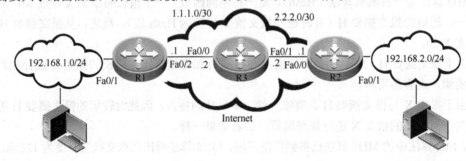

图 14.18　IPSec 演示实例

IPSec VPN 技术通过隧道技术、加解密技术、密钥管理技术和验证技术有效地保证了数据在互联网上传输的安全性，是目前最安全、使用最广泛的 VPN 技术。GRE 协议支持对组播数据和广播数据的封装，可用于封装路由协议报文。可以通过建立 GRE over IPSec VPN 的加密隧道，实现分公司和总公司之间的路由信息共享和信息的安全传输。

▶ 2. 操作步骤

（1）路由器的基本配置。

第 1 步：配置路由器 R3，代码如下。

```
R3(config)#interface fastEthernet 0/0
R3(config-if)#ip address 1.1.1.2 255.255.255.252
R3(config-if)#exit
R3(config)#interface fastEthernet 0/1
R3(config-if)#ip address 2.2.2.2 255.255.255.252
R3(config-if)#
```

第 2 步：配置路由器 R1 与路由器 R2 的互联网连通性，代码如下。

```
R1(config)#interface fastEthernet 0/0
R1(config-if)#ip address 1.1.1.1 255.255.255.252
```

```
R1(config-if)#exit
R1(config)#interface fastEthernet 0/1
R1(config-if)#ip address 192.168.1.1 255.255.255.0
R1(config-if)#exit
R1(config)#ip route 0.0.0.0 0.0.0.0 1.1.1.2

R2(config)#interface fastEthernet 0/0
R2(config-if)#ip address 2.2.2.1 255.255.255.252
R2(config-if)#exit
R2(config)#interface fastEthernet 0/1
R2(config-if)#ip address 192.168.2.1 255.255.255.0
R2(config-if)#exit
R2(config)#ip route 0.0.0.0 0.0.0.0 2.2.2.2
```

（2）GRE 隧道及 RIP 配置。

第 1 步：配置路由器 R1 的 GRE 协议隧道，代码如下。

```
R1(config)#interface Tunnel0
R1(config-if)#ip address 10.1.1.1 255.255.255.0
R1(config-if)#tunnel source fastEthernet 0/0
R1(config-if)#tunnel destination 2.2.2.1
R1(config-if)#tunnel key 123456
R1(config-if)#
```

第 2 步：在路由器 R1 上启用 RIPv2 路由协议，代码如下。

```
R1(config)#router rip
R1(config-router)#version 2
R1(config-router)#no auto-summary
R1(config-router)#network 10.0.0.0
R1(config-router)#network 192.168.1.0
R1(config-router)#
```

第 3 步：配置路由器 R2 的 GRE 协议隧道，代码如下。

```
R2(config)#interface Tunnel0
R2(config-if)#ip address 10.1.1.2 255.255.255.0
R2(config-if)#tunnel source fastEthernet 0/0
R2(config-if)#tunnel destination 1.1.1.1
R2(config-if)#tunnel key 123456
R2(config-if)#
```

第 4 步：在路由器 R2 上启用 RIPv2 路由协议，代码如下。

```
R2(config)#router rip
R2(config-router)#version 2
R2(config-router)#no auto-summary
R2(config-router)#network 10.0.0.0
R2(config-router)#network 192.168.2.0
R2(config-router)#
```

（3）IPSec 隧道的配置。

第 1 步：配置路由器 R1 的 IKE 参数。

配置 IKE 策略，代码如下。

```
R1(config)#crypto isakmp policy 1
R1(isakmp-policy)#encryption 3des
R1(isakmp-policy)#authentication pre-share
R1(isakmp-policy)#hash sha
R1(isakmp-policy)#group 2
R1(isakmp-policy)#
```

配置 IKE 预共享密钥，代码如下。

```
R1(config)#crypto isakmp key 0 abc123 address 2.2.2.1
```

第 2 步：配置路由器 R1 的 IPSec 参数。

配置 IPSec 转换集，使用 ESP 协议、3DES 算法和 SHA-1 散列算法，工作模式为传输模式，具体代码如下。

```
R1(config)#crypto ipsec transform-set 3des_sha esp-3des esp-sha-hmac
R1(cfg-crypto-trans)#mode transport
R1(cfg-crypto-trans)#
```

配置加密访问控制列表，使用 GRE 协议（47）作为触发流量，代码如下。

```
R1(config)#access-list 100 permit 47 host 1.1.1.1 host 2.2.2.1
```

配置 IPSec 加密映射条目，代码如下。

```
R1(config)#crypto map to_r2 1 ipsec-isakmp
R1(config-crypto-map)#match address 100
R1(config-crypto-map)#set transform-set 3des_sha
R1(config-crypto-map)#set peer 2.2.2.1
R1(config-crypto-map)#
```

将加密映射条目应用于 Fa0/0 接口，代码如下。

```
R1(config)#interface fastEthernet 0/0
R1(config-if)#crypto map to_r2
R1(config-if)#
```

第 3 步：配置路由器 R2 的 IKE 参数，代码如下。

```
R2(config)#crypto isakmp policy 1
R2(isakmp-policy)#encryption 3des
R2(isakmp-policy)#authentication pre-share
R2(isakmp-policy)#hash sha
R2(isakmp-policy)#group 2
R2(isakmp-policy)#exit
R2(config)#crypto isakmp key 0 abc123 address 1.1.1.1
```

第 4 步：配置路由器 R2 的 IPSec 参数，代码如下。

```
R2(config)#crypto ipsec transform-set 3des_sha esp-3des esp-sha-hmac
R2(cfg-crypto-trans)#mode transport
R2(cfg-crypto-trans)#exit
R2(config)#access-list 100 permit 47 host 2.2.2.1 host 1.1.1.1
R2(config)#crypto map to_r1 1 ipsec-isakmp
```

```
R2(config-crypto-map)#match address 100
R2(config-crypto-map)#set transform-set 3des_sha
R2(config-crypto-map)#set peer 1.1.1.1
R2(config-crypto-map)#exit
R2(config)#interface fastEthernet 0/0
R2(config-if)#crypto map to_r1
R2(config-if)#
```

(4) 网络测试。

第 1 步：配置主机 PC1 和主机 PC2。

主机 PC1 的 IP 地址为 192.168.1.2，网关为 192.168.1.1。

主机 PC2 的 IP 地址为 192.168.2.2，网关为 192.168.2.1。

第 2 步：验证测试。

在主机 PC1 上 Ping PC2，可以 ping 通。

测试成功，GRE over IPSec VPN 隧道建立成功。

14.5 训练任务

某公司通过互联网将在不同城市的分公司网络与总公司网络相连，为了保证总公司与分公司数据的安全传输，建立 IPSec 隧道。同时启动 GRE 协议，以保障 RIP 路由信息正常交换。

要求如下：
- 绘制网络拓扑图。
- 配置路由器，包括基本配置、路由配置、IPSec 配置、GRE 协议配置等。通过查看路由表情况，验证 IPSec 及 GRE 协议的配置是否正确。

练习题

简答题

（1）说明 IPSec 主要用于解决什么问题及其应用环境。

（2）简述 IPSec 的工作原理。

（3）说明 IPSec 的配置命令及配置步骤。

（4）比较 IPSec 与 GRE 协议的特性，并说明两者的异同点。

参考文献

【1】张选波，吴丽征，周金玲. 设备调试与网络优化学习指南. 北京：科学出版社，2009.
【2】张选波，王东，张国清. 设备调试与网络优化实验指南. 北京：科学出版社，2009.
【3】谢希仁. 计算机网络（第7版）. 北京：电子工业出版社，2017.
【4】RG-RSR20-04 路由器 RGOS_10.3（5b6）版本命令手册，锐捷公司，2016.
【5】RG-RSR20-04 路由器 RGOS_10.3（5b6）版本配置手册，锐捷公司，2016.
【6】RG-S3760 系列交换机 RGOS 10.3（5b1）版本命令手册，锐捷公司，2016.
【7】RG-S3760 系列交换机 RGOS 10.3（5b1）版本配置手册，锐捷公司，2016.
【8】RG-AP 系列无线接入点 AP_RGOS11.1（5）B8 版本配置手册（V1.1），2018.
【9】RG-AP 系列无线接入点 AP_RGOS11.1（5）B8 版本命令手册（V1.1），2018.
【10】RG-AC 系列无线控制器 AC_RGOS11.1（5）B8 版本配置手册（V1.1），2018.
【11】RG-AC 系列无线控制器 AC_RGOS11.1（5）B8 版本命令手册（V1.1），2018.
【12】锐捷 WLAN 产品实施一本通（V4.0），2018.
【13】锐捷 WLAN 产品故障一本通（V2.0），2018.